高等学校计算机专业系列教材

U0191428

软件需求工程

梁正平 毋国庆 袁梦霆 李勇华 编著

Software Requirements Engineering

机械工业出版社
CHINA MACHINE PRESS

图书在版编目（CIP）数据

软件需求工程 / 梁正平等编著 . —北京：机械工业出版社，2020.11（2024.8 重印）
（高等学校计算机专业系列教材）

ISBN 978-7-111-66947-0

I. 软… II. 梁… III. 软件需求 – 高等学校 – 教材 IV. TP311.52

中国版本图书馆 CIP 数据核字（2020）第 229315 号

本书全面、系统地介绍了软件需求工程的基本概念和原理，以及开发和管理软件需求的方法与技术，按照需求工程中开发和管理过程的顺序，结合许多经典实例，较详尽地介绍了需求开发各个阶段的任务、步骤。此外，本书还介绍了需求工程领域的一些新理论、新技术和新方法。全书共分为 13 章，内容包括：需求工程概述，软件工程与需求工程，需求获取，需求分析，需求建模方法与技术，需求定义，需求的形式化描述，需求验证，需求管理，面向软件行为和视点的需求建模与检测方法，面向问题域的需求分析方法，面向多视点的需求工程，需求工程与软件开发管理。

本书适合作为计算机、软件工程专业高年级本科生和研究生的教材，也可供从事软件开发和研究工作的专业人员参考与自学。

出版发行：机械工业出版社（北京市西城区百万庄大街 22 号 邮政编码：100037）
责任编辑：游　静　　　　　　　　　　　责任校对：李秋荣
印　　刷：北京建宏印刷有限公司　　　　版　　次：2024 年 8 月第 1 版第 8 次印刷
开　　本：185mm×260mm　1/16　　　　印　　张：16.75
书　　号：ISBN 978-7-111-66947-0　　　定　　价：59.00 元

客服电话：（010）88361066　68326294

前　言

　　随着计算机应用的不断发展和深入，人们需要收集和处理的信息规模急剧增大，其中计算机软件在信息收集和处理中起着至关重要的作用。一方面，由于软件已成为信息基础设施，其日益成为人们生活中的一部分，如电子政府、电子商务和手机等，又由于软件具备密集型特点，人们也日益依赖它。另一方面，一些高尖端的技术领域，如航空航天、国防军事等领域，对软件的质量提出了很高的要求。然而，软件的开发状况和质量远未达到人们的期望和要求，例如，大部分软件产品不能在预期计划和预算经费内完成，软件的质量低下等。软件质量所导致的软件故障和失效，常常对人们的工作和生活带来诸多不便，甚至造成重大损失。虽然产生上述问题的原因有很多，但软件需求问题可以说是其中的一个最大原因。许多人经过研究发现，当软件开发项目失败时，软件需求问题通常正是核心问题。因此，在软件开发过程中，必须极早、有效地发现和解决与软件需求相关的问题。

　　在很长一段时间里，人们并没有充分认识到软件需求的作用，软件工程界也一直没有将需求工程作为一个独立的部分进行深入的分析和研究。直到 20 世纪 90 年代中期，随着软件系统开发中出现诸多问题，人们才逐渐认识到软件需求在整个软件开发中的重要性。一系列关于软件需求的重要学术会议经过广泛深入的研究和讨论，才正式将需求工程作为一门独立的子学科。需求工程是指应用工程化的方法、技术和规格来开发与管理软件的需求。需求工程的目标就是要获取高质量的软件需求。与软件工程中传统的需求分析概念相比，需求工程突出了工程化的原则，强调以系统化、条理化和可重用的方法及技术进行与软件需求相关的活动，从而提高所有与软件需求相关的活动及其过程的可管理性，降低需求开发和管理的难度及成本。

　　本书共分为 13 章。第 1 章概要地介绍需求工程的历史背景、基本原理和一些基本概念。第 2 章介绍几种软件的开发过程模型、需求工程在软件工程和软件开发中的重要地位以及软件需求的开发和管理过程。第 3～9 章按需求工程中开发和管理过程的顺序介绍各个阶段的任务、步骤、方法和技术。其中，由于在需求工程中形式化理论的研究是相当重要的内容，因此第 7 章重点介绍在需求分析和需求定义中使用的一些基本理论和形式化描述方法。第 10～12 章主要讨论需求工程中近些年研究出来的理论和方法，如面向软件行为和视点的需求建模与检测方法、面向问题域的需求分析方法以及面向多视点的需求工程。这些理论和方法促进了需求工程的研究和发展。最后，第 13 章概要地介绍需求工程与软件管理的关系，以及如何根据需求安排开发进度和估算工作量。

鉴于需求工程在软件开发中的重要地位，软件开发人员有必要学习和了解需求工程的有关知识。目前，国外有关需求工程的教材和专业书籍已有很多，我国也出版了一些需求工程的翻译书籍。这些都是为了提高人们对需求工程重要性的认识，以及更进一步推动有关需求工程的理论、方法和技术的研究及实践。本书根据武汉大学软件学院所开设的需求工程课程的讲义和学生的建议，以及一些相关的资料编写而成。在编写过程中，本书也参考了国内出版的一些教材和翻译书籍，在此谨向这些书的作译者表示衷心的感谢。我们希望本书对从事软件开发的专业人士和计算机专业的学生有所帮助，并使他们获得一些有益的知识。

本书适合作为计算机专业高年级本科生和研究生的教材，也可供具有一定实践经验的软件开发人员和计算机用户等参考和自学。不过，本书中的部分内容是关于形式化理论和新方法方面的介绍，需要较好的理论基础和参考其他方面的资料，故建议在教学中根据学生的具体情况有选择地讲授本书的内容，如可在讲授中跳过第 7 章和第 10 章等。此外，需求工程是一门实践性较强的课程，虽然本书没有给出习题和思考题，但讲授需求工程课程的老师可根据本书的内容设置一些习题和思考题，读者也可在本书的基础上结合软件开发中的一些具体实例进行实验和实践。

本书得到了深圳大学的教材出版资助。在本书的写作过程中，除封面署名外，刘小丽、张帆、万黎、陈曙、吴怀广和黄勃等人也参与了部分工作，本书还得到了机械工业出版社的大力支持，借此表示衷心的感谢。由于编者的水平有限，书中难免出现错漏，敬请读者批评指正。

编　者

2020 年 10 月

教学建议

一、教学目的与要求

需求工程是近些年从软件工程学科发展出来的子学科。需求工程主要研究如何开发和管理软件需求，包括技术方法、形式化理论、工具和管理等许多方面。本课程着重从实用角度讲述需求工程的基本原理、概念、技术和方法，特别是需求的获取过程和需求建模的方法等，同时也尽量注意课程内容的全面性和系统性。通过本课程的学习，具有实际软件开发经验的学生，水平能得到进一步的提高，特别是在理论方面。不具有实际软件开发经验的学生和其他专业的学生，可以从中了解软件的开发过程和认识软件需求对软件开发的重要性，并通过学习和掌握需求工程中的一些概念和方法，为将来从事软件开发和管理工作打下良好的基础。为了较好地学习和掌握本课程的内容，学生应具有一定的计算机软件方面的知识。计算机专业的学生，最好是学过软件工程课程或具有一定的软件开发经验。此外，学完本课程的内容后，作为教学实践，最好是将其应用于描述某个实际软件系统，并生成有效的需求规格说明文档。

二、课程教学内容与学时分配

第 1 章　需求工程概述（2 学时）

本章大部分内容属于概述性质。可以通过若干个小示例使学生理解需求工程的重要性和任务、软件需求的概念和分类，以及需求规格说明等。

第 2 章　软件工程与需求工程（3 学时）

本章介绍的内容是软件工程与需求工程的相互关系。建议首先介绍软件工程产生的原因。接着通过对比的方式介绍几种软件开发过程模型，分析各种模型的优缺点以及适用范围。然后结合一个示例介绍需求工程在软件工程中的地位和作用，以及需求工程所面临的困难。最后介绍软件需求的开发管理过程，使学生掌握软件需求开发的几个基本步骤。

第 3 章　需求获取（3 学时）

准确掌握需求获取的几个基本步骤，了解软件需求的层次、用户分类的原则、软件需求来源和需求决策者等知识。掌握实地收集需求信息的步骤、方式和技巧。掌握非功能需求的定义以及获取的方法。最后，通过示例讲授场景技术与用例技术在需求获取中的运用。

第 4 章 需求分析（2 学时）

本章介绍需求分析的具体工作。首先结合示例介绍系统关联图的制作方法和好处，接着介绍影响需求可行性的几个风险类型以及评估风险的简单方法，然后介绍如何描述用户接口模型以及如何确定需求的优先级，最后介绍需求建模的意义以及数据字典的相关知识。

第 5 章 需求建模方法与技术（8 学时）

本章详细介绍了几种需求建模方法，是本课程的重点。首先简要介绍软件模型的定义和分类，接着结合运动会管理系统示例介绍 SA 方法（包含基本思想、描述手段、分析步骤）。然后介绍 OMT 方法。在介绍 OMT 方法时，如果学生已经学过面向对象的设计方法，则可以跳过 5.4.1 节，直接介绍 OMT 的建模过程，并通过几个示例介绍 OMT 方法的图形描述工具。最后介绍基于图形的需求建模技术。在本章中，SA 方法和 OMT 方法是重点，建议教学时采用对比的方法，并配合适当的练习。

第 6 章 需求定义（2 学时）

掌握一个严格的需求规格说明文档应该具有的特性。掌握需求规格说明文档的结构、内容和编写要求。了解需求规格说明的描述语言。

第 7 章 需求的形式化描述（3 学时）

本章内容有较大难度，对本科生可以酌情少讲或直接跳过。首先介绍形式化方法在需求描述中的作用和意义，然后介绍几种形式化规格说明方法，最后结合具体的示例分别介绍 Z 语言、LOTOS 语言和 B 方法。

第 8 章 需求验证（3 学时）

了解需求验证的目的和任务。掌握验证的内容和方法。掌握需求评审的分工、过程、内容和困难。了解需求测试的方法。了解编制用户使用手册草案和解释需求模型的意义。了解需求可视化技术的相关内容。

第 9 章 需求管理（2 学时）

掌握需求管理的主要内容。准确掌握需求变更控制的方法和步骤。了解需求规格说明文档的版本控制和需求变更状态的跟踪。掌握需求跟踪技术。

第 10 章 面向软件行为和视点的需求建模与检测方法（3 学时）

了解面向软件行为和视点的需求建模方法的基本原理和基本步骤，以及需求模型检测方法的基本原理和检测步骤。通过自动取款机软件系统示例掌握需求建模语言的语法和语义，以及面向软件行为和视点的需求建模和检测方法。

第 11 章 面向问题域的需求分析方法（2 学时）

本章内容有较大难度，对本科生可以酌情少讲或直接跳过。了解问题域的基本概念、问题域划分的方法和步骤、问题框架和问题框架类型等知识点。通过校园通示例掌握PDOA方法。了解问题框架实例间的关系及其组合。

第 12 章　面向多视点的需求工程（2 学时）

理解视点的概念。了解多视点和需求工程的关系。结合列车控制系统示例，掌握多视点需求工程的需求分析全过程。

第 13 章　需求工程与软件开发管理（1 学时）

了解需求与估算之间的相互关系。了解需求对项目进度安排的影响。了解基于需求的软件规模估算和基于需求的工作量估算方法。

三、课程教学重点、难点及注意的问题

课程教学重点：

（1）软件需求工程的一些基本概念和基本原理。

（2）软件开发的基本过程。

（3）软件需求获取的过程、方法和技术。

（4）软件需求建模的方法和技术。

（5）软件需求定义、验证的方法和技术。

（6）软件需求管理的方法和技术。

难点及注意的问题：

（1）软件需求工程中各种方法和技术的实际应用。

（2）软件需求工程中某些抽象概念和形式化理论的理解。

（3）根据教学对象调整授课内容和学时数。

四、实验及实践性环节

在完成课内理论学时后，作为教学实践，可将已学知识应用于某具体软件系统的需求分析。

目　　录

第 1 章

需求工程概述

1.1　需求工程的重要性

随着计算机应用的不断发展和深入，软件系统的日益大型化、复杂化，软件的开发成本越来越高，软件开发的风险也越来越大。Standish 集团公司的研究报告称：在美国，每年用于软件开发的费用在 1000 亿美元以上，其中，大型公司开发一个软件项目的平均成本为 232.2 万美元，中等大小的公司为 133.1 万美元，小型公司则为 43.4 万美元。调查显示，31％的项目在完成之前被取消，进一步研究的结果还表明：52.7％的项目实际所花费的成本为预算成本的 189％[1]。根据该公司的另一项分析，项目失败或严重超支的 8 个最重要原因中有 5 个都与需求相关：需求不完整、缺乏用户的参与、客户期望不实际、需求和需求规格说明的变更、提供许多不必要的功能[2]。A. Davis 的研究进一步指出，软件产品中发现的缺陷有高达 40％～50％源于需求阶段埋下的"祸根"，其中包括：信息收集不正规、功能隐晦、对假设功能有理解上的分歧、需求指定不明确，以及变更过程不规范等[3]。

一些具体的案例令人触目惊心：伦敦股票交易项目 TAURUS，在花费了数百万英镑之后于 1993 年被取消(项目失败的总损失估计达到几亿英镑)。调查结果显示，许多问题源于未能协调那些不一致的需求[4]。Swanick 空中交通控制系统原计划在 1998 年完工，但直到 2001 年尚未交付使用，额外开支高达 1 亿英镑以上。经官方调查，发现其中的一个主要原因在于"缺乏健壮的需求规格说明导致无法继续进行系统实现"[5]。

与此同时，另外的一些调查和研究显示：越迟发现和解决一个与需求相关的错误，修复这个错误的代价越昂贵。A. Davis 研究发现，在需求阶段检查和修复一个错误所需的费用只有编码阶段的 1/5 到 1/10，而在维护阶段做同样的工作所需付出的代价却是编码阶段的 20 倍[6]。这意味着在维护阶段修复一个错误的代价与需求阶段修复一个同样的错误的代价的比值可高达 200∶1。

目前已有很多诸如此类的调查研究。虽然项目失败涉及的原因多种多样，但正如 R. Glass 所说，"项目需求无疑是在软件项目前期造成麻烦的一个最大原因。一个又一个的研究已经发现，当项目失败时，需求问题通常正是核心问题。"[7]因此，在软件开发过程中，必须及早、有效地发现和解决与需求相关的问题。

在很长一段时间里，人们并没有充分认识到软件需求的作用，软件工程界也一直没有将需求工程作为一个独立的部分进行深入的分析和研究。直到 20 世纪 90 年代中期，随着软件系统开发中出现诸多问题，人们才逐渐认识到软件需求在整个软件开发中的重要性。在通过一系列关于软件需求的重要学术会议进行广泛而深入的研究和讨论之后，由 IEEE 创办的专门研究软件需求的国际期刊 *Requirement Engineering* 的出版发行标志着需求工程作为一门独立的子学科正式形成。

1.2　什么是软件需求

"需求"这个词在日常生活中经常使用。通常的需求是指人对于客观事物需要的表现，体现为愿望、意向和兴趣，因而成为行动的一种直接原因。例如，当某个顾客向裁缝师傅定做一套服装时，这位裁缝师傅首先要获得这位顾客的一些数据，如身高、胸围、腰围、臂长和样式等，然后根据这些数据制作服装。这些数据就是该顾客定做服装的具体需求。试想，如果裁缝师傅将顾客的这些具体需求弄错或者根本不知道的情况下，无论其如何精心制作，使用多好的面料，其所做的工作都将是枉然的！因为客户可能根本不能穿，或者穿着不舒适。这个例子说明，需求对最终产品能否适用是至关重要的。同理，对于软件开发来说，软件需求就是软件用户认为其所使用的软件应该具备的功能和性能。

对于软件需求的定义，不同的研究人员有不同的看法。A. Davis 认为，软件需求是从软件外部可见的、软件所具有的、满足于用户的特点、功能及属性等的集合[6]。I. Sommerville 认为，需求是问题信息和系统行为、特性、设计和实现约束的描述的集合[8]。而 M. Jackson 等人则认为，需求是客户希望在问题域内产生的效果[9-10]。在比较正式的文档中，IEEE 软件工程标准词汇表将需求定义为[11]：①用户解决问题或达到目标所需的条件或能力；②系统或系统部件要满足合同、标准、规范或其他正式规定文档所需具有的条件或能力。其中①是从用户的角度定义的，②是从软件系统的角度定义的。

关于软件需求还有其他不同的定义。产生这些不同形式的定义的原因，一是需求工程的发展过程还不太长，人们的认识还在不断深入；二是真正的"需求"实际上是在人们的脑海中形成的，很难给予准确的定义。这也是导致需求工程难度很大的原因之一。不过，根据这些定义，我们可以认为软件需求是指软件系统必须满足的所有功能、性质和限制。

对于一个软件系统，不同的人对它应具有的功能和性能会有不同的需求。例如，对于文字处理系统这一软件，A 先生打算将其用于编辑英文论文。于是他希望文字处理系统具有能简单地描述数学公式、检查英语单词和文法等功能。B 先生则打算利用文字处理系统制作贺年卡片。他希望系统具有能处理图片和进行彩色打印的功能等。C 先生则希望文字处理系统具有简单地制作中文文档和快速打印的功能等。于是，即使对于同一个文字处理系统，由于使用者的立场不同，其应具有的功能和性能也变得有所不同。因此，对于软件开发者来说，在开发一个软件系统之前，应考虑该系统的使用者有什么样的需求，该软件能解决什么问题等。否则，开发出的软件要么使用者不满意，要么根本不能使用，从而导致软件开发费用和时间的浪费。

1.3　软件需求的分类

虽然对软件需求的定义有多种形式，但从软件用户多年来对软件的实际需求来看，软件的需求（或用户需求）通常可以大致分类如下：

- 目标需求：反映组织机构或客户对系统和产品提出的高层次的目标要求，其限定了项目的范围和项目应达到的目标。
- 业务需求：主要描述软件系统必须完成的任务、实际业务或工作流程等。软件开发人员通常可从业务需求进一步细化出具体的功能需求和非功能需求。
- 功能需求：指开发人员必须实现的软件功能或软件系统应具有的外部行为。
- 性能需求：指实现的软件系统功能应达到的技术指标，如计算效率和精度、可靠性、可维护性和可扩展性等。
- 约束与限制：指软件开发人员在设计和实现软件系统时的限制，如开发语言、使用的数据库等。

在这些需求中，功能需求描述系统做什么，由性能需求和约束与限制构成的非功能需求则为实现这些功能需求设定约束和限制。软件需求间的关系可分层次地表示，如图1-1所示。

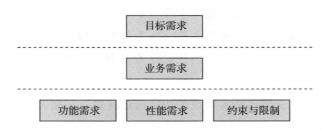

图 1-1　软件需求间的层次关系

由以上的这些需求就可构成软件需求规格说明。下面我们通过与文字处理系统相关的部分需求来说明需求的分类。

- 目标需求：用户使用系统能有效地纠正文档中的拼写错误，系统能满足用户的业务要求以及提高用户的工作效率。
- 业务需求：当找到文档中的拼写错误时，通过可供选择的单词表，选择单词表中的一个单词后，再替换掉原来的单词。
- 功能需求：查找文档中的单词，并高亮度地显示出错的单词。用对话框显示可供选择的单词表，实现整个文档范围内的替换。

- 性能需求：检查单词的速度快，准确率要求达到 99%，系统的有效性和可靠性要高等。
- 约束与限制：文件内部格式要与 Word 系统一致。开发平台为 Linux 系统，使用 C 语言等。

1.4　需求规格说明

　　软件需求规格说明亦称软件需求规约或功能规格说明，可以说是需求工程最终产生的结果。所谓需求规格说明是软件所应满足的全部需求，并可用文档的方式完整和精确地陈述这些需求。需求规格说明是项目相关人员对将要开发的软件系统所达成的共识，是进行系统设计、实现、测试和验收的基本依据，也是整个软件开发过程中最重要的文档[12]。需求规格说明同时代表了权限的移交点：客户对需求规格说明的说明内容拥有最终发言权，而开发人员则需根据软件需求规格说明实施软件系统的开发。因此，最终开发出的软件系统是否能真实、全面地满足客户的要求，取决于需求规格说明是否真实、完整和一致地反映客户的真正意图。

　　需求规格说明应精确地描述一个软件系统必须提供的功能和性能，以及所要考虑的约束条件与限制。因此，需求规格说明也可以说是集成了 1.3 节中所定义的所有软件需求，并使用某种描述语言如自然语言按照规定的书写格式编写的文档。关于需求规格说明的模板和具体内容，将在后面给予详细说明。

　　需求规格说明在软件系统开发中起着十分重要的作用，但要把用自然语言表达的需求完整无误地表达出来并不是一件容易的工作。因为各人的理解不同，即便是同一个人，他在不同的时间也可能产生不同的理解。因此，作为一个质量较高的需求规格说明，通常应满足如下的特征[13]。

　　完整性。每一项需求必须将所要实现的功能描述清楚，以便开发人员获得设计和实现这些功能所需的必要信息。

　　正确性。每一项需求都必须准确地陈述其要开发的功能。做出正确判断的参考是需求的来源，如用户或高层的系统需求规格说明。如果软件需求与对应的系统需求相抵触，则是不正确的。只有用户才能确定需求的正确性。这就是一定要有用户的积极参与的原因。

　　可行性。每一项需求都必须在已知系统和环境的权能和限制范围内是可以实施的。为避免不可能实现的需求，最好在获取需求(或收集需求)的过程中，始终有一位软件开发小组的成员与需求分析人员或考虑市场的人员在一起，由他负责检查技术的可行性。

　　必要性。每一项需求都应把客户真正需要的和最终系统所遵从的标准记录下来。"必要性"也可以理解为每项需求都是用来授权你编写文档的"根源"。要使每项需求都能回溯至某项客户的输入，如使用实例或别的来源。

划分优先级。给每项需求、特性或使用实例分配一个实施优先级，以指明它在特定产品中所占的分量。如果把所有的需求都看作同样重要，那么项目管理者在开发、节省预算或调度中就丧失了控制自由度。

无二义性。对所有需求说明都只能有一个明确统一的解释，由于自然语言极易导致二义性，所以尽量把每项需求用简洁明了的语言表达出来。避免二义性的有效方法包括对需求文档的正规审查，编写测试用例，开发原型以及设计特定的方案脚本。

可验证性。检查每项需求是否能通过设计测试用例或其他的验证方法。如用演示、检测等来确定产品是否确实按需求实现了。如果需求不可验证，则确定其实施是否正确就成为主观臆断，而非客观分析了。一份前后矛盾、不可行或有二义性的需求也是不可验证的。

1.5　需求工程定义

需求工程是指应用工程化的方法、技术和规格来开发和管理软件的需求。需求工程的目标就是要获取高质量的软件需求。与软件工程中传统的需求分析概念相比，需求工程突出了工程化的原则，强调以系统化、条理化、可重复化的方法和技术进行与软件需求相关的活动，从而有利于提高所有与软件需求相关的活动及其过程的可管理性，降低需求开发和管理的难度和成本。

由于需求工程诞生的时间相对短暂，或者说它还是一个新兴的子学科，因此，对于需求工程来说，并不存在一个得到普遍承认的精确定义。许多不同的研究人员和组织依据各自的研究目的，分别从不同的侧面提出了各不相同但本质上近似的定义。例如 Davis A. M.[14] 把需求工程定义为"直到（但不包括）把软件分解为实际架构组建之前的所有活动"，即软件设计之前的一切活动。该定义虽然没有详细说明需求工程是什么，但给出了需求工程的范围。英国的 Bray I. K.[10] 则认为，需求工程是指：对问题域及需求做调查研究和描述，设计满足那些需求的解系统的特性，并用文档给予说明。这个定义明确指出了需求工程的任务就是获取、分析和表达软件的需求。

从各种不同形式的需求工程定义可以看出，需求工程应该是由一系列与软件需求相关的活动组成的。如果从这些活动考虑需求工程定义的话，需求工程可认为是由需求的开发活动和需求的管理活动组成的。因此，需求工程的任务可概要表示如下：

1）确定待开发的软件系统的用户类，并获取他们的需求信息。

2）分析用户的需求信息，并按软件需求的类型对这些需求信息进行分类，同时，过滤掉不是需求的信息。

3）根据软件需求信息建立软件系统的逻辑模型或需求模型，并确定非功能需求和约束条件及限制。

4）根据收集的需求信息和逻辑模型编写需求规格说明及其文档。

5）评审需求规格说明。

6）当需求发生变更时，对需求规格说明及需求变更实施进行管理。

1.6　其他一些基本概念

为了便于本书以后的阐述，读者有必要理解以下几个基本概念：

用户（user）

- 利用计算机系统所提供的服务的人。

- 直接操作计算机系统的人，简单地说，就是直接使用软件系统的人。

客户（customer）

- 掌握经费的人，通常有权决定软件需求。客户可以是用户，也可以不是用户。

- 正式接收新开发或修改后的硬件和软件系统的某个人或组织。

简单地说，客户就是为开发软件而提供经费的人。当客户和用户由不同的人组成时，由于身份不同，对软件系统的看法和要求也会不同。例如，用户希望软件系统易于使用，而客户往往希望软件的开发成本较小，并可获得较高的利润。显然这会导致用户和客户对软件产生不同的需求。

软件开发人员（supplier）

为客户开发软件系统的人。当软件系统是由客户委托开发时，客户与软件开发人员属于不同的组织。如果是组织内自行开发软件系统，客户与软件开发人员应属同一组织。

项目相关人员（stakeholder）

与提出和定义软件需求相关的人，包括所有的用户、客户和软件开发人员。这些人都是软件需求的来源，只是他们站在不同的立场看待将要开发的软件系统。

为便于说明，本节以后在不特殊指明的情况下，将把用户和客户统称为用户，意指直接或间接从软件系统获得利益的个人或组织。软件开发人员在需求工程中则主要是指系统分析人员。

第 2 章

软件工程与需求工程

2.1 软件工程

软件工程是指用工程方法开发和维护软件的过程和有关技术。软件工程起因于 20 世纪 60 年代后期出现的"软件危机"。所谓"软件危机"实质上是指人们难以控制软件的开发和维护，其具体表现为：大型软件系统十分复杂，很难理解和维护；软件开发周期过长；大型软件系统的可靠性差；软件费用往往超出预算。面对"软件危机"，人们通过调查软件系统开发的实际情况，逐步认识到软件的开发和维护有必要采用工程化的方法，于是软件工程在 1968 年应运而生。

软件工程的适用对象主要是大型软件。软件工程研究的基本内容包括软件开发过程、软件开发和维护的方法与技术、软件开发和维护工具系统、质量评价和质量保证、软件管理和软件开发环境等。对于软件工程来说，从方法论的角度研究软件的开发过程是十分重要的工作。为说明需求工程与软件工程的关系，本章先介绍几个有代表性的软件开发过程模型，然后结合软件的开发过程来说明需求工程在软件工程中的地位及重要性。

2.2 软件开发过程模型

软件开发过程模型是为获得高质量的软件系统所需完成的一系列任务的框架。它规定了完成各项任务的工作步骤。在软件工程的初期，软件生命期这一概念被提出。这是用标准的形式表示和定义了软件生存过程。所谓软件生命期是指软件从软件计划开始，经历需求分析和定义、设计、编码、测试、运行、维护直到废止为止的期间。由于软件生命期包括了软件的整个生存过程，与软件开发相关的企业和开发组织等都把软件生命期视为软件开发过程模型的依据，工程管理也以该模型为实施依据。当然，这也是模仿其他行业如机器制造业和建筑业等而得到的过程模型。

2.2.1 瀑布式模型

瀑布式开发模型是最早的、依据软件生命期而提出的软件开发模型，亦称软件生命期模型。瀑布式开发模型如图 2-1 所示，其中软件的开发过程分为六个阶段，每个阶段都有明确的分工和任务，并产生一定的书面结果。各阶段之间是紧密相关的，后一阶段的工作依据前一阶段的工作结果而开展。

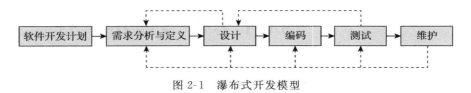

图 2-1 瀑布式开发模型

各个阶段的基本任务如下：

1）软件开发计划：确定软件开发项目必须完成的总目标，论证项目的可行性，给出软件的工作范围，估算所需资源、工作量、费用，安排开发进度，并产生计划任务书及可行性报告等。

2）需求分析与定义：软件开发人员与用户一起理解和表达用户需求，并产生需求规格说明。

3）设计：设计阶段又分为总体设计和详细设计两个子阶段。总体设计阶段就是根据软件需求规格说明建立软件系统的结构，描述软件系统的具体功能和接口；详细设计阶段产生编码阶段所需的一系列模块设计规格说明。

4）编码：根据设计要求，使用某种程序设计语言编写程序。

5）测试：对软件系统进行检查和测试，及时地发现和纠正软件系统中的故障和逻辑错误，并产生测试报告等。测试也可分为单元测试和综合测试。

6）维护：通过各种必要的维护活动保证软件系统正常运行，并能持久地满足用户的需求。

瀑布式模型的特点有很多，如：阶段间具有顺序性和依赖性，各阶段必须完成规定的文档，从而在审查文档的基础上保证软件的质量等。值得注意的是，瀑布式模型只是提供了一个完成软件开发和维护任务的指导性框架，缺乏具体的实施方法和技术，它也并非以线性方式进行，因为在实际的软件开发工作中还存在着反复。例如，如果在设计中发现需求比较含糊，则需回到需求分析与定义阶段重新进行处理。又如，如果在测试中发现设计存在问题，则需返回设计阶段进行修正，然后再进行编码和测试等（见图 2-1）。

瀑布式模型在 20 世纪 80 年代之前一直是唯一广泛采用的生命期模型，现在仍然是软件工程中应用得最广泛的模型。然而，传统的瀑布式模型也存在诸多问题：

1）在实际开发工作中，用户不可能一开始就使自己的需求很清晰，通常是在开发过程中逐渐完善的。另外，当某些需求比较含糊时，如系统的友好用户界面等，将导致软件开发人员不一定能开发出使用户满意的软件系统，再加上在开发过程中用户的需求可能发生变化，也导致软件开发工作按瀑布式模型的步骤又得从头开始，这显然是不合理的。

2)由于模型各阶段的界线划分清晰，也比较独立，而且参加人员和开发人员也都相对独立，因此在阶段间移交信息（文档）的过程中，由于个人的理解不同，或者当事人不在时，容易产生误解。这容易导致开发出的软件系统与用户需求产生偏差。

3)用户的参与程度不够。因为软件的运行版本要等到测试后才能出现，用户也只能在需求分析与定义阶段和测试阶段的后期参与到开发工作中，因此，用户在相当长的一段时间内没有参与到软件开发中。

针对瀑布式模型的特点和存在的问题，人们又在软件生命期模型的基础上，推出了一些其他开发模型。

2.2.2　快速原型模型

快速原型模型是针对瀑布式模型存在的不足而提出的改进模型。所谓"原型"通常是指一种与原物的结构、大小和一般功能接近的形式或设计，如航天飞船模型和建筑物模型等。软件原型是指待开发的软件系统的部分实现。而快速原型是在完成最终可运行软件系统之前快速建立实验性的、可在计算机上运行的程序（原型），然后给予评价的过程。快速原型模型的基本思想是快速建立一个实现了若干功能（不要求完全）的可运行模型来启发、揭示和不断完善用户需求，直到满足用户的全部需求为止。图 2-2 表示了快速原型模型的基本过程。

图 2-2　快速原型开发模型

从图 2-2 可以看出，快速原型模型首先是快速建立一个能反映用户主要需求的原型系统，然后提供给用户在计算机上使用。用户在试用原型后会提出许多修改意见，开发人员根据用户提出的意见快速修改原型系统，然后再交给用户试用。重复上述过程，直到用户认为这个原型系统能达到他们的要求为止。开发人员便根据原型系统编写需求规格说明，因此，根据这份需求规格说明开发出的软件应能满足用户的真正需求。

对于开发出的原型来说，由于原型的用途是获知用户的真正需求，一旦需求确定了，原型将被抛弃，因此，原型系统的内部结构并不重要，重要的是，必须迅速地构建原型，然后根据用户意见迅速地修改原型。UNIX Shell 和超文本都是广泛使用的快速原型语言。最近的趋势是使用第四代语言（4GL）来构建快速原型。

当快速原型的某个部分是利用软件工具由计算机自动生成的时候，也可以将这部分用到最终的软件产品中。例如，用户界面通常是快速原型的一个关键部分，当使用屏幕生成程序和报表生成程序自动生成用户界面时，实际上可以把得到的用户界面用于最终的软件产品中。

使用快速原型模型的目的是：

- 明确并完善需求。作为一种需求工具，原型初步实现系统的一部分。用户对原型的评价可以指出需求中的许多问题，这样在真正开发系统之前可以用最低的费用来解决这些问题。

- 探索设计选择方案。作为一种设计工具，原型可以探索不同的界面技术，使系统达到最佳的状态，用于评价以后的技术方案。

- 可以发展为最终的产品。作为一种构造工具，原型是产品最初若干基本功能的实现。通过一系列小规模的开发和完善，逐步完成整个产品的开发。

快速原型模型的特点是：

- 开发过程虽然仍与瀑布式模型相同，但在具体实施细节方面有所不同，从而弥补了瀑布式模型的一些不足，如用户参与程度不够等。

- 通过原型系统能使用户的需求明确化，也可减少用户需求的遗漏或用户频繁修改需求的可能性，特别是在软件开发的后期阶段。

- 用户可以充分地参与到软件开发中。因为通过试用原型系统，用户能及时提出一些反馈意见和建议，从而使开发人员在开发工作中，如设计与实现阶段，能尽量减少错误。

- 快速原型模型的本质是"快速"。开发人员应尽可能快地构造原型系统，从而能加速软件开发过程，减少开发周期，节约软件开发成本。

但快速原型模型也存在着某些不足：

- 用户易于视原型为正式产品。用户看到的是软件系统的可执行版本，他们并不知道某些原型是临时拼凑出来的，并且也不知道为尽快让系统运行而没有保证软件系统的总体质量和可维护性。故当他们知道软件系统要重建时，往往认为只要稍做修改就可获得最终的软件系统。

- 快速原型系统对于软件系统的开发环境要求较多，这也在一定程度上影响了其使用的范围和实用价值。

2.2.3　渐增式模型

渐增式模型亦称增量模型。渐增式模型的基本思想是从核心功能开始，通过不断地改进和扩充，使得软件系统能适应用户需求的变动和扩充，从而获得柔性较高的软件系统。

图 2-3 表示了渐增式模型的开发过程。渐增式模型表明，必须在实现各个构件之前就全部完成需求分析和概要设计工作。

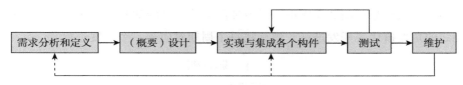

图 2-3　渐增式模型的开发过程

在尽早向用户提供可运行的软件系统方面，渐增式模型类似快速原型模型。但快速原型模型在考虑优先开发什么功能或部分系统方面与渐增式模型有所不同。快速原型模型主要根据用户需求较为模糊的部分优先开发原型；而渐增式模型则从功能明确、设计技术上不确定因素很少的核心功能优先开发，并且分批地逐步向用户提交产品。

渐增式模型的特点是：

- 能在短时间向用户提交可完成部分功能的产品。
- 能逐步增强产品功能，以使用户有较充裕的时间学习和适应新的软件系统。

但是渐增式模型存在如下一些不足：

- 在把每个新增的构件或功能集成到现有的软件系统中时，必须不破坏该软件系统。
- 在设计软件系统的体系结构时，要充分考虑其开放性，加入新构件的过程必须简单和方便。例如，在使用渐增式开发模型开发字处理系统时，首先可实现基本的文件处理、编辑和文档生成功能，然后再实现拼写与语法检查功能，最后完成高级的页面排版功能等。

2.2.4　螺旋式模型

在制订软件开发计划时，软件开发人员要准确回答出诸如软件的需求是什么、需要投入多少资源（人力，经费）以及如何安排开发进度等一系列问题是十分不容易的，但他们又回避不了这些问题，于是只能凭经验和以往的数据进行估算，这便带来一定的风险。实践表明，项目的规模越大，问题越复杂，资源、进度、成本等因素的不确定性越大，承担项目所冒的风险也就越大。软件风险普遍存在于任何软件开发项目，对不同的项目其差别只是风险有大有小而已。因此，在软件的开发过程中应该考虑风险问题。螺旋式模型的基本思想是：将瀑布式模型与快速原型模型结合到一起，加上风险分析。理解这种模型的一个简便方法是把它看作在每个阶段之前都增加风险分析。

螺旋式模型的开发过程为依螺旋方式旋转，其 4 个方面的活动分布在简称为坐标系的 4 个象限上，这些活动如图 2-4 所示。

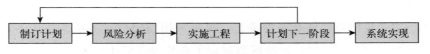

图 2-4　螺旋式模型的开发过程

完整的螺旋式模型如图 2-5 所示。图中带箭头的点划线的长度代表当前累计的开发费用，螺旋线的角度值代表开发进度。螺旋线每个周期对应于一个开发过程。

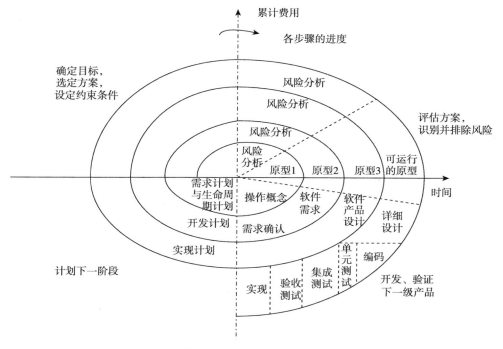

图 2-5　完整的螺旋式模型

螺旋式模型的特点如下：

- 适用于软件开发机构内部开发大规模软件项目。
- 对于可选方案和约束条件的强调有利于已有软件的重用，也有助于把软件质量作为软件开发的一个重要目标。
- 减少过多测试或测试不足所带来的风险。

螺旋式模型存在的问题是要求软件开发人员具有丰富的风险评估经验和专门知识，这往往是大部分软件开发人员所不具备的。

2.2.5　敏捷模型

敏捷模型是一种可快速应对需求变化的开发方法，非常适合于移动互联网时代用户需求快速迭代的项目。非营利组织敏捷联盟（Agile Alliance）一直致力于软件开发中敏捷化方法的推进与应用[15]。

敏捷模型将变更作为软件开发的常态，提出采用"轻量级"方法来适应不断变化的需求。在"敏捷软件开发宣言"中，敏捷联盟制定了在软件开发中呈现敏捷性的四个关键点，即个体和互动高于流程和工具、可工作的软件高于详尽的文档、客户合作高于合同谈判、响应变化高于遵循计划。

敏捷模型包含了迭代和增量开发的内涵，不拘形式地向用户频繁交付可执行的程序，同时将传统软件生命周期不同阶段的名称重命名为用户故事、验收测试、测试驱动的开发、重构、持续集成。图 2-6 展示了敏捷模型的一般开发过程。

敏捷开发中的每次迭代，通常都被规划在两周左右的短周期内完成，短周期意味着新代码与已有代码的持续集成。在每一个短周期的迭代结束时，向用户提交"次要交付"的版本，每三个短周期后，向用户提交"主要交付"的版本。

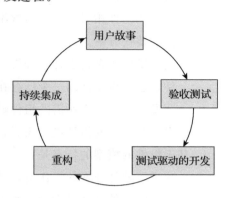

图 2-6　敏捷模型的开发过程

有很多特定变种的敏捷模型，如极限编程、Scrum、动态系统开发方法、敏捷统一过程、特性驱动开发等，最常用的敏捷模型是极限编程和 Scrum，以及这两者的混合型。

敏捷模型的特点是：

- 轻量、适应性强，能快速响应需求的变化。
- 支持快速编码，基于用户在实际使用中的检验结果，对于可能的错误能快速进行重构。
- 相比于瀑布模型、螺旋模型等传统开发模型，在系统内外部复杂因素增加时，项目开发的成功率更高。

敏捷模型存在的问题是局限于小型开发团队，对于它是否适合于大型项目和大型开发团队，存在较多的争议和质疑。

2.2.6　基于组件的模型

软件组件是自包含、可编程、可重用、与语言无关的软件单元，作为构造软件的"零部件"，可被用来构造其他软件。随着开源软件产品和商业软件组件的日益丰富，以及软件复用技术的日益成熟，基于组件的软件开发模型得到了越来越多的应用。

基于组件的模型依赖于可复用的软件组件和能集成这些组件的框架，其开发过程如图 2-7 所示。

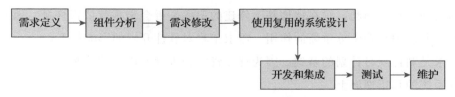

图 2-7　基于组件的模型的开发过程

在基于组件的模型中，需求定义、测试和维护阶段与其他模型类似，中间阶段则有较大差异。

- 组件分析：针对需求定义，搜寻可满足要求的组件。通常情况下，难以找到刚好符合要求的组件，可得到的组件往往只能提供所需的部分功能。
- 需求修改：根据可获得的组件信息回头对需求进行分析，并对需求进行修改以与可获得的组件相对应。若需求不允许被修改，则需重新进行组件分析，以寻找其他可能的替代方案。
- 使用复用的系统设计：分析已获得的软件组件，并设计一个系统框架来组织这些组件，也可重复使用一个已存在的框架。
- 开发和集成：当所需的组件缺乏现成产品时，就需要自行开发，然后把自行开发的组件和已有的组件进行集成，使之成为一个完整的软件系统。

基于组件的模型的特点是：

- 减少了软件开发的工作量，从而降低了软件开发成本，并有利于快速交付。
- 成熟的组件已经过大量的验证，有利于提高软件质量，降低开发风险。

但基于组件的模型也存在一些不足：

- 若过于依赖现有的组件，则难以避免对原始需求的修改，容易导致最终开发的系统不符合用户的真正需求。
- 外部组件的版本更新不受自己控制，进而导致难以控制所开发系统的进化。

2.3　需求工程在软件开发中的地位

2.3.1　需求工程对软件开发的影响

从软件工程提出的各种开发模型中可看出，需求工程是软件开发过程中的一个阶段。有些改进的开发模型，如快速原型模型，也是因用户需求问题而提出的。需求工程处于软件开发的开始阶段，提供了软件项目其余部分得以实施的根基。显然，如果在开发的后期出现错误，受到影响的只是与后期阶段相关的工作，修正错误通常也是相对容易的事情。然而，如果错误出现在开始的阶段，而且没有立即发现和纠正，那么所有后续阶段的工作都是在错误的基础上进行的，修正错误的成本将是很大的。这个道理也和修建房屋一样，如果房屋的地基存在问题，则在该地基上修建的房屋是否会牢靠就值得怀疑。因此，需求工程在软件开发中起着十分重要的作用。需求工程对软件开发的影响如下：

- 需求是制订项目计划的基础。因为开发资源和进度安排的估算都应建立在对最终软件系统的真正理解上。
- 需求工程所产生的最终产物(需求规格说明)是软件设计和软件实现的基础。因为软件设计工作要根据功能需求来确定系统的结构和模块，而模块又是编写代码的依据。
- 需求规格说明是测试工作和用户验收软件系统的依据。用户需求是测试工作的重要参考。如果未清楚说明软件系统在某些条件下的期望行为，系统测试人员将很难弄清楚正确的测试内容。此外，软件系统能否最终满足用户需求，与需求规格说明能否正确和完整地反映用户需求是紧密相关的。

 • 需求规格说明是软件维护工作的依据。

因此，需求工程不再仅限于软件开发的最初阶段，其贯穿于软件系统的整个开发工作中。

2.3.2　需求工程面临的困难

需求工程是人们通过不断地认识和深入研究而形成的结果。需求工程对软件开发的影响是很大的。随着软件系统日益大型和复杂化，软件需求的开发和管理也日益复杂，而且需求工程自身也面临诸多有待解决的问题，如：

1）需求获取与需求分析的困难性。

 • 有些需求可能用户也不是很清楚；

 • 需要用户与开发人之间进行充分的交流和协商；

 • 需求间的冲突和矛盾的检查以及解决；

 • 需求是否完整和确定；

 • 合适的需求建模的方法和技术。

2）需求描述语言和规范化的困难性。

 • 怎样规范化用户需求；

 • 规范化哪些用户需求；

 • 非形式化和形式化描述语言的使用。

3）需求验证的困难性。

 • 需求规格说明正确性的确认和验证；

 • 验证的方法和技术；

 • 如何进行自动验证。

4）需求管理的困难性。

 • 需求规格说明书的质量保证；

 • 需求规格说明书的版本管理；

 • 需求变更的控制。

以上只是列举了需求工程面临的部分困难和问题。如何解决这些困难和问题，决定了需求工程的目的、研究内容和所要完成的实际工作。

2.4　软件需求的开发和管理过程

针对需求工程应解决的问题和面临的困难，需求工程采用工程化的方法来进行与软件需求相关的活动。需求工程的目标就是给出待开发或待完善的软件系统的一个清晰的、完整的、无二义性的和精确的描述，并最终产生高质量的软件需求规格说明。需求工程怎样达到其目标？这是通过需求工程中一系列的活动完成的。本节将概要地说明需求工程的过程及相关活动，有关这些活动的具体内容、实施方法和相关技术将在本书的后面几章分别给予说明。

软件需求的开发和管理过程是由导出、确认和维护软件系统需求规格说明的一系列活动组成的。实际上，一个完整的过程描述应该包括要执行的活动、活动的组织或调度、每个活动的负责人、活动的输入和输出、用于支持开发和维护需求的工具等。在过程的实际执行中出现问题时，还需要对过程进行改进。显然，这是过程管理方面的内容，可用CMM(Capability Maturity Model)方法来评估需求工程的成熟度问题[13]。

需求工程的开发和管理过程可大致划分为如图 2-8 所示的需求开发和需求管理两个阶段。需求开发主要产生正式的需求规格说明，需求管理主要根据需求的变化对需求规格说明的内容及版本进行管理。此外，对于需求开发阶段又可再细分为如下两个阶段：

1)用户的意图分析：收集、归纳和整理用户提出的各种问题和要求(比较含糊)，弄清系统要做什么，应做什么，然后将它们明确化。

2)需求规范化：从逻辑上完整地和严格地描述所要开发的系统，并保证其能反映用户的需求。

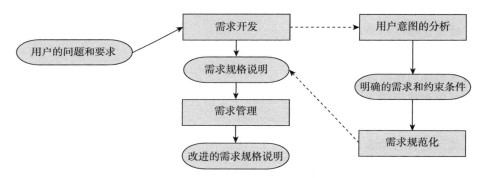

图 2-8　需求工程的大致过程

但在需求工程的实际处理过程中，图 2-8 所示的需求过程过于简略，不能反映需求工程复杂的执行过程。因此，为了如实地反映出需求工程的实际执行过程，需求工程过程可进一步划分为如图 2-9 所示的若干阶段。

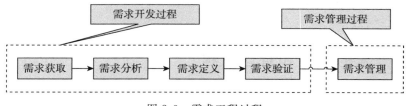

图 2-9　需求工程过程

在图 2-9 中，需求开发阶段细分为需求获取、需求分析、需求描述和需求验证四个活动，其中每个活动的主要任务如下：

1）需求获取：确定和收集与软件系统相关的、来自不同来源和对象的用户需求信息。

2）需求分析：对获得的用户需求信息进行分析和综合，即提炼、分析和仔细审查已收集到的用户需求信息，并找出其中的错误、遗漏或其他不足的地方，以获得用户对软件系统的真正需求，建立软件系统的逻辑模型（或需求模型）。

3）需求定义：使用适当的描述语言，按标准的格式描述软件系统的需求，并产生需求规格说明及其相应文档。

4）需求验证：审查和验证需求规格说明是否正确和完整地表达了用户对软件系统的需求。

需求管理的任务是有效地管理软件系统的需求规格说明及其相应文档，评估需求变更带来的潜在影响及可能的成本费用，跟踪软件需求的状态，管理需求规格说明的版本等。

需求工程过程中各个阶段相对独立，基本按线性方式执行。但在实施过程中也存在反复的情况，如需求验证发现需求规格说明中有问题，则需要返回到需求分析阶段重新分析，甚至也可能返回到需求获取阶段重新收集需求信息等。

第 3 章

需 求 获 取

在软件计划完成之后,进入需求分析与定义阶段,亦即需求工程的活动开始。软件需求获取(简称需求获取)阶段的任务简单地说就是获取用户的需求信息。需求获取是需求工程的早期活动,也是十分重要的一步。由于需求获取可能是软件开发中最困难、最关键、最易出错和最需要交流的活动,故其只能通过用户与开发人员之间进行深度的合作和交流才能成功。开发人员并不是简单地照抄用户所说的话,而是需要从用户所提供的大量信息中分析和理解用户真正的需求。需求获取阶段的活动可大致划分为如图 3-1 所示的一系列工作。有关这些工作的具体任务和内容在本章各节中给予说明。

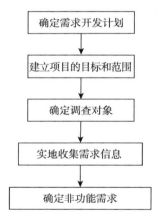

图 3-1   需求获取的过程

3.1   确定需求开发计划

确定需求开发计划的基本任务是确定需求开发的实施步骤,给出收集需求活动的具体安排和进度。由于需求工程的重点是分析、理解和描述用户的需求,着重于软件系统"做什么",而不是如何实现软件系统,加之需求工程是软件开发过程中的一个阶段,故其所占用的时间和费用有限。因此,为保证需求工程有充分的时间和经费,在安排需求工程的实施步骤、收集需求活动的进度和时间时,只能考虑与需求开发相关的工作,不能将软件开发其他阶段如设计阶段也在此考虑。否则,将会导致需求工程花费的时间过长、成本过高,不利于有效地进行需求工程的活动。

另外,在安排进度时,应考虑困难性和灵活性,例如在收集用户需求的活动中,由于用户可能出差或开会,不一定能保证在规定的时间内进行交流,因此需要与用户预约时间,及时调整时间和计划。此外,书写和整理需求规格说明及其文档也是需要花费时间的工作,故在安排进度和时间时应予以考虑。

3.2 确定项目的目标和范围

此阶段的基本任务是根据项目目标把项目相关人员定位到一个共同的和明确的方向上,并决定软件系统的范围。项目的目标主要包括项目开发的目的和意义,以及软件系统应实现的目标(即目标需求)。项目的范围是指软件系统具体应包括和不应包括的部分,以及软件系统所涉及的各个方面,如计算机硬件和其他软件系统等,亦即软件系统在一个完善的环境中最终具有的功能。项目的范围与项目的目标需求,特别是软件系统的目标需求是密切相关的。如前所述,目标需求代表了需求层次中最高层的需求,为软件系统定义了作用的范围。软件的功能需求必须根据目标需求来考虑,要与目标需求相一致。

在收集目标需求时,目标需求会来源于各个不同的人。这些人对要开发的软件系统及该系统最终能为用户或客户提供哪些价值有比较清楚的了解。这些人中包括用户方的领导者、开发方的负责人以及市场部门的人员等。由于这些人所拥有的背景、所处的立场不同,可能会从不同角度提出目标需求。如用户方的领导者关心项目能带来什么样的社会效益和经济效益。而市场部门的人员则关心软件系统的功能与界面是否易使用和操作简单。开发方的负责人则关心系统需要做什么,能否在合理的成本下按时开发出软件系统。因为各人的看法和需求不同,很容易导致来自各个不同角度的目标需求产生冲突。例如,自动售货机开发商希望某软件公司能为其开发一个自动售货管理系统。该软件系统将作为嵌入式实时系统有效地控制自动售货机进行工作。此后,开发商将自动售货机卖给零售商店和零售客户使用。对于这个系统,不同的人会从不同的角度提出不同的目标需求。例如:

从开发商角度:
- 为客户提供便利的自动售货功能;
- 通过管理系统能向顾客提供品种较齐全的消费品;
- 吸引顾客对商品的兴趣;
- 高可靠性。

从零售商角度:
- 能吸引和方便更多的顾客;

    •代替人工操作，节省开支。

从开发人员角度：

    •使用较为先进的开发技术和工具；

    •建立高科技系统。

开发商、零售商和软件开发人员这三者在目标需求上既有一致的方面也有矛盾的方面。例如，开发人员希望使用较先进的开发技术和工具为用户建立高科技系统，这可能导致成本增加。零售商需要一个操作简单和价格便宜的系统，而开发商则需要具有便利和良好性能以及利润较高、成本较低的系统。这三者在目标特别是费用方面的要求不同将导致目标需求的冲突，因而需要在制定需求规格说明之前予以解决。

确定项目范围的好处是：

1) 可以判断用户所提出的需求信息是否对项目合适。如果不合适，则予以拒绝。因此，当用户提出新的需求和改变需求时，作为开发人员首先必须认真地考虑这是否包含在项目范围之内。

2) 有些用户需求信息可能是建议，这些建议是项目之外的，但可能有价值。因此可适当改变项目范围来适应这样的需求。但在改变范围之前，需要考虑进度、时间和资源等，否则容易影响需求工程中的其他工作。

在统一了认识并知道项目的范围和系统与外部环境的界限之后，下一步就是开展实地调查，以获取有用的需求信息。向用户中的哪些人调查，这是相当重要的工作。

3.3　确定调查对象

本阶段的基本任务是明确地确定来自不同层次的需求来源和用户，并将其分类。

谁是产品的用户这是必须搞清楚的问题。直接从软件系统的实际用户收集需求是非常重要的，因为导致开发项目失败的主要原因是缺乏用户参与以及最终形成的用户需求不完整。

在需求获取中容易产生的问题是对不同层次的需求信息易于产生混淆。例如，能提供目标需求的人不能提供具体的功能需求，因为他们不是实际的使用者。而有些用户能描述软件系统应完成的任务和业务流程，但他们有时不能提供完成这些任务的所有功能需求。因此，确定不同层次的需求来源和用户成为本阶段的基本任务。

由于软件的需求分为三个层次，即目标需求、业务需求和功能及非功能需求等，故应根据需求的层次来区分不同的用户。

1) 提出目标需求的用户。能支付采购软件系统费用的用户，即客户，如工厂或公司领导人和高层管理人员。他们的任务就是要阐明软件系统的高层次概念，如开发项目的目的和目标、总体规划，以及主要的业务内容，但他们提供不了所有具体的细节。

2）提出业务需求和功能需求的用户。这些用户是直接或间接使用系统的用户。他们相当清楚要使用该系统完成什么任务，以及系统应具备的重要功能和特性等。虽然他们能描述其业务流程和具体业务，但不一定能提供计算机系统，特别是软件系统应实现的所有具体功能和非功能需求。

3）软件开发人员，主要是指系统分析员。系统分析员虽然不是用户，但他们必须从用户的角度，根据用户提供的需求信息和业务流程理解并分析出软件系统应实现的具体功能和非功能需求，从而使软件系统能按照用户要求完成任务。软件开发人员也将根据这些需求设计和实现软件系统必须具有的功能和特性。

软件系统面对的用户是很多的，这些用户由于所在的部门、职责和掌握的知识不同而存在差异，如直接使用和非直接使用软件系统、不同的专业知识和计算机系统知识、不同的部门和业务过程等。这些用户都将有自己的一系列功能和非功能需求，如没有经验且偶尔使用计算机的用户希望系统操作简单和易使用等，而利用系统完成计算工作的用户则希望系统能计算正确且速度较快等。为了避免忽视和遗漏某些用户的情况，可以根据用户的某些方面将用户分类，例如：

- 用户所在的部门和职责，如计划部门、销售部门、财务部门等；
- 用户使用系统的频繁度和优先级等；
- 用户掌握的计算机知识和使用计算机的熟练程度；
- 直接使用和非直接使用软件系统的情况，所谓非直接使用软件系统是指这些用户是通过报表或其他应用程序访问系统的数据和系统提供的服务。

在将用户分类后，进一步寻找每类用户的代表或联系人。这些人代表特定的用户类，并可充当该用户类与开发人员之间的“窗口”。当然，这些人也必须是真正的用户，而不是单纯的代理人。开发人员通过与他们的直接交流和协商，可获得大量的需求信息。每个用户代表从他所代表的用户类中收集需求信息，协调他所代表的用户在需求表达上的不一致和矛盾，为用户类整理成统一的需求信息。此外，用户代表应具有如表3-1所示的义务[13]。

表3-1　用户代表的义务

1）给分析人员讲解业务及说明业务方面的术语等专业问题
2）抽出时间清楚地说明需求，并不断完善
3）当说明系统需求时，力求准确详细
4）需要时，要及时对需求做出决策
5）要尊重开发人员的成本估算和对需求的可行性分析
6）对单项需求、系统特性或用例划分优先级
7）评审需求文档和原型
8）一旦知道要对项目需求进行变更，就马上与开发人员联系
9）在要求需求变更时，应遵照开发组织确定的工作过程来处理
10）尊重需求工程中开发人员采用的流程（过程）

软件需求可来自各个方面，而且用户类也不一定都是指人。有时也可以把其他应用系统或计算机硬件设备和接口等视为附加的用户类成员，这样就可确定软件系统与外部应用系统或计算机硬件相关的需求。这就是说需求信息除了来自用户类外，还可来自其他方面。因此，为了不遗漏必要的需求信息，还需考虑从哪些地方能收集到需求信息。下面是几个典型的软件需求来源：

1）直接和间接使用软件系统的用户。这是用户需求的主要来源。可采用直接交流的方式获得他们的需求信息。

2）系统需求规格说明。其包括对软件和硬件的需求规格说明。当其中部分需求与软件系统相关时，从中可获得对软件系统的一些功能或非功能需求。

3）市场调查和用户问卷调查。此调查有助于从众多用户那里获得大量的需求信息，然后经过分析从中获得一些有用的用户需求。

4）已开发的和待开发的同类软件系统的描述和文档。从同类软件系统的描述和文档中获得类似的用户需求。不过由于系统间存在着差别，不能生搬硬套同类系统的用户需求。

5）对人工系统中存在的问题的报告。人工系统是指现实中已存在的手工操作的系统。通过收集用户在人工系统中遇到的问题，将有助于导出对软件系统的一些用户需求。

6）观察正在工作的用户。开发人员可观察用户在人工系统中的工作流程，并记下他们使用当前系统时所遇到的问题和处理事务时的步骤。直接观察用户的工作流程有助于对他们的活动有正确的理解，然后通过总结和分析使所获得的需求信息具有普遍性和代表性，而不仅仅是单个用户的。当然，开发人员还可为改进用户的事务处理过程提出一些合理性建议和见解。

7）用户工作内容的分析。通过开发具体的场景和活动顺序可以确定用户在人工系统中需要进行的工作，由此可获得用户处理事务中必要的功能需求。这可使用场景描述方法来完成。

当确定了用户类及明确了用户需求的主要来源后，就可从不同的渠道和不同的人那里收集到大量的需求信息。但这些需求信息既包含了明确的用户需求，也包含了一些不一致和含糊的需求，这就需要寻找需求的决策者。这些决策者能根据具体情况，对存在问题的需求信息做出决定。因此，在正式收集需求信息之前，还需要确定和弄清楚谁是需求的决策者。如果不清楚谁有责任做出决策，由软件开发人员来决定的话，将是十分糟糕的事情，因为软件开发人员不能决定用户的业务。当然，在处理有问题的需求信息时，决策者并不是固定不变的，而是根据实际中可能发生的具体问题来确定。

如果个别用户就某些需求与其他大多数同类用户不能达成一致意见，决策者应为用户代表。

如果用户类之间存在不一致的需求，决策者为领导层和高管人员。他们可以根据哪一类用户的需求更为重要而做出决策。

不同类型的用户(部门不同),可能要求产品按照各自的爱好来设计和实现,这时决策者可由开发人员来担任,由他们根据目标需求,决定哪些是重要的和最关心的客户,从而做出决策。

用户部门经理所提出的需求与其所在部门的真正用户提出的需求不一致时,首先在明确用户需求必须满足目标需求这一前提下,决策者为该部门的用户代表,而不亲自使用软件系统的经理必须服从代表用户类的用户代表。

当开发人员想象中的系统与用户需求不一致时,决策者为用户。

如果市场部门提出的需求与开发部门的开发人员所要开发的系统发生冲突,决策者应以市场部门为主。但有时可能由于市场部门一味迁就用户,导致用户需求有些不合理以及可能增加开发成本,这时需根据具体的实际情况来确定市场部门和开发人员之间谁是决策者。

3.4　实地收集需求信息

在确定了需求的来源和调查对象后,下一步就是实地收集需求信息。实地收集需求信息阶段的任务就是到现场实地调查和与用户交流,收集和理解用户需求信息。在收集需求信息的过程中,可能会遇到一些困难和问题,如怎样进行收集等,这些都是此阶段应该考虑的事情。

3.4.1　实地收集需求信息面临的困难

实地收集需求信息并不是件容易的工作,软件开发人员需要与用户进行充分的交流,听取用户对软件系统的看法和意见。但在与用户交流的过程中并不是十分顺利的,特别是需要用户花费时间来讲解他们的业务流程和工作内容。因此,开发人员往往会遇到如下一些困难:

1)能提出软件需求的用户可能觉得没有充分的时间与开发人员进行交流和讨论,例如,由于用户出差或开会等,这会给交流带来一些影响。

2)有时用户希望通过简单的方法和说明,或者通过简单回答开发人员的询问后,软件开发人员就能清楚地理解他们的需求,而不需要花费太多的时间进行讨论等。

3)用户和开发人员只考虑自己的利益,特别是有些用户认为损害了自己的利益,例如,计算机改变了过去传统的工作方式,可能有些不适应。有些用户由于缺乏使用计算机的经验,导致产生畏难情绪。此外,有些用户认为开发软件系统是单位领导层决定的,与自己的关系不大,因而对待需求信息的收集工作采取消极的态度。

4)用户本身不能提出明确的需求,因为用户不一定对人工系统中所涉及的问题有明确的概念和要求,亦即用户对所面临问题的认识是比较笼统的、抽象的、零碎的和随机偶然的。这些认识和想法未经整理便交给开发人员，使得开发人员无法理解和分析。

5)开发人员缺乏用户的业务知识，而用户也缺乏计算机方面的知识(如不知道什么是数据库，什么是 OS 等)，双方在交流中产生了许多困难，从而导致收集工作难以进行。

3.4.2 实地调查的步骤

要想获得充分的用户需求信息，就必须实地进行调查并与用户交流，因此，有步骤地进行实地调查也是相当重要的。实地调查通常分为三个步骤。

1)向掌握"全局"的负责人调查。掌握"全局"的负责人包括组织机构的负责人和高层管理人员。这些人比较了解系统的概貌、发展规划和策略等。向他们调查有利于对系统的宏观分析，明确系统的作用范围。他们可以说是目标需求的主要来源。

2) 向部门负责人调查。部门负责人不但熟悉本部门的各项业务和业务流程，也熟悉部门之间的相互关系。这种调查主要是了解各部门的业务流程及主要功能需求和非功能需求，以及与其他部门间的接口信息等。

3)向业务人员调查。业务人员熟悉自身工作的处理细节，如具体数据或表格的作用、来源和去向、类型、精度、处理要求和输入/输出的格式等。这种调查可获得系统需完成的一些具体功能和性能等方面的需求信息。

上述调查步骤中，步骤 2)和步骤 3)是一个反复的过程，每次调查之前要制定调查提纲，每次调查要进行记录，并交由用户审查核实，以保证需求信息的可靠和准确。

3.4.3 实地收集需求信息的方式

如前所述，获取需求的工作只能通过用户和开发人员间有效的合作和交流才能完成。为了提高合作和交流的效率，需要有较好的交流方式和手段。开发人员与用户的交流可采取如下几种方式。

(1)座谈会的方式

通过会议获得用户需求信息是一种用户与开发人员交流的很好方式，也是相当常见的方式。召开范围较广的或专题的会议，通过紧凑而集中的讨论可以将用户与开发人员间的合作关系付诸实践。当然，应在人数方面对会议的参加者有所限制，参加人员不宜过多，否则会拖长会议的时间和偏离会议的主题。另外，会议主持人的作用也不容忽视，其对会议能否成功和会议的效率方面有着很大的影响。在每次座谈会中，都必须记录所讨论的内容，并在会后加以整理，然后请参与讨论的用户给予评价和修改。及早并经常进行座谈讨论是成功收集用户需求信息的一个关键途径。不过，值得注意的是，在座谈会上必然会涉及某些细节问题，特别是有些问题的回答需事先做准备。因此，在召开座谈会之前，提前发给参加人员有关座谈会的议题和内容等材料将有助于提高座谈会的效率。

(2)书面咨询的方式

书面咨询的方式是由软件开发人员将所关心的和有待澄清的问题以书面形式提交给用

户。通过询问将有助于软件开发人员更好地理解用户当前的业务过程，并且了解计算机应如何帮助或改进用户的工作。例如，可以提出如下问题请用户回答：

a. 你所在部门的业务流程是怎样的？

b. 你所在部门与其他部门的关系是怎样的？

c. 本部门应产生哪些表格以及这些表格的输入/输出形式是怎样的？

d. 在业务中使用什么计算方法？

软件开发人员通过理解和分析用户的回答来收集他们的真正需求。除上述提问外，软件开发人员还可在书面咨询中设置一些如何解决问题的提问，例如：

a. 当某问题发生时，应该如何解决？

b. 你现在的工作中存在什么问题？如何解决？

c. 除了正常的情况，还会发生什么异常情况？该如何应对？

（3）利用用例表示方法

用例是了解用户的业务流程和澄清含糊细节的好方法。用例用于描述软件系统与一个外部"执行者"的交互顺序，主要体现执行者完成一次任务的过程。一个用例可以包括与完成一项任务逻辑相关的许多任务和交互顺序。执行者可以是一个人、一个应用软件系统或一个硬件，或其他一些与系统交互以实现某些目标的实体等。该方法可利用图形或自然语言描述用户需要完成的所有任务，然后从中分析出用户的功能需求等。从理论上来讲，如果能收集到用户业务的全部用例，则这些用例中将必然包含所有合理的用户需求功能。有关如何使用该方法，以及该方法的一些具体细节，将在后面给予说明。

3.4.4　需求信息的分类

对于一个复杂的软件系统，通过收集而得到的用户需求信息是相当庞大和复杂的，特别是这些需求信息中哪些是功能需求，哪些是性能需求等，必须通过大量的分析和整理工作才能弄清楚。开发人员不能指望用户提供一份简洁的、完整的和清晰的需求清单，而必须把收集到的全部需求信息分成不同的类型后，一方面为编制需求规格说明和其他文档等提供基本材料，另一方面也为删除一些不是真正需求的信息提供依据。

因此，给出需求信息的类型是一项重要的工作。通常，需求信息可大致分类如下[13]：

1）目标需求：描述用户或开发机构通过产品可获得的利益和利润，以及与产品相关的发展规划等方面的信息。例如"每年可获利润多少元"或"可节省多少成本"等。

2）用例说明：有关如何利用系统完成业务任务或如何实现用户目标的陈述可能就是用例，而特定的任务描述更需使用用例说明。与客户一起商讨，可把特定的任务概括成更广泛的使用实例，还可以通过让客户描述他们的业务工作流程活动来获取使用实例。

3）业务规则：当一个客户说一些活动只能在特定的条件下由一些特定的人来完成时，

该用户可能在描述一个业务规则。例如,"某工厂所需的生产材料只能通过本工厂的采购部门采购"。业务规则是有关业务过程的操作原则。可以用一些软件功能需求来加强规则,正如上面所说的,这里的业务规则不是功能需求。

4)功能需求:客户所说的诸如"用户应该能<执行某些功能>"或者"系统应该<具备某些行为>",是最可能的功能需求。功能需求描述了系统所展示的可观察的行为,大多数处于执行者–系统响应顺序的环境中。功能需求定义了系统应该做什么,它们是软件需求规格说明的一部分。分析者应该明确,每个人应该理解系统为什么"必须"执行某一功能。所提出的功能需求有时反映了过时的或无效的业务过程,而这些过程不能加入新系统中。

5)性能需求:对系统如何能很好地执行某些行为或让用户采取某一措施的陈述就是性能需求,这是一种非功能需求。听取那些描述合理特性的意见:快捷、简易、直觉性、用户友好、健壮性、可靠性、安全性和高效等。这需要和用户一起商讨,并精确定义这些需求的真正含义。

6)外部接口需求:这类需求描述了系统与外部的联系。软件需求规格说明必须包括用户接口和通信机制、硬件和其他软件系统需求部分。客户描述外部接口需求包括如下习惯用语:

- "从<某些设备>读取信号"
- "给<一些其他系统>发送消息"
- "以<某种格式>读取文件"
- "能控制<一些硬件>"

7)限制:限制是指一些合理限制设计者和程序员选择的条件。它们代表了另一种类型的非功能需求,必须把这些需求写入软件需求规格说明。尽量防止客户施加不必要的限制,因为这将妨碍提出一个好的解决方案。不必要的限制将会降低利用现有商业化软件集成解决方案的能力,一定的限制有助于提高产品质量。下面是客户描述限制的一些习惯用语:

- "必须使用<一个特定的数据库产品或语言>"
- "不能申请多于<一定数量的内存>"
- "操作必须与<其他系统>相同"
- "必须与<其他应用程序>一致"

8)数据定义:当客户描述一个数据项或一个复杂的业务数据结构的格式、允许值或默认值时,就是在进行数据定义。例如,"邮政编码由 5 个数字组成,后跟一个可选的短划线或一个可选的四位数字,默认为 0000"就是一个数据定义。把这些集中在一个数据词典中,作为项目的参与者在整个项目的开发和维护中的主要参考文档。

9)解决方案:如果一个客户描述了用户与系统交互的特定方法,使系统产生一系列活动(例如用户从某菜单中选择一个所需要的项),这时,你就是在听取建议性的解决方案,而不是需求。所建议的解决方案会使获取需求小组成员在潜在的真正需求上分散精力。在获取需求时，应该把重点放在需要做什么，而不是新系统应该如何设计和构造上。探讨客户为什么提出一个特定的实现方法，可以帮助你理解真正的需求和用户对如何构造系统的隐含期望。

3.5 确定非功能需求

非功能需求是衡量软件能否良好运行的定性指标。因此，非功能需求也是非常重要的。但是在实际收集需求信息时，开发人员往往注重于功能需求，而容易忽略非功能需求。这是因为非功能需求很难定义，也很含糊，如可靠性、易使用性、用户界面友好等。软件系统应具备什么样的可靠性？易使用应达到什么程度？什么样的用户界面才算是友好的？这些问题由于缺乏定量指标，因此很难根据这些需求来评价软件系统，这也是开发出来的软件系统与用户所需的软件系统之间存在差异的主要原因。

对软件系统的非功能需求有很多，此处仅列举一些用户所关心的非功能需求。

- 可靠性：指在给定的时间内以及规定的环境条件下，软件系统能完成所要求功能的概率，通常用平均无故障时间和平均修复时间来衡量。
- 可扩充性：指软件系统能方便和容易地增加新功能，通常用增加新功能时所需工作量的大小来衡量。
- 安全性：主要涉及防止非法访问系统功能，防止数据丢失，防止病毒入侵，防止私人数据进入系统等。例如身份验证、用户权限、访问控制等都是与安全性相关的具体需求。
- 互操作性：指软件系统与其他系统交换数据和服务的难易程度。
- 健壮性：指软件系统或者组成部分遇到非法输入数据以及在异常情况和非法操作下，软件系统能继续运行的程度。
- 易使用性：指用户学习和使用软件系统功能的简易程度，也包括对系统的输出结果易于理解的程度。
- 可维护性：指在软件系统中发现并纠正一个故障或进行一次更改的简易程度。可维护性取决于理解、更改和测试软件的简易程度。
- 可移植性：指把一个软件系统从一个运行环境移植到另一个运行环境所花费的工作量的度量。
- 可重用性：指组成软件系统中的某个部件除了在最初开发的系统中能使用外，还可以在其他应用系统中使用的程度。

以上是在实际开发中用户可能提出的一些非功能需求。当然，随着软件系统的目标和应用领域的不同，用户提出的非功能需求可能是上述的一部分，也可能超出上述的需求。

在收集需求信息时，必须根据用户对系统的期望来确定非功能需求。如果能定量地确定非功能需求，将有助于清晰地理解用户的期望，有助于开发人员提出较合理的解决方案。然而，大多数用户并不可能提出具体的和量化的非功能需求，以及回答诸如"软件系统应该具备什么样的可靠性"或"互操作性是否重要"等问题。因此，开发人员在收集非功能需求信息时，要注意使用一些方法，例如：

1)将不同用户类代表提出的可能很重要的非功能需求进行综合，并根据其中的每个需求设计出许多方法，然后根据用户的回答，使这些需求更明确化。

2)开发人员与用户一起对每一个非功能需求制定可测试和可验证的具体标准。如果这些需求缺乏评价标准的话，就无法说明开发出的软件系统是否已满足这些需求。

3)设计与非功能需求相冲突的假设示例，利用反例来提示用户。

3.6   在收集需求信息中应注意的问题

如前所述，在收集需求信息中会遇到许多困难。这些困难有些是发生在与用户的交流方面，有些则属技术问题，需由软件开发人员给予注意和解决。在收集过程中，要注意如下问题：

1)应能适当地调整收集范围。在收集需求信息的开始，开发人员并不知道用户需求信息量的大小，可以根据系统的范围适当扩大收集范围。但也不能过于扩大收集范围，因为在扩大的范围内收集的需求信息有些可能不是真正的需求，这将导致开发人员要花费大量的精力和时间来理解和分析这些需求信息。显然，收集的范围也不能太小，否则有些重要需求会被遗漏或排除在外。

2)尽量把用户所做的假设解释清楚，特别是发生冲突的部分。这就需要根据用户所讲的话或提供的文字去理解，以明确用户没有表达清楚但又想加入的需求信息。

3)尽量理解用户用于表达他们需求的思维过程，特别是尽量熟悉和掌握用户具有的一些专业知识和术语。

4)在收集需求信息时，应尽量避免受不熟悉细节的影响，如一些表格的具体设计等，这些可作为需求先记录下来，然后再由设计工作去完成。

5)应尽量避免讨论一些具体的解决方案，因为需求阶段的工作是要弄清楚软件系统做什么，而不是怎么做。

6)需求信息收集工作的结束。需求信息的收集过程并不是没完没了的，但如何决定收集工作的结束并没有一个简单和严格的标准，需根据实际情况进行判断。例如：

- 用户不可能再提供更多新的需求信息。
- 用户重复提出以前已提出的需求信息。
- 与用户的讨论开始进入设计方面的工作。
- 开发人员本身已提不出更多的问题。

• 安排收集工作的结束时间已到。

至此，软件开发人员在需求获取阶段已获得大量的用户需求信息，以后的工作就是分析和描述用户的真正需求，以形成需求规格说明。

3.7 使用场景技术的需求获取

在开发人员与用户的交流中，场景作为工具可发挥较大作用。开发人员在与用户进行有关软件需求的谈话和交流中，谈论具体事例的情况较多，用户也经常结合专业知识讲述他们的具体工作和工作流程。因此，场景很自然地作为交流的工具使用，每个场景可以对应系统的一个潜在需求。

3.7.1 场景的定义及构成

所谓场景，是指用户与软件系统为实现某个目标而进行交互活动过程的描述。

场景可被视为对使用系统经历的解释。软件开发人员可利用场景来模拟用户与软件系统为完成某个功能而进行的交互活动过程，通过分析来获取其中有用的需求信息。对于较为复杂的软件系统，通常需要许多场景。

场景的构成可以有不同的形式，应由如下几个方面的内容构成：

• 执行者(用户)
• 进入场景前系统状态的描述
• 执行者的目的
• 动作和事件系列(包括正常或非正常事件流)

上述 4 个方面的内容既可以以简洁的方式填写也可部分省略不写。

通常，场景应具有下述特征：

• 场景代表某些用户可见的功能，可用于描述一个具体的系统功能；
• 场景总是被参与者启动，并向参与者提供可识别的信息；
• 场景必须是完整的。

图 3-2 表示了一个用自然语言描述的某人切断 PC 电源的场景。在这个场景中，用户顺序地描述了如何退出 Windows 98，并切断 PC 电源的一系列交互活动。

王某是使用装有 Windows 98 系统的 PC 用户，已有一年的经验。他几乎每天使用 PC 向朋友发电子邮件，今天在发送了 4 封电子邮件后想切断 PC 电源。

王某首先单击屏幕上的"开始"按钮，在显示出来的菜单中选择"关闭计算机"选项。在屏幕中央出现了与关闭计算机相关的对话框，询问用户是否真正关闭计算机。王某确认并单击关闭计算机的按钮。计算机在使屏幕变黑后，自动切断 PC 电源。

图 3-2 关于切断 PC 电源的场景

图 3-2 表示的场景可使用前述的描述形式具体表示如下：

- 执行者(用户)：王某
- 进入场景前系统状态的描述：使用 PC 的经验是 1 年，几乎每天使用。另外，今日发送电子邮件的工作已结束。
- 执行者的目的：退出 Windows 98，并切断 PC 电源。
- 动作和事件系列：图 3-2 中的第 2 段文字，从单击"开始"按钮到切断 PC 电源的事件完成为止。

3.7.2 场景的表示

除了可用自然语言表示场景外，也可使用图形、动漫画等其他表示形式。场景也可与快速原型方法结合使用。此外，也可利用一些已有的半形式化的图形表示方法和技术(如流程图、状态图、时序图)以及形式化的方法和技术(如 CCS、CSP、Z 语言等)来表示场景。场景的一些典型表示形式如表 3-2 所示。

表 3-2　场景的典型表示形式

非形式化的表示	形式化的表示
自然语言	状态图
结构化语言	流程图
图形	时序图
动漫画等	代数描述图等

场景的使用者可以根据具体情况有选择地使用上述表示形式，也可组合使用几种表示形式。对于某些水平较高的专业技术人员，可以使用更加适合的特殊人工语言来描述场景。但是，在需求信息的获取中，由于用户的参与相当重要，使用非形式化的表示形式是合适的，形式化的表示形式对于用户来说难以理解。

3.7.3 场景的种类

场景描述了执行者的目标，但该目标能否实现决定了场景可大致分为正常场景和失败场景两类。场景的分类将有助于对场景的分析。对于正常的场景，主要注重于目标的实现过程以及效率如何。对于失败的场景，注重于分析失败的理由。如果找到了执行者不能达到目标的理由，将成为改进软件系统的参考因素。

更进一步，根据场景描述的内容可将场景分为正向场景和逆向场景(Anti-Scenario)。前者描述所希望实现的目标、与目标相关的执行者和事件等，后者描述用户所不希望的需求，描述的功能将不能写入需求规格说明中。逆向场景作为描述的工具在收集需求信息的初期是有效的，经过事先的分析将有利于防止混入一些无用的需求信息。

场景之间亦可以建立关系以及进行精化处理。例如，当向一个场景中添加一些动作构成了另一个场景时，这两个场景之间的关系就是扩展关系，后者继承前者的一些行为。当一个场景使用另一个场景时，这两个场景之间就构成了使用关系。一般说来，如果在若干个场景中有相同的动作，则可以把这些相同的动作提取出来单独构成一个场景。大部分场景将在项目的需求获取阶段产生，并且随着需求分析工作的深入还会发现更多的场景。这些新发现的场景都应及时补充进已有的场景集合中。

3.7.4　场景技术的特点

场景技术不仅把软件系统的需求信息文本化，而且有助于在实现软件系统前明确用户与软件系统的相互作用。此外，场景技术还具有如下特点：

- 可以把当前系统存在的问题作为实例记录下来。
- 可以成为项目相关人员间的共同语言。
- 由于场景描述了软件系统的操作，比较具体，易理解性较好。
- 场景使得提出和获得需求的双方之间能建立起相应的理解。

另外，在使用场景技术时，也要注意如下问题：

- 场景的数量，即一个软件项目应该写多少个场景没有限制标准，主要视项目的规模和复杂性而定。但如果场景数量过大，易加大分析和理解的难度。
- 场景的冗余问题。应尽量避免场景描述的内容发生重叠，可根据实际情况合并和去掉一些内容重叠的场景。
- 应防止场景描述内容的冗长。

3.8　基于用例的需求获取

用例与前述的场景并不是同一概念。用例通常用于描述可发生的所有事件序列，而场景则是描述其中的一部分。因此，用例也可以说是场景的集合，一个场景是用例的实例。

Jacobson 提出的用例用于描述软件系统与一个外部"执行者"(actor)的交互顺序，它体现了执行者完成一项任务的过程。执行者可为一个人或一个应用软件系统，也可以是硬件或者某些与软件系统交互以实现某些目标的外部实体。在利用用例建立系统模型时，软件系统被视为一个黑盒子，并可使用自然语言顺序地描述软件系统与外部执行者的相互作用。下面我们以自动取款机(ATM)为例来说明。

例　ATM 的用例模型和取现金的用例如图 3-3 和图 3-4 所示[16]。图 3-3 表示与 ATM 相关的用例模型。图 3-4 用结构化自然语言的形式描述 ATM 正常工作的用例。

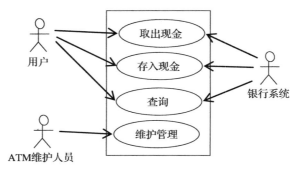

图 3-3   与 ATM 相关的用例模型

> **正常情况**
>
> - 在显示屏上显示问候信息：
>   顾客将磁卡插入 ATM；
>   ATM 读出磁卡上的代码，并检索该卡能否使用；
>   如果磁卡能使用，ATM 要求顾客输入密码。
> - 等待密码输入：
>   顾客输入密码；
>   如果密码正确，ATM 请求顾客选择事务处理类型。
> - 等待输入事务类型：
>   顾客选择取现金事务，并输入取出的数量；
>   ATM 做好取现金的准备，同时根据指定的银行账号向银行系统发送请求信息；
>   ATM 吐出相应的纸币；
>   ATM 向顾客返还磁卡；
>   ATM 打印并输出收付款说明书。

图 3-4   取出现金的用例

实际上，用例的定义也有不同的表示形式[17-18]。例如，为便于描述和提高重用性，可利用如下所示的结构化形式：

用 例 名：用例的名称。

执 行 者：用例的主导者。

目　　 的：用例的目的。

前提条件：启动用例的条件。

结束条件：用例结束时应满足的条件。

基本序列：描述在满足前提条件下启动用例后，按时间顺序正常发生的执行者与软件系统的相互作用。

异常序列：按时间顺序描述在正常序列的相互作用中发生异常情况时，软件系统与执行者的相互作用。

备　　 注：应向设计者转达除功能需求以外的非功能需求、设计约束条件和限制，以及有待解决的事项等。

第 4 章

需 求 分 析

需求分析和需求获取是密切相关的两个过程。通过需求获取阶段的工作，软件开发人员从用户处收集到大量的需求信息。不过需求信息并不完全都是需求，这是因为需求信息中包含了一些与软件系统无关或关系不大的信息，以及可能发生重叠或冲突的信息等。软件需求分析的基本任务就是分析和综合已收集到的需求信息。分析的工作在于透过现象看本质，找出需求信息间的内在联系和可能的矛盾。综合的工作就是去掉那些非本质的信息，找出解决矛盾的方法并建立系统的逻辑模型。具体地说，需求分析的基本任务就是提炼、分析和仔细审查已收集到的需求信息，找出真正的和具体的需求，以确保所有项目相关人员都明白其含义。此外，在分析过程中，通过建立软件系统的逻辑模型，发现或找出需求信息中存在的冲突、遗漏、错误或含糊问题等。

需求分析阶段的工作结果是获得高质量的具体软件需求。

需求分析的具体工作包括：

- 建立系统关联图；
- 分析需求的可行性；
- 构建用户接口原型；
- 确定需求的优先级；
- 需求建模；
- 建立数据词典。

上面列举的所有工作要视具体的软件系统规模而实施，并非一概而论。对于一个复杂的系统来说，上述需求分析的所有工作都是很有必要的，但对于较为简单的系统，确定需求优先级等工作可以考虑不实施。下面详细说明各项工作的具体内容。

4.1 建立系统关联图

在需求获取阶段，确定系统范围的首要目的是要界定收集需求信息的范围，提高需求获取的效率。另外一个目的是把项目相关人员定位到一个共同的、明确的方向上。建立系统关联图主要是根据需求获取阶段确定的系统范围，用图形表示系统与外部实体间的关联。所谓关联图就是用于描述系统与外部实体间的界限和接口的模型，而且明确通过接口的信息流和物质流。关联图的建立类似于传统的结构化需求建模方法（将在后面介绍）中建立的 0 层图。因此，要开发的整个系统表示为一个椭圆，椭圆内标识该系统的名字，用带标识的有向边表示系统与外部实体间的关系和信息（或物质）流向，用方框表示系统外部实体等。此外，关联图不明确描述系统的内部过程和数据。下面通过一个实例来说明。

例 某培训中心的主要工作是为本行业在职人员提供课程培训服务。有兴趣的本行业职工可以通过电子邮件和信函等报名、选修或注销课程，或者询问课程计划等。培训中心收取一定的培训费用，学费可以用现金或支票形式支付。

现在该培训中心试图开发培训中心管理信息系统，以提高本中心信息化管理的水平。显然，该系统应具有记录和分类由电子邮件或信函表达的信息，处理报名、询问、注销和付款，以及输出回答信息的功能。该系统外的实体主要是学员和系统的操作员等。系统的关联图如图 4-1 所示。

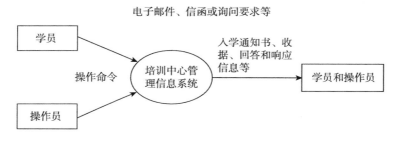

图 4-1　培训中心管理信息系统的关联图

建立系统关联图的好处是项目相关人员一开始不必去考虑太多的细节，而是把注意力集中在软件系统的接口方面，亦即系统的输入/输出上，从而确定系统的界限，并且为分析用户需求提供很好的依据，特别是在功能需求方面。显然，关联图以图形方式表示系统的范围使得项目相关人员更易于理解和审查。

4.2　分析需求的可行性

在软件系统的范围明确之后，分析从需求信息中获得的需求是否可实施是一项重要的工作。如果某些需求不可实施，例如开发环境的支持或技术实现有困难，或者处理效率较低等，应尽早与用户讨论和协商。

分析需求可行性的基本任务是在允许的成本和性能要求以及系统的范围内，分析每项需求得以实施的可能性。这项工作的目的在于明确与每项需求相关联的风险，包括一些与其他方面的冲突、对外部环境的依赖和某些技术的障碍等。

分析需求可行性是一项困难的工作，不存在对所有类型的需求都适用的分析方法。因此，需要与有经验的开发人员共同分析。对于要开发的软件系统，由于涉及不可知因素，进行需求可行性分析有助于避免后期开发过程中的一些问题。与高风险相关的需求最有可能导致软件开发工作的失败。在实际需求分析中应考虑的风险类型如下：

1）性能风险：实现这项需求可能导致整个系统性能的下降。

2）安全风险：实现这项需求可能导致无法满足整个系统的安全需求。

3）过程风险：实现这项需求可能导致需要对常规的开发过程做修改，例如（对安全的需求）引入数学说明和证明等。

4）实现技术风险：实现这项需求可能需要使用不熟悉的实现技术，如人工智能技术、编程环境等。

5）数据库风险：实现这项需求可能导致系统不支持的非标准数据。

6）日程风险：实现这项需求可能遇到技术困难，并危及系统原定的开发日程。

7）外部接口风险：实现这项需求可能涉及外部接口。

8）稳定风险：这项需求可能是易变的，将导致开发过程的重大变动。

在分析需求可行性时，需要判断每一项需求的风险。显然，如果风险评估能用定量的方法将是很精确的，但这往往很难，因为需要建立数学模型。实际工作中，通常使用定性的方法，如分类为"高""中""低"来评估风险，所需要的时间与需求的数目成正比。

由于分析需求可行性的工作是凭经验进行的，故存在的最大问题是缺乏具有风险评估经验的人员。不过，随着人们对风险评估经验的增加，这个问题将会得到较好的解决。

4.3　构建用户接口原型

在需求建模前，不仅需要证实需求的可行性问题，也需要澄清一些不能确定的或含糊的需求，尽早使这些需求能完整和清楚地表达出来。

创建用户接口原型的基本任务是对软件开发人员或用户不能明确化的需求，通过建立相应的用户接口原型然后评估该原型，使得项目相关人员能更好地理解所要解决的问题。用户接口原型是指一个可能的局部实现，而不是整个系统，这样可使许多概念和可能发生的事更为直观明了。例如，对于"用户界面友好"这一用户需求是比较含糊的，没有判定用户界面友好的标准。因此，只有通过构建用户接口原型（包括一系列的操作和系统响应），并将原型交由用户使用和评价，然后进一步修改，直到用户满意为止，才能最终形成友好的用户界面。

在构造一个原型之前，需要与客户充分交流，做出一个明确判断：在评价原型之后是抛弃原型，还是把该原型进化为最终产品的一部分？这里需要说明两个概念，即抛弃型原型和进化型原型。所谓抛弃型原型是指在原型达到预期目的后将其抛弃。在构建该原型时，可以忽略具体的软件构造技术，亦即以最小的代价构造抛弃型原型。因此，抛弃型原型中的代码不能移植到最终的系统中，除非达到产品质量代码的标准。通常，在需求分析中遇到具有不确定性、二义性、不完整或含糊特征的需求时，最合适的方法是建立抛弃型原型。所谓进化型原型是在需求清楚定义的情况下，以渐增式方式构建原型，并使原型最终能成为软件产品的一部分。进化型原型可以说是螺旋式开发模型的一部分。与抛弃型原型的快速和粗略的特点相比，进化型原型一开始就必须编制具有较好健壮性和高质量的代码。因此，对于描述同一功能来说，构建进化型原型要比构建抛弃性原型所花的时间多。当然，在需求分析中，也可以综合使用多种原型，而且构建原型要视实际情况来确定。

构建用户接口原型的方法有三种。

1）纸上原型化方法。这种方法代价小而且特别有效，主要是把系统的某部分实现以场景的形式，并通过书面材料呈现给用户。软件开发人员和用户通过这些场景来发现问题或达成共识。这种方法使用的工具也非常简单，只需一些日常的文具，如纸张、笔等。

2）人工模拟原型化方法。这种方法是根据用户的输入由人模拟系统的响应。这也是一种代价较小的方法。表面上用户是与系统原型进行交互，但实际上用户的输入被传递到模拟系统的人，然后由人做出响应。这种方法比较适合于系统与用户间进行交互的情况。

3）自动原型化方法。这种方法主要是用第四代语言或其他开发环境来开发一个可执行的原型。用这种方法开发原型时成本较高，因为其需要编写软件来模拟系统的功能，而且在构建原型中要使用合适的高级语言和支持环境。例如，可用于构建原型的工具和环境有：

- 编程语言：Visual Basic、Smalltalk 和基于数据库系统的第四代语言等。
- 脚本语言：Perl 和 Python 等。
- 商品化构建原型的工具包和图形用户界面工具等。
- 基于 Web、可以快速修改的 HTML 语言，以及 Java 语言等。

4.4　确定需求的优先级

划分优先级可以帮助项目相关人员判断系统的核心需求，并有助于项目相关人员集中于重点问题的交流和协商，特别是涉及需求风险分析的时候。需求优先级之间的关联可以帮助软件开发人员决定软件体系结构，还可以帮助解决可能发生的设计冲突。此外，软件开发人员可以根据需求的优先级权衡合理的项目范围和进度安排、预算、人力资源以及质量目标的要求。实现权衡的方法是，当接受一个新的高优先级的需求或者项目发生环境变化时，删除低优先级的需求，或者将其推迟到下一版本去实现。

在需求获取的理想情况下，开发人员应在客户表达需求时由客户决定需求的重要性，标上需求的优先级。然而，如果单独让客户来决定需求的优先级是很难做到的，在众多具有不同期望的用户之间达到一致意见就更难了。因为客户有时总是不能完全理解所提出需求的具体含义，并且每个人的背景、出发点和利益不同，导致他们之间并不总是能产生妥协。因此，优先级的分配应当由软件开发人员和项目相关人员共同完成，最好是在做了一些初始的分析工作后，再进行需求优先级的分配。

可根据具体情况把优先级分成如表4-1所示的三类。不过，这些是主观上的，也不精确。在很多情况下，对同一需求，不同的项目相关人员会分配不同的优先级。这可能反映了实际的需要，也可能只是简单地反映了不同项目相关人员各自的理解。因此，必须消除这些差异，并在分配的每一类优先级的含义上达成一致意见。

表 4-1　多种分配需求优先级的方法

命名	含义	方法来源
高	一个关键任务的需求或是下一版本所需要的	Karl E. W.
中	支持必要的系统操作或最终要求。如果有必要，可以延迟到下一个版本	
低	功能或质量上的增强。如果资源允许，实现这些需求总有一天使产品更完美	
基本的	只有在这些需求上达成一致意见，软件才会被接受	IEEE 1998
条件的	实现这些需求将增强产品的性能，如果忽略这些需求，产品也是可以被接受的	
可选的	对一个功能类有影响，实现或不实现均可	
3	必须完美地实现	Kovize 1999
2	需要付出努力，但不必做得太完美	
1	可以包含缺陷	

在确定了所有需求的优先级后，必须把每个需求优先级记录到需求规格说明中，并可通过设置相应的字段予以标识。由于不同的项目有不同数量的需求，有的项目会有成千上万个需求，将导致对需求划分等级有难度和花费一定的时间。虽然在划分优先级时需要花费一些时间与项目相关人员进行讨论，但这并不会给需求分析增加太多的时间。

4.5　需求建模

需求建模的工作就是导出目标系统的逻辑模型（或需求模型），以明确目标系统"做什么"的问题。目标系统是指待开发的软件系统。在已知需求的可行性以及各个需求明确以后，为了更好地理解需求，特别是复杂系统的需求，软件开发人员应从不同的角度抽象出目标系统的特性，使用精确的方法构造系统的模型，验证模型是否满足用户的需求，并在设计过程中逐渐把与实现相关的细节加进模型，直至最终用程序实现模型。对于相当复杂又难于理解的系统，特别需要进行需求建模。所谓模型就是为了理解事物而对事物做出的一种抽象，是对事物的一种无歧义的书面描述[19]。通常模型可由文本、图形符号或数学符号以及组织这些符号的规则组成。需求建模就是把由文本表示的需求和由图形或数学符号表示的需求结合起来，绘制出对目标系统的完整性描述，以检测软件需求的一致性、完整性和错误等。利用图形表示需求有助于增强项目相关人员对需求的理解，对于某些类型的信息，图形表示方式可以使项目相关人员之间减轻语言和词汇方面的负担。不过，建立需求模型的目的是增强对用自然语言描述的需求规格说明的理解，而不是替换它。

迄今为止，需求分析的方法种类繁多。在需求建模中使用什么方法取决于建模的目的、时间和应用领域（即对象）等。在众多的需求分析方法中，早期（20 世纪 70 年代中期）具有代表性的分析方法有：

- PSA/PSL：由美国密歇根大学在 ISDOS 项目中开发的需求定义语言 PSL 和分析工具 PSA。
- SREM：由美国 TRW 公司开发，使用了需求描述语言 RSL、表示处理流的 R-Net、分析工具 REVS，主要是面向实时系统。
- SADT：由 SoftTech 公司开发，主要用方框表示动作和处理，并在方框的上下左右用有向弧分别表示输入、输出、控制数据和使用的资源。

在上述方法的基础上，通过大量的研究和实践，人们又开发和推出了至今仍在使用的所谓结构化分析（Structured Analysis，SA）方法，有关该方法的内容将在后面详细说明。SA 方法由于简单和易使用，一直得到软件开发人员的厚爱。但到了 20 世纪 90 年代初期，随着面向对象方法的逐渐完善，面向对象的需求分析作为新的需求分析方法成为需求工程中的重要方法之一。基于面向对象的分析和设计方法，人们近几年来又提出了综合多种图形表示的 UML 以及一些与特殊方法相结合的需求分析方法。如面向问题域的分析方法、面向特征的需求分析方法、基于本体的需求分析方法和面向多视点的需求分析方法等。这些方法各具特色，有些尚在研究过程中，有些则处于完善阶段。

值得提出的是，图形表示的需求分析方法只能是一种半形式化的方法，在严格性方面尚有问题。因此，在现有的需求分析方法中还有一些比较严格的需求分析的描述方法，如 VDM、Z 符号、B 方法和基于代数理论的方法等。这些方法都是形式化方法，本书也将在后面介绍一些典型的形式化需求分析方法。

4.6   建立数据词典

数据词典是定义目标系统中使用的所有数据元素和结构的含义、类型、数量值、格式和度量单位、精度及允许取值范围的共享数据仓库。数据词典的作用是确保软件开发人员使用统一的数据定义，可提高需求分析、设计、实现和维护过程中的可跟踪性。为避免冗余和不一致性，每个项目建立一个独立的数据词典，而不是在每个需求出现的地方定义每个数据项。数据词典可把不同的需求文档和需求模型紧密地结合到一起。

数据词典中的每个数据项对应数据词典中的一项记录，并可根据实际情况使用简单的符号予以定义。如数据项可表示成"数据项名＝数据项定义"的形式，其中"数据项定义"又可表示为"数据类型＋数量值＋数量单位＋允许的取值范围＋…"。有关数据词典的内容将在结构化分析方法中进一步详细说明。

第5章

需求建模方法与技术

如前所述，需求建模在需求分析中是重要的工作。需求建模主要是根据待开发软件系统的需求利用某种建模方法建立该系统的逻辑模型（也称需求模型或分析模型），以帮助软件开发人员检测软件需求的一致性、完全性、二义性和错误等。在软件的实际开发中，为了表达和描述软件需求，以及建立软件的逻辑模型，软件开发人员使用不同的建模方法。这些方法的作用、范围和特点不同，因此在使用中是有所区别的。不过，尽管软件建模方法有许多，但这些方法都至少应具备如下共同特点。

1）提供描述手段：研制一个软件系统涉及许多人，开发人员之间如何有效地进行交流是项目成功的关键之一。在开发过程中，每个开发人员都必须将工作的结果以一定的形式记录下来，采用什么样的描述形式对人员间的交流和继续进行下一步工作是非常重要的。需求建模方法应该规定描述模型的手段，这包括要记录什么内容及用什么符号来表达等。

2）提供基本步骤：研制一个软件系统，特别是大型又复杂的系统，要考虑的问题很多，如果同时处理这些问题就会束手无策或者造成混乱。正确的解决问题的方法是将问题按先后次序进行分解，每一步集中精力解决某个问题，直至所有问题被解决为止。因此，需求建模方法需要规定基本实施步骤，确定每一步的目的，要产生什么样的结果，每步中要注意哪些概念，以及完成该步的工作需要掌握哪些必要的信息和哪些辅助性的工作等。

在目前的需求建模方法中，主要使用的描述手段和技术是自然语言、图形符号语言和形式语言等。这些方法难度不一，需要软件开发人员根据软件系统的特点适当地选用、理解和掌握，切忌生搬硬套。从实用性的角度，本章将介绍一些有代表性的需求建模方法，如结构化分析方法和面向对象的需求建模方法等。不过，在介绍这些需求建模方法之前，本章也将简要地说明有关模型的概念，以及软件工程中的模型及其分类等。

5.1 什么是模型

通常，在我们的日常工作和生活中，处处都在使用模型，例如制造机器、修建房屋、天气预报和试图理解某个自然现象等都表明我们在使用模型。由于客观世界中存在许许多多的模型，再加之人们对模型的理解不同，故模型的定义是各种各样的。例如：

1）根据目的对事物进行的抽象描述[20]。

2）根据实物、设计图或设想，按比例生成或按其他特征制成的同实物相似的物体[21]。

3）把一个数学结构作为某个形式语言（包括常量符号、函数符号、谓词符号的集合）的解释时，称为模型。如果一个数学结构使得形式理论（形式系统中的一组公式或公理）中的每个公式在这个结构内都解释为真，那么这个数学结构就称为这个理论的一个模型[21]。

4）为了理解事物而对事物做出的一种抽象，是对事物的一种无二义性的书面描述（这是在前一章中使用的模型定义）。

模型通常不仅与客观世界中某个特殊个体或现象相关，而且与许多甚至无限个个体相关。根据模型与客观世界的关系，模型可大致分类如下：

- 描述性模型：能真实和较完整地反映客观世界（如照片）。
- 规约性模型：能用于创造新事物的规约（如需求模型）。
- 探测性模型：是过渡性的，经常被修改而非最终决定的模型。

例如，一个建筑师画下一栋旧房子，然后决定对旧房子进行改造，并修改了所画的图。前一种图称为描述性模型，后一种图则称为规约性模型，修改过程中产生的模型称为探测性模型。

软件工程中的模型有的是描述性模型，有的是规约性模型，但大部分是描述性模型。作为特殊例子，需求模型既是描述性模型（描述问题域），又是规约性模型（软件的需求规格说明）。

5.2 软件工程中的模型

软件工程中有大量的模型，这些模型的作用和风格以及使用的符号都是不一样的。有的是形式化的，有的是半形式化的或非形式化的。不过，关于软件工程中模型的概念有必要在此给予说明。

软件工程领域的著名学者 M. Jackson[9] 曾指出，软件工程中的模型概念与数学和逻辑学中的概念完全不一样，其把抽象世界和客观世界间的关系完全搞反了。在数学和逻辑学中，满足理论的客观世界中的对象集合称为模型。例如，任何数学结构都由一个非空集合组成，这个集合称为模型的论域。形式语言中的每一类符号（抽象的）都分别确定为论域中的元素、数学结构中具体的函数或关系。又例如，在形式语义学的代数语义中，令 $\Sigma = (S, O)$ 为基调，其中 S 为类子集，O 为操作集，Σ 代数 $\Sigma(A) = (A, F)$，A 为载体（数据集合），并且 $a_{s_i} \in A_{s_i}$，$s_i \in S$，…，$f_i \in F$ 为 $O_i \in O$ 的解释。如果 $D = (\Sigma, E)$ 是抽象数据类型 A 且满足 E 中的所有公理，则称 $\Sigma(A)$ 为 $D = (\Sigma, E)$ 的一个模型。而在软件工程中，对客观世界的问题域进行抽象，并用某描述方法表示的结果称为模型。这是很重要的，因为软件工程中一个重要的研究领域即形式化研究与逻辑学和抽象代数理论的关系相当密切，容易引起概念方面的混淆。M. Jackson 认为，自身是客观存在的且把客观世界的一部分作为对象并能模拟其中动作的东西称为模型。

用电子电路模拟管道网中流体流动的情形，电子电路是客观存在的，可称为模拟流体动作的模型。同理，计算机中被建立的模型是客观存在的，能模拟客观世界的动作，这就是 Jackson 所指的模型。

为服从软件工程的用法，以后将使用软件工程中把抽象描述的结果称为模型，如开发过程模型、数据流模型、实体关联模型、状态转移模型等。

由于软件工程中多数模型用于表示问题域中的元素以及元素间的关系或相互作用等，故在建模过程中应该注意问题域中有什么对象，应该选择什么样的关系或动作，然后用适当的模型表示。因此，在软件工程中，可根据具体的建模要求和抽象的内容把模型分类如下。

- 开发过程模型（规约性）：瀑布式模型、增量模型、螺旋式模型等；
- 信息流模型（描述性）：DFD、SADT 等；
- 设计模型：类图、功能层次图等；
- 交互作用模型：实例图、交互作用图、时序图等；
- 状态迁移模型：状态图、Petri 网等；
- 用于构造细节的原理模型：设计模式、实体关联图等；
- 过程成熟度模型：CMM，SPICE（模型集合）；
- 其他模型：可靠性模型、成本估算模型……

当然，我们还可根据其他不同注重点来对模型分类。

5.3　结构化的需求建模方法

结构化的分析（SA）方法与面向对象的建模方法相比，可以说是一种传统的需求建模方法。SA 方法是由美国 Yourdon 公司和密歇根大学在开发 ISDOS 工具系统时提出的，自 20 世纪 70 年代中期以来，一直是比较流行和普及的需求分析技术之一。SA 方法主要适用于数据处理，特别是大型管理信息系统的需求分析，主要用于分析系统的功能，是一种直接根据数据流划分功能层次的分析方法。

SA 方法的基本特点是：

- 表达问题时尽可能使用图形符号的方式，即使非计算机专业人员也易于理解。
- 设计数据流图时只考虑系统必须完成的基本功能，不需要考虑如何具体地实现这些功能。

作为该方法的完善和改进，自 20 世纪 90 年代初起，人们对 SA 方法进行了扩充。例如，为了将方法用于分析实时控制系统的需求，在数据流图中加入了控制成分。除了数据流图外，还有控制流图（Control Flow Diagram，CFD）。这使 SA 方法既能表示数据转换，又能表示控制状态的变化。此外，为使 SA 方法更加严格，人们也对数据流图进行了形式化方面的研究。本节主要介绍 SA 方法的基本思想、描述手段和分析步骤等。

5.3.1　SA 方法的基本思想

对于一个相当复杂的系统，往往使人感到无法下手。传统的策略是把复杂的系统"化整为零，各个击破"。这就是通常所说的分解。SA 方法也是采用这样的分解策略，把大型和复杂的软件系统分解成若干个人们易于理解和易于分析的子系统。这里的分解是根据软件系统的逻辑特性和系统内部各成分之间的逻辑关系进行的。在分解过程中，被分解的上层就是下层的抽象，下层为上层的具体细节。SA 方法也采用了"分解与抽象"这样的基本手段。因此，SA 方法的基本思想是按照由抽象到具体、逐层分解的方法，确定软件系统内部的数据流、变换（或加工）的关系，并用数据流图表示。对于复杂的软件系统，如工厂管理信息系统、房地产管理信息系统或财务管理软件系统等，如何描述和表达它们的功能呢？如图 5-1 所示。如果一个系统很复杂，可将该系统分解成若干子系统，并分别以 1，2，…标识子系统。如果子系统仍然很复杂（例如子系统 3），可再将其分解为 3.1，3.2，…若干子系统。如此继续下去，直到子系统足够简单和易于理解为止。图 5-1 中的顶层抽象地表示了整个系统，底层则表示了系统的具体细节，中间层则是由抽象到具体的逐步过渡。

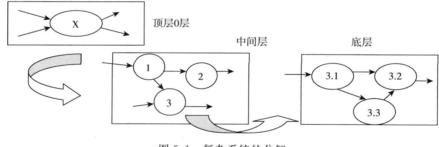

图 5-1　复杂系统的分解

对系统进行合理分解之后，就可分别理解子系统的每一个细节，然后理解所有的子系统，得到关于整个系统的理解。

5.3.2　SA 方法的描述手段

SA 方法的描述手段由三个部分组成：

- 一套分层的数据流图：主要说明系统由哪些部分组成，以及各部分之间的联系。
- 一本词典：为数据流图中出现的每个元素提供详细的说明。
- 其他补充材料：具体的补充和修改文档的说明。

1. 数据流图

一个软件系统的逻辑模型应能表示当某些数据输入该系统，经过系统内部一系列处理（变换或加工）后产生某些逻辑结果的过程。数据流图（DFD）是描述系统内部处理流程、表达软件系统需求模型的一种图形工具，亦即描述系统中数据流程的图形工具。

图 5-2 表示了一个 DFD 的简单模型。数据流 x 从源点 S 流出，被加工 P_1 变换为数据流 y，P_1 执行时要访问文件 F。然后数据流 y 被加工 P_2 变换为数据流 z，并流向终点 T。从图 5-2 可看出，DFD 的主要元素为加工（P_1，P_2）、数据流（x，y，z）、文件（F）、数据流的源点 S 和终点 T。下面将分别对这些元素给予说明。

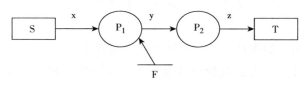

图 5-2　DFD 的简例

（1）数据流

数据流是由一组数据项组成的数据，通常用带标识的有向弧表示。例如，飞机订票单的数据流可表示为：旅客信息＋日期＋航班号＋目的地＋金额。其中，旅客信息、日期和航班号等为数据项。数据流可以由单个数据项（如金额）组成，也可由一组数据项组成（如飞机订票单）。数据流可以从加工流向加工，从源点流向加工，从加工流向终点，从加工流向文件，从文件流向加工。从加工流向文件或从文件流向加工的数据流可以不指定数据流名，但要给出文件名，因为文件可以代替数据流名。两个加工之间允许多股数据流，这些数据流之间没有任何联系，而且无须标识它们之间的流动次序。此外，由于数据流命名的好坏与 DFD 的易理解性密切相关，因此，每个数据流要有一个合适的名字。如何命名数据流需要根据实际情况进行。例如，在现实环境中要处理的一些表格和单据的名字可直接作为数据流名，如"某某表格"和"某某发票"等。在数据流的命名中，不能使用缺乏具体含义的词如"数据""信息"等作为数据流名。一个值得注意的问题是不能把控制流作为数据流，例如，图 5-3 描述了某个统计考生成绩的软件系统的 DFD，其中"取考生成绩"不是数据流而是控制流，故应把"取考生成绩"改为"考生成绩"。

图 5-3　关于数据流命名的例子

（2）加工（变换）

对数据进行的操作或变换称为加工。加工通常用圆圈、椭圆等表示。各加工与数据流或文件相连接。加工名应反映该加工的含义，可如下命名加工名：

- 最高层的加工可以是软件系统的名字，如某管理信息等。
- 加工的名字最好由一个谓语动词加上一个宾语组成，如"检查合法性""分类成绩"等。
- 不能使用空洞或含糊的动词作为加工名，如"计算""分类"等。
- 当遇到未合适命名的加工时，可以考虑将加工分解，如"检查并分类考生成绩"等。

（3）文件

文件是存放数据的逻辑单位，通常用图形符号"↘""↗"和"↗"分别表示加工写文件、读文件和读写文件。另外，在这个图形符号中还要给出文件名。文件的命名最好与文件中存放的内容相对应，文件名可等同于数据流名。

（4）源点和终点

源点和终点分别表示数据的来源和最终去向，通常用图形方框表示。源点和终点主要代表软件系统外的实体，如人或其他软件系统等，以说明数据的来龙去脉，使 DFD 更加清晰。由于源点和终点一般是为了帮助理解系统而引入的，所以不需要对它们进行描述。

例 4.1 节中培训中心管理信息系统的关联图分解如图 5-4 所示。

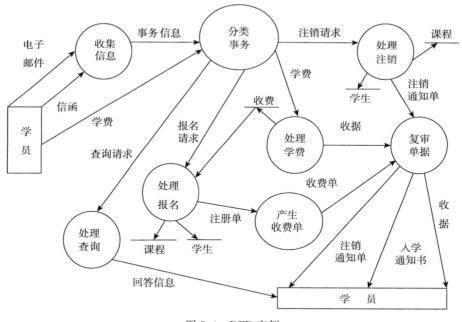

图 5-4　DFD 实例

2. 分层的 DFD

对于大型而复杂的软件系统，如果用一张 DFD 表示出所有的数据流和加工，整个图就会变得相当复杂和难以理解，而且这样的图难以写下所有的内容。为了控制复杂性，通常采用分层的方法。分层的方法体现了"抽象"的原则，在暂时不必了解许多细节时，只需给出一个抽象的概念。分层的方法不是一下子写进太多的细节，而是有目的地逐步增加细节，这有助于理解。

一套分层的数据流图由顶层、底层和中间层组成。

- 顶层（0 层图）：用于注明系统的边界，即系统的输入/输出。0 层图整个系统只有一张，实际上就是前面所说的关联图。
- 中间层：描述加工的分解，其组成部分可进一步分解。
- 底层：由一些不能再分解的加工组成，这些加工足够简单，亦称为基本加工。所谓基本加工是指含义明确、功能单一的加工。

DFD 在画法上较为简单，但要画出完整的分层 DFD 尚需注意如下几个问题：

（1）应区别于流程图

DFD 注重于数据在系统中的流动，在加工间的多股数据流之间不需考虑前后次序问题，加工只描述"做什么"，不考虑"怎么做"和执行顺序的问题。流程图则需考虑对数据处理的次序和具体细节。因此，不能把 DFD 画成流程图。

（2）DFD 的完整性问题

在画 DFD 时，可能会出现加工产生的输出流并没有输出到其他任何加工或外部实体（如图 5-5a 所示），或者某些加工有输入但不产生输出（如图 5-5b 所示）等情况。对于前者可能是遗漏加工或数据流多余；对于后者可能加工是多余的，或者遗漏了输出流等。因此，在画完 DFD 时，有必要仔细检查所画的 DFD，以免 DFD 中出现错误。

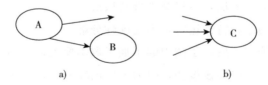

图 5-5　DFD 的完整性问题

（3）DFD 的一致性问题

DFD 的一致性问题也称父图与子图的平衡问题，是指父图中某加工的输入/输出与分解该加工的子图的输入/输出必须完全一致，即输入/输出应该相同。父图是指上层的图，子图指处于下层的图，子图对应父图的某个加工。具体地说，父图与子图的平衡是指子图的所有输入/输出数据流必须是父图中相应加工的输入/输出数据流。图 5-6a 表示父图与子图平衡的情况，而图 5-6b 表示父图与子图不平衡的情况。一般而言，父图中有几个加工，可能有几个子图对应，但父图中的某些基本加工可以不对应子图。

层次的分解通常是对加工进行分解，但在有必要的情况下也可对数据流进行分解。

（4）在分层 DFD 中文件的表示

通常，文件可以隶属于分层 DFD 中的某一层或某几层，即在抽象层中未用到的文件可以不表示出来，在子图中用到的文件则表示在该子图中。但是在抽象层中表示出的文件，则应该在相应的某(些)子图中表示。否则，无法理解该文件到底被哪些具体的加工所使用。问题是文件要到哪一层才表示出来呢？作为原则，当文件共享于某些加工之间时，则该文件必须表示出来。

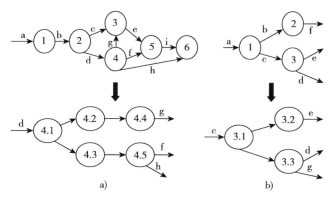

图 5-6 一致性问题的实例

(5)分解层次的深度

逐层分解的目的是把复杂的加工分解成比较简单和易于理解的基本加工。但是，如果分解的层次太深，也会影响 DFD 的可理解性。究竟分解多少层合适？这个问题没有准确的答案，应根据软件系统的复杂程度、人的能力等因素来决定。通过大量的实践，人们得到一些经验性的准则，例如：

- 分解最好不超过 7 或 8 层，尽量减少分解层次。
- 分解应根据问题的逻辑特性进行，不能硬性分解。
- 每个加工分解为子加工后，子图中的子加工数不要太多，通常为 7~10 个。
- 上层可分解快些，下层应该慢些，因为上层比较抽象，易于理解。
- 分解要均匀，即避免在一张 DFD 中，有些已是基本加工，另外一些还要分解为多层。
- 分解到什么程度才能到达底层 DFD 呢？一般来说，应满足两个条件：一个是加工用几句或十几句话就可清楚地描述其含义；另一个是加工基本上只有一个输入流和一个输出流。

以上准则只是参考，不能作为工程上的标准，更不能生搬硬套。

3. 画分层 DFD 的步骤

DFD 的画法不是唯一的，随着经验的不同，不同的人可以画出不同的 DFD。但原则应是由粗到细，按以下步骤画分层的 DFD。

1)确定软件系统的输入/输出数据流、源点和终点。

这一步实际上决定系统的范围。因为刚开始不知道有哪些功能，为保险起见，使系统的范围稍大些，或参照有关的关联图，使得与软件系统相关的内容尽可能被包含进来。因此，先确定源点和终点，以及输入/输出数据流，然后再考虑系统的处理或加工。

2)将基本系统模型加上源点和终点，构成顶层 DFD。

基本系统模型是指把整个软件系统视为一个数据变换，如图 5-7 所示。基本系统模型就是接受各种输入，通过内部变换产生各种输出。基本系统模型的名字可与系统名相同。实际上，顶层 DFD 也就是在前面所提到的系统关联图。

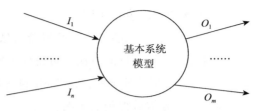

图 5-7　基本系统模型的表示

3)画出各层的 DFD。

根据 DFD 的分解情况逐层画出 DFD。在画每张 DFD 时，可以遵循以下准则：

- 将所有软件的输入/输出数据流用一连串加工连接起来。一般可以从输入端逐步到输出端，也可以从输出端逐步到输入端，或者从中间向两端展开。
- 应集中精力找出数据流。如发现有一组数据，且用户将其作为一个整体来处理时，则把这组数据作为一个输入流，否则应视为不同的数据流。
- 在找到数据流后，标识该数据流，然后分析该数据流的组成成分及来去方向，并将其与加工连接。在加工被标识后，再继续寻找其他的数据流。
- 当加工需要用到共享和暂存数据时，设置文件及其标识。
- 分析加工的内部，如果加工还比较抽象或其内部还有数据流，则需将该加工进一步分解，直至到达底层图。
- 为所有的数据流命名，命名的要求前面已介绍过。
- 为所有加工命名编号。编号的方法如下：对于子图的图号，通常是父图中相应被分解加工的编号，加工编号＝图号＋小数点＋局部顺序号。

由于顶层 DFD(0 层图)只有一张，只有一个加工，该加工不用编号。加工编号应从第一层开始，顺序编号为 1，2，3，……

在画 DFD 时还应注意如下情况：

- 画图时只考虑如何描述实际情况，不要急于考虑系统应如何启动、如何工作、如何结束等与时间序列相关的问题。
- 画图时可暂不考虑一些例外情况，如出错处理等。
- 画图的过程是一个重复的过程，一次性成功的可能性较小，需要不断地修改和完善。为便于理解，我们通过一个实例来说明画 DFD 的方法。

例　某医院拟开发一个分布式患者监护系统(PMS)。PMS 将用于监视病房中每个患者的重要生理信号(如体温、血压和脉搏信号等)，并能定时更新和管理患者的病历。此外，当患者的生理信号超过医生规定的安全范围时，系统能立即通知护理人员，护理人员在需要时可随时通过系统产生某患者的有关报告。

PMS 的主要功能为：

- 通过一个病床监视器实现本地监测，以获得患者的生理信号。

- 在护士办公室实现中央监测。

- 更新和管理患者病历。

- 产生患者情况的报告以及报警信息。

根据前述画 DFD 的方法，可得到 PMS 的 DFD，如图 5-8 所示。图 5- 8a 是根据步骤
1)和步骤 2)得到的顶层图。图 5-8b 和图 5-8c 根据步骤 3)画出。图 5-8c 是图 5-8b 中的"中
央监测"加工分解后得到的子图。

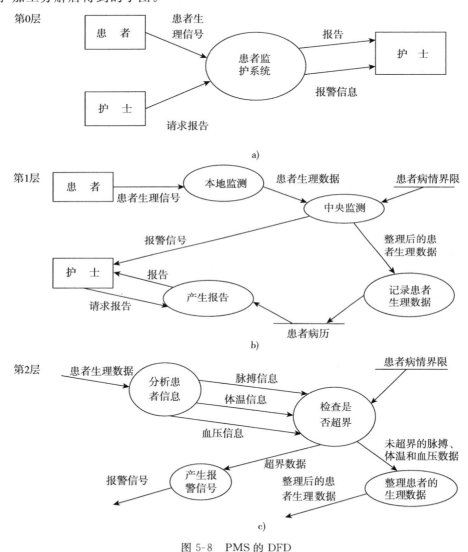

图 5-8 PMS 的 DFD

4. 数据词典

DFD 虽然描述了数据在系统中的流向和加工的分解，但不能体现数据流内容和加
工的具体含义。数据词典就是用于描述数据的具体含义和加工的说明。由数据词典和
DFD 就可构成软件系统的逻辑模型（或需求模型）。因此，只有把 DFD 和 DFD 中每个

元素的精确定义放到一起，才更有助于理解和分析。

所谓数据词典就是由 DFD 中所有元素的"严格定义"组成。其作用就是为 DFD 中出现的每个元素提供详细的说明，即 DFD 中出现的每个数据流名、文件名和加工名都在数据词典中有一个条目以定义相应的含义。当需要查看 DFD 中某个元素的含义时，可借助于数据词典。数据词典中的条目类型如下：

1）数据流条目：用于定义数据流。

在数据流条目中主要说明由哪些数据项组成数据流，数据流的定义也采用简单的形式符号方式，如"＝""＋""｜"和｛ x ｝等，例如，订票单可定义为：

订票单＝顾客信息＋订票日期＋出发日期＋航班号＋目的地＋……

对于复杂的数据流，可采用自顶向下逐步细化的方式定义数据项。如数据流"订票单"中的数据项"顾客信息"可细化为"顾客信息＝ 姓名＋性别＋身份证号＋联系电话等"。

当数据项由多个更小的数据元素组成时，可利用集合符号"｛ ｝"说明，例如前面的培训中心管理信息系统中的"选修课程"数据流可以说明如下。

选修课程＝课程表＋教师＋教材

课程表＝｛课程名＋星期几＋上课时间＋教室｝

教师＝｛主讲教师名＋辅导教师名｝

此外，当某些数据项是几个不同的数据流的公用数据项时，可将它们列为专门的数据项条目，如：教室＝101｜102｜……｜，航班号＝Mu712｜Mu814｜……｜。

显然，在数据词典中还有其他符号来说明数据流和数据项的组成，但在使用时需说明这些符号的确切含义，以免产生不必要的麻烦。

当所有出现在 DFD 中的数据流都定义后，最后的工作就是对出现在数据流中的数据项进行汇总，然后以表格的形式汇总每一数据项如下：

标识符	类型	长度	中文名称	来源	去向
JS	整型	3	教室	教务处	学员

其中，前三项是为将来建立数据库做准备的，后三项则是关于数据项的说明。

2）文件条目：用于定义文件。

文件条目除说明组成文件的所有数据项（与数据流的说明相同）外，还可说明文件的组成方式，如：

航班表文件＝｛ 航班号＋出发地＋目的地＋时间｝

组成方式＝按航班号大小排列

3）加工条目：用于说明加工。

加工条目主要描述加工的处理逻辑或"做什么"，即加工的输入数据流如何变换为输出数据流，以及在变换过程中所涉及的一些其他内容，如读写文件、执行的条件、执行效率要求、内部出错处理要求等。加工条目并不描述具体的处理过程，但可以按处理的顺序描述加工应完成的功能，而且描述加工的手段，通常使用自然语言或者结构化的人工语言，或者使用判定表或判定树的形式。当然，描述手段也可使用形式语言，但这有较大的难度。加工条目的编号与加工编号一致。例如，在培训中心管理信息系统中"处理报名"这一加工的功能可描述如下：

- 根据报名要求查询收费标准文件，确定相应费用。
- 学生注册。
- 根据选修课程登录课程统计文件。
- 产生注册单等。

最后，由所有的数据条目、文件条目和加工条目构成一本数据词典。

5. 其他补充材料

这一部分的工作主要是定义各种输入/输出表格的形式，记录与修改文档相关的信息，如记录什么人什么时间修改什么内容等。

5.3.3 示例说明

某个学校拟开发一个运动会管理系统。有关运动会的业务流程如下：

1) 确定运动会的举办时间和地点，设置哪些项目，报名时间等。

2) 确定一些限制规定，如每人最多可参加几个项目，每个项目每队最多可由多少人参加，取前几名，打破单项比赛记录后的处理等。

3) 由各参加队提供报名单后，给每个运动员编号，并统计每个项目的参加人数及名单，最后根据每个项目的参加人数等具体情况排出比赛日程。

4) 在运动会期间不断接收各项目的比赛成绩，及时公布单项名次，累计团体总分。

5) 比赛结束后，公布最终的团体名次。

根据上述的业务流程，用 SA 方法来建立该运动会管理系统的需求模型。由于运动会有大量的数据需及时处理，打算用计算机来完成原来用手工进行的工作。这样就必须分析运动会的业务流程，并获得相应的功能需求，明确计算机的系统需完成什么功能。为避免过于复杂，在此例中省去了 SA 方法中某些具体步骤，直接建立该系统最终的需求模型。当然这个需求模型也只是描述了运动会的部分功能，而且与实际开发工作有些差距，下面按画 DFD 的步骤建立运动会管理系统的需求模型。

（1）建立系统的 DFD

运动会管理系统的需求模型用 DFD 形式表示在图 5-9 中。

图 5-9a 表示第 0 层，主要描述系统的外部接口，即运动会的工作人员收到各队送来的报名单后，录入到计算机中。然后通过系统将运动员号码单、各项成绩等输出给相关人员。系统将报名单提供给裁判长，由裁判长将确定的比赛项目、比赛成绩等存入计算机

中。此外，系统也向公布台提供单项名次和团体名次信息。

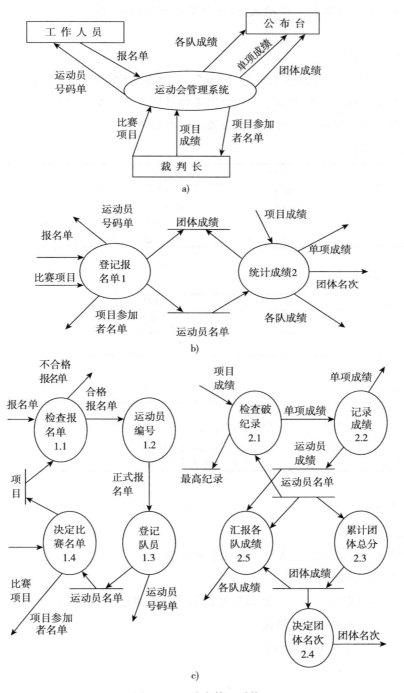

图 5-9　运动会管理系统

图 5-9b 是将系统实际分为两个子系统（或加工）：登记报名单和统计成绩，以描述运动会前的准备工作和运动会开始后系统应完成的功能。

图 5-9c 是将"登记报名单"和"统计成绩"这两个加工进行分解。

图 5-9 中也给出了各加工的输入/输出数据流和访问的文件,并且此分层的 DFD 是平衡的。

(2)数据词典说明

前述的分层 DFD 只是描述系统的"分解",即系统由哪些部分组成,以及各部分间的关系,并没有说明这个系统中各加工和数据流的具体含义,如报名单、单项名次等。这些内容应在数据词典中说明。下面给出部分数据词典的内容,仅供读者参考。

1)数据流条目:

数据流名	标识符	组　　成
项目成绩	XMCJ	项目名＋{运动员号＋成绩}
单项名次	DXMC	项目名＋{名次＋运动员号＋成绩＋破纪录}
单项成绩	DXCJ	项目名＋{运动员号＋成绩＋破纪录}
各队成绩	GDCJ	队名＋总分＋{运动员号＋项目名＋成绩＋破纪录}

2)汇总后的数据项:

数据项名	类型	值	位数	数据项名	类型	值	位数
项目名	ch	字符串	8	破纪录	I	1│0	1
姓名	ch	……	4	成绩	I	0～999	4
运动员号	I	1～4999	4	总分	I	正整数	4

3)文件条目:

文件名	文件标识	组成	组织
团体成绩	TTCJ	队名＋总分	按队名拼音顺序递增排列
运动员名单	YDYMD	队名＋运动员号＋姓名＋{项目名}	按运动员号递增排列
运动员成绩	YDYCJ	运动员号＋项目名＋成绩＋{破纪录}	同上

4)加工条目:

加工名

记录成绩 编号:2.2 启动条件:收到单项成绩

　加工说明:a. 取单项成绩

　　　　　　b. 根据项目名、运动员号将运动员成绩记录到运动员成绩文件中

　　　　　　c. 处理破纪录情况

　　　　　　d. 建立单项成绩表

执行频率:100 项/天

加工名

汇报各队成绩 编号:2.5 启动条件:接收到"汇报各队成绩"命令

　加工说明:a. 查询团体成绩文件

b. 为每队建立信息：各队成绩＝队名＋总分

c. 根据队名查运动员名单和运动员成绩文件

d. 为每队填写信息：各队成绩＝运动员姓名＋项目名＋成绩＋破纪录

e. 建立各队成绩表

执行频率：1 次/天

其他加工条目的说明形式类似。

（3）其他补充材料

1）表格输入/输出格式说明，如各队成绩的输出格式为：

表头			
队名		总分	
姓名	项目名	成绩	破纪录

2）修改说明，即什么人什么时间修改哪些内容等。

5.3.4　SA 方法的分析步骤

前一节已经介绍了 SA 方法的描述手段。本节介绍如何使用 SA 方法，即 SA 方法的分析步骤。

软件系统主要是用计算机系统取代已存在的人工数据处理系统，提高工作效率和自动化程度。为简单起见，将现实中已存在的人工系统称为当前系统，把待开发的计算机系统（主要是指软件系统）称为目标系统。显然，目标系统与当前系统在功能方面应当是基本相同的，因为其需要实现人工系统的功能，只是在实现方法上有所不同，一个是人工实现，另一个是计算机实现。不过，这两种系统在实现细节方面存在一定的差别。

SA 方法的分析步骤如下：

1）理解和分析当前的现实环境，以获得当前系统的具体模型。

具体模型必须忠实地反映人工系统的实际情况。软件开发人员在获取的需求信息的基础上，利用 DFD 将现实环境中的人工系统表达出来。在这样的 DFD 中，会有许多"具体"的东西，如人物、地点、名称和设备等。图 5-10 表示一个简单的具体模型实例，其中会计科、统计科、发票的红色联或白色联出现在具体模型中。

图 5-10　具体模型的简例

具体模型中会有许多具体事物，这样做一是容易理解，二是刚着手分析问题时，还不清楚哪些是本质和非本质的因素，所以照搬现实比较合适。但随着分析的展开，一些具体因素或非本质因素就成为不必要的负担，不利于系统的抽象。

2）建立当前系统的逻辑模型。

这一步从系统的具体模型中抽象出当前系统的逻辑模型。当前系统的逻辑模型应反映当前系统必须满足的性质，即当前系统"做什么"。此步的作用在于除去具体模型中非本质因素或一些"具体"因素。如图 5-10 中的会计科可改为"开发票"，红色联和白色联发票可分别改为发票的存根联和付款联等，从而获得反映当前系统的逻辑模型。图 5-11 是对图5- 10 修改后得到的当前系统的逻辑模型。

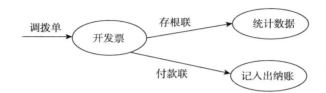

图 5-11　当前系统逻辑模型的简例

前两步是充分理解当前系统。当前系统的逻辑模型与具体模型的区别在于前者表达的是"做什么"，而后者表达的是"怎么做"，即具体模型反映的是当前系统的具体实现。但在用 DFD 表达的这两个模型中，都混有"逻辑的"和"具体的"因素，只是多少不同而已。因此，有必要建立目标系统的逻辑模型。

3）建立目标系统的逻辑模型。

这一步主要是分析目标系统与当前系统在逻辑模型的差别，并建立目标系统的逻辑模型。这是 SA 方法的关键步骤。不过，建立目标系统的逻辑模型的工作也不必重新开始，以当前模型的逻辑模型为基础，做些适当的修改和去掉所有的"具体"因素就行了，其具体步骤如下。

首先，确定当前系统逻辑模型的"改变范围"，即决定目标系统与当前系统之间不可实现的部分。此步就是沿着当前系统逻辑模型的底层 DFD，逐个检查每个基本加工。如果该加工在目标系统中不能实现或包含"具体"因素时，则这个加工属于改变的范围。这样，当前系统的逻辑模型变成了不需改变和需改变两个部分。当把需改变的部分进行修改后，就可获得目标系统的逻辑模型。

其次，把"改变范围"视为一个加工，并确定此加工的输入/输出数据流，当该加工比较抽象时，可将其进行逐层分解，然后画出各层的 DFD。

另一种方法是，首先建立目标系统的顶层 DFD(0 层)和第一层 DFD(由若干子系统组成)，然后再参照当前系统的逻辑模型，去掉其中所有"具体"因素和细化各子系统，最后可得到目标系统的逻辑模型。

由前三步可获得用 DFD 和数据词典表示的目标系统的逻辑模型。

4)进一步完善目标系统的逻辑模型。

完善的工作大致为：

- 至今尚未说明的处理细节，如出错处理、系统的启动和结束方式。
- 某些需要的输入/输出格式或用户界面的说明。
- 增加性能需求和其他一些约束限制等。

5.4　面向对象的需求建模方法

面向对象的需求建模方法到目前为止已有许多不同的版本，其中具有代表性的是由 G. Booch 提出的面向对象设计方法(OOD)、J. Rumbaugh 等人提出的面向对象建模技术 (OMT)、I. Jacobson 提出的面向对象的软件工程(OOSE)和 Peter Coad、Ed . Yondon 提出的面向对象的分析/设计方法(OOAD)。到 20 世纪 90 年代中期，由 J. Rumbaugh 和 G. Booch 合作，提出了综合 OMT 和 OOD 的需求建模方法。后来，他们又结合 I. Jacobson 的 OOSE 提出了一个统一的面向对象的需求建模/设计方法(Unified Method)[22]，以及统一建模语言(UML)和支持需求建模的工具系统。现在 UML 已成为国际标准，不断完善 UML 的工作还在继续。由于方法论与具体的描述技术的关系相当密切，目前还不能说面向对象的需求建模方法已被完全统一。在这些需求建模方法中，本节将主要介绍基于 OMT 的需求建模方法，重点放在需求建模方面，有关 UML 的内容将在后面章节说明。

5.4.1　面向对象方法中的一些基本概念

面向对象的需求建模方法的关键是从获取的需求信息中识别出问题域中的类与对象，并分析它们之间的关系，最终建立起简洁、精确和易理解的需求模型。为了较好地掌握和使用面向对象的需求建模方法，弄清楚什么是类和对象、它们之间有什么关系等一些基本概念是非常重要的。由于许多软件工程教科书中对这些基本概念已做了详尽的说明，故本节只是做些简单介绍，有关详细内容请读者参考相关的教材或参考书。

(1)对象

客观世界中存在大量实体。实体可以是物理的，也可以是概念的。所谓对象就是以上客观实体的抽象，是构成概念模型的基本单元。根据现实中客观实体性质的划分，对象可以是如下的几种类型：

- 人类能感知的物理实体，如房子、汽车、飞机、山川、河流等。
- 人或者组织，如教师、学生、医生、大学、科研处等。
- 现实中发生的事件，如读书、上课、演出、访问、交通事故等。

- 两个以上实体的相互作用，通常具有交易或接触的性质，如购买、纳税、结婚等。
- 需要说明的概念，如政策、法律、规章制度等。

此外，还有一些其他的定义，例如：

- 从程序设计的角度：对象由具有相同状态的一组操作组成。
- 从对象的具体构成方面：对象是封装数据结构及可以施加在这些数据结构上的操作的封装体。这个封装体可以有唯一标识它的名字，向外可提供一组服务。

在面向对象的方法（OOM）中，对象可表示为如图 5-12 所示的形式。其中对象名是对象的唯一标识。对象属性是对象静态数据结构的一个数据项，可以是简单的数据类型，也可以是复杂的数据类型。一个对象可以有一组属性，在某一时刻可以有不同的取值。对象的内部状态是所有对象属性在某一个时刻值的集合。对象中可以有一组操作，由这些操作构成对象向外提供的服务。一个对象通过发消息的形式才能访问别的对象所提供的服务，对象间通过消息传递而产生联系。对象的内部状态只能由对象内部操作来改变。对象以提供外部接口（或协议）的形式公开自己能提供的服务。

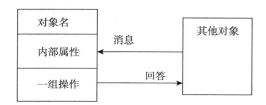

图 5-12   对象的图形表示

（2）类

类是对具有相同性质和操作的一个或多个对象的描述，是一组对象的集合。具有相同的外部接口和内部操作，但私有信息可以不同的一些对象可以组成类。类与对象的关系是：类给出了该类中所有对象的抽象定义（主要指属性和内部操作两个部分），而对象是符合该定义的一个实例。实例是一个具体的对象，是动态的运行实体。它需要分配存储空间来存放属性的实际值和服务过程代码。一个类上层可有父类，下层可有子类，从而形成类的层次结构。上层的类称为父类，下层的类称为子类，如"研究生"类的上层类是"学生"，下层类可以是"硕士研究生"等。

（3）性质继承

性质继承是指能够直接获得已有的性质和特征，而不需要重复定义它们。性质继承主要是由父类与子类的关系引起的，其中子类除了具有自己的属性和内部操作外，还可继承父类的全部属性和内部操作。例如，子类"研究生"就可继承父类"学生"的全部属性，又可拥有自己的特殊属性。性质继承又分为单一继承和多重继承。所谓单一继承是指一个子类只允许有一个父类的情况。所谓多重继承是指一个子类有多个父类的情况。

（4）消息

消息是系统运行过程中对象之间相互传递、请求服务的信息。消息实际上就是一段数据结构，通常包括接收消息的对象名、请求的服务名称、输入参数和应答信息等。通过消息实现对象之间的通信是 OOM 的重要原则之一。一个对象对外服务所要求的消息格式称为消息协议。只有满足该协议，对象才能识别和提供服务。同一消息多次发送后可能产生不同的结果，这主要与对象和当前状态相关。

（5）类之间的关系

在 OOM 中，类与类之间存在以下 4 种关系。

1）类之间的泛化关系：

这种关系主要是因类之间的继承关系而形成的类层次结构。在 OOM 中用"一般-特殊"或"Is-a"关系来定义这种结构。此关系如图 5-13 所示，一般类描述了对象的一般属性，特殊类描述了对象的特殊属性。特殊类能继承一般类定义的全部属性和内部操作。

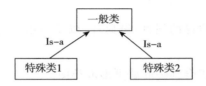

图 5-13　泛化关系的表示

2）类之间的组成关系：

这种关系是因一个对象是另一个对象的组成部分而形成的结构。如汽车由车头、车身和轮子等组成。在 OOM 中用"整体-部分"或"Part-of"关系来定义这种结构。该关系如图 5-14 所示，其中上方为整体对象，下方是构成该整体对象的若干部分对象。箭头表示组成关系的方向，图中的数值如（1, m）表示整体对象要求有多少个部分对象与自己组合，（1, m）表示取值的范围。当取值为 1 时可不必指出。组成关系最重要的性质之一就是满足传递性，如 A 是 B 的一部分，B 是 C 的一部分，则 A 也是 C 的一部分。

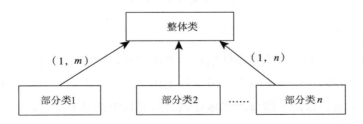

图 5-14　组成关系的表示

3）对象属性间的静态关系：

所谓对象属性间的静态关系是指可以通过对象中的属性形成对象间的一种相互依赖关

系。如司机与汽车这两个对象之间可通过司机对象中"可驾驶的汽车类型"与汽车对象建立联系。在 OOM 中用"实例连接"关系定义对象之间的静态关系。实例连接是对象之间的一种多元关系，在静态方面要求用关联来表示对象类之间的这种关系，在动态方面具体哪几个对象发生这种关系要到实现时才能确定。

关联与实例连接的关系就像类与对象的关系一样，实例连接可看作关联的实例。关联主要用连线表示两个相互依赖的类，与数量相关，可分为 1 对 1(1∶1)、1 对多(1∶m)和多对多(m∶n)3 种基本类型。例如，一个学校只有一个校长，学校与校长就是 1 对 1 的关系。一个老师教多个学生，老师与学生就是 1 对多的关系。多个教师与多个学生之间就是多对多的关系。图 5-15 表示了实例连接。用数字或数值区间表示可以发生连

图 5-15　实例连接的图形表示

接的对象个数，即表示该类有多少个对象与对方的一个对象连接。一个或多个的连接也可用"1＋"表示。

复杂的关联还可以拥有自己的属性(链属性)以及使用限定词约束(用于限定发生关联的对象数量)。

将上述三种关系的图示组合到一起就可形成类图。

4)对象行为间的动态关系：

这种动态行为关系主要是由对象间的消息连接而形成的。一个对象可以通过消息向其他对象提出执行动作的要求，动作执行完后对象通过消息可发送执行的结果等。

5.4.2　面向对象的需求分析

根据面向对象的过程模型，面向对象的需求分析从概念上分为问题分析和应用分析两个方面(如图 5-16 所示)。

图 5-16　面向对象的需求分析

(1)问题分析

问题分析的主要任务是收集并确认用户的需求信息，对实际问题进行功能分析和过程分析，从中抽象出问题中的基本概念、属性和操作，然后用泛化、组成和关联结构描述概念实体间的静态关系。最后，将概念实体标识为问题域中的对象类，以及定义对象类之间的静态结构关系和信息连接关系，最终建立关于对象的分析模型。

(2)应用分析

应用分析的主要任务是动态描述系统中对象的合法状态序列，并用动态模型表达对象的动态行为、对象之间的消息传递和协同工作的动态信息。对象的动态行为与静态结构密切相

关并且受其约束，静态结构限制了对象状态的取值范围，而动态行为又反映了对象状态的变化序列。

虽然面向对象的概念是相同的，但由于分析工作的出发点、过程和模型的表达不同，形成了不同的面向对象的分析方法。

OMT 方法的基本思想是将面向对象的分析过程视为一个模型的构建过程，即整理获取的需求信息并逐步分析和建立需求模型的过程。在建模中要构造 3 个模型：描述系统静态数据结构的对象模型，描述系统控制结构的动态模型，描述系统功能的功能模型。根据实际问题，3 个模型的侧重点也不同。此外，OMT 方法覆盖了分析、设计和实现三个阶段，并划分为问题分析、系统设计、对象设计和实现 4 个步骤。问题分析的主要任务是构造可理解的和精确的需求模型。系统设计的主要任务是确定系统结构的设计策略，划分系统的功能和任务，并确定数据库使用、资源及控制的实现策略。对象设计的主要任务是确定对象的内部细节，包括定义对象的界面、数据结构、内部算法和操作等。实现阶段的任务是用面向对象的程序设计语言实现类和对象以及它们的静态、动态关系。

另一种分析方法 OOAD 是将面向对象的开发过程分为面向对象分析和面向对象设计两个阶段。面向对象分析的基本思想是使用基本的结构化原则，结合面向对象的概念，构造一个描述系统功能的需求模型。该需求模型由 5 个概念层次构成：

- 主题层：主题是类和对象更高层次的划分。一个系统划分为若干个主题，同一主题下的类和对象属于同一概念范畴。
- 类与对象层：根据系统的需求信息，标识和确认问题中的类和对象，并分析系统的责任。
- 结构层：确定类和对象之间的各种关系，如组成、关联关系等。
- 属性层：标识和确认类和对象中的属性信息和关联信息。
- 服务层：定义类和对象中应提供的服务。

OOAD 中面向对象设计主要由以下 4 个步骤完成：

- 设计问题定义部分：不断细化和求精系统的需求模型，以适应技术实现和需要。
- 设计人机界面：设计系统的用户界面。
- 设计任务管理部分：确定任务的分派及系统资源的分配和控制。
- 设计数据管理部分：确定一些对象的存储和访问。

此外，还有一些其他面向对象的方法，此处不一一说明。

5.4.3　OMT 方法的图形描述工具

在面向对象的需求模型方法中，特别是 UML 使用了许多描述模型的图形工具。本节主要介绍 OMT 方法中使用的图形描述工具。在 OMT 方法中，需求模型主要由三种模型组成，这三种模型的侧重点、作用和使用的描述工具有所不同，且区分如下：

1) 求解一个问题，首先需要从客观世界的实体及实体之间的相互关系中抽象对象模型。对象模型定义了系统的静态结构，并为建立动态模型和功能模型提供了概念性框架。由于对象模型需表示类与类之间的关系，主要使用类图来描述和表达对象模型。

2) 如果问题中涉及交互和时序问题（如用户与系统的交互过程），就需要构造动态模型。动态模型表达了在系统动态交互行为中对象的状态受消息影响而发生变化的时序过程。对象不仅有静态结构，而且在系统运行期间还表现出特定的动态行为。这个行为的完整过程称为对象的生存周期。为了描述对象的动态行为，动态模型主要利用事件与对象状态来表达系统的动态特性。由于状态转换图具有处理事件序列和描述状态转换的特点，因此，OMT 方法主要用状态转换图表达动态模型。此外，OMT 方法也用序列图表达动态模型。

3) 要准确理解软件系统"做什么"或是有什么功能，就有必要建立功能模型。功能模型表达了系统的"功能"信息，它的作用是定义系统应该"做什么"。因此，功能模型更直接反映了用户对目标系统的功能需求，能用于描述系统从输入到输出的处理流程。基于功能模型的作用，数据流图显然适合于表达功能模型。

以上三种模型使用的描述工具中，数据流图和类图的表示已在前面给予了详细介绍，本节主要介绍状态转换图。此外，为便于后面实例的说明，本节也将简单介绍在面向对象方法中使用的序列图这一图形描述工具。

1. 状态转换图

状态转换图（简称状态图）通过描述系统的状态及引起系统状态转换的事件来表示系统的行为。此外，状态图还指明了作为特定事件的结果，系统将做哪些动作（如处理数据）。因此，状态图可用于描述动态模型。

图 5-17 表示了一个简单的状态图。从图 5-17 可以看出，一个状态图主要由状态、事件和状态转换组成。

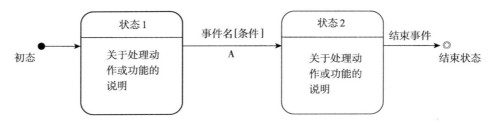

图 5-17　状态图的简例

状态：状态是任何可以被观察到的系统行为模式。一个状态代表系统的一种行为模式。系统对事件的响应可以引起系统做动作和状态的变化。

在状态图中定义的状态主要有初态（初始状态）、结束状态和中间状态。它们通常分别用实心圆、同心圆和圆角矩形（或圆）表示。还可把圆角矩形分为上下两个部分表示中间状态。上面部分用于定义状态的名称，这是必需的；下面部分是可选择的，是关于系统的处理动作或功能的说明（包括状态变量的说明等）。在一张状态图中只能有一个初态，而结束状态则可有 0 至多个。

事件：事件是在某个特定时刻发生的事情，它能引起系统做动作，并使系统从一个状态转换到另一个状态。简言之，事件就是引起系统做动作和状态转换的控制信息。

状态转换：由某事件引起的两个状态之间的变化称为状态转换。状态转换通常用带箭头的连线表示，并在连线的上方标出引起转换的事件名或事件表达式，以及事件发生的条件等。

基于上述的说明，图 5-17 中的状态图可简述如下：

当系统处于初态且初始事件发生时，系统进入状态 1 并执行相应处理动作。然后，当满足条件的事件 A 发生时，系统状态转换为状态 2，并执行相应处理动作。最后，当结束事件发生时，系统进入结束状态。

画状态图的基本步骤简述如下。

1）确定初态。

2）确定事件（事件可由动作或输入信息等形成），并根据事件以及某些限制条件确定由当前状态转到下一个状态，以形成一个状态转换。

3）重复 2）的过程，直到最后确定结束状态为止。

下面通过一个实际生活中的例子[23]来说明如何画状态图。

例　一个人带着一头狼、一只羊和一棵青菜，处于河的左岸。有一条小船，每次只能携带人和其余的三者之一。人和他的伴随品都希望渡到河的右岸。而每摆渡一次，人仅能带其中之一。然而，如果人留下狼和羊不论在左岸还是在右岸，狼肯定会吃掉羊。类似地，如果单独留下羊和菜，羊也肯定会吃掉菜。如何才能既渡过河而羊和菜又不被吃掉呢？

通过观察每次摆渡以后两岸所处的局势，便可能使这一问题模型化。存在着有关人（M）、狼（W）、羊（G）以及菜（C）的 16 种子集。用连字号"-"连接子集的对偶表示状态，例如 MG-WC，其中连字号左边的符号表示处于左岸的子集，连字号右边的符号表示处于右岸的子集。16 种状态中的某些状态，例如 GC-MW 是发生羊吃菜的情况，这是不允许的。

由人所进行的活动作为系统的事件。他可以单独过河（输入 M）、带着狼过河（输入 W）、带着羊过河（输入 G），或者带着菜过河（输入 C）。初始状态是 MWGC-Φ，而终止状态是 Φ-MWGC。有关状态的转移如图 5-18 所示。

状态图既可以表示系统循环运行过程，也可以表示系统单程生命期。当描述运行过程时，通常并不关心循环是怎样启动的。当描述单程生命期时，需要标明初始状态（系统启动时进入初始状态）和结束状态（系统运行结束时到达结束状态）。为了具体说明如何用状态图描述系统的动态行为，现通过人们熟悉的电话系统建立关于电话系统的状态图。

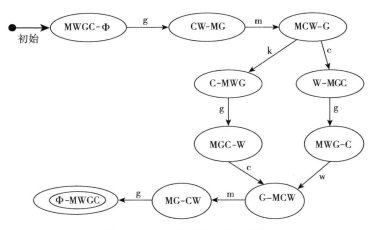

图 5-18   过河问题的状态转换图

图 5-19 表示电话系统的状态图，其中闲置状态既可作为系统的初态又可作为系统的结束状态。图 5-19 表明，没有人打电话时，电话处于闲置状态。有人拿起听筒则进入拨号音状态。到达这个状态后，电话的行为是响起拨号音并计时。这时，如果拿起听筒的人改变主意不想打了，他把听筒放下（挂断），电话重又回到闲置状态。如果拿起听筒很长时间不拨号（超时），则进入超时状态……

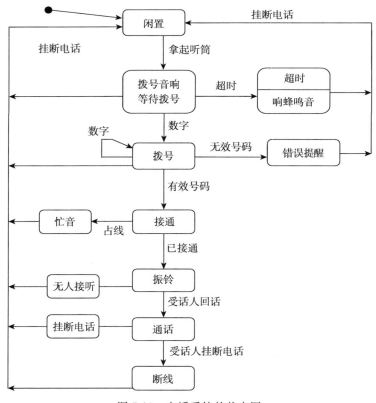

图 5-19   电话系统的状态图

由于读者对电话很熟悉，我们不再逐一讲述图中每个状态的含义以及状态间的转换。

2. 扩充的状态转换图

由于状态图能描述系统的动态行为，可用于描述实时系统和过程控制系统的动态行为。不过，对于大型而复杂的实时系统等，由于这些系统的状态很多，又存在若干可并行处理的过程，使得原来的状态图不可能描述并行处理过程的情况，而且还会面临"状态爆炸"的问题。因此，有必要对原来的状态图进行扩充。

此处将简单介绍由 D. Harel[24] 提出的扩充的状态转换图（简称扩充的状态图）。图 5-20 所示为扩充的状态图的一个简例。

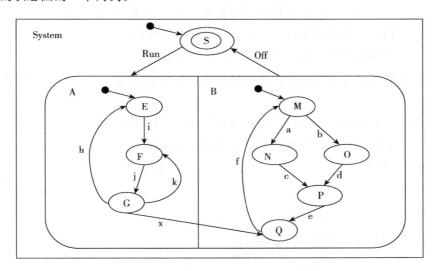

图 5-20　扩充的状态图的一个简例

扩充的状态图的特点可综合如下：

1）扩充后的状态图继续沿用原来的状态图符号。

2）引入超状态（也称抽象状态）的概念，如图 5-20 中的状态 A、B 等，而超状态又可表示为由多个状态组成的状态图（或称子状态图）。

3）基于超状态概念，状态图可表示为层次式的，每个超状态可表示一个处理过程。超状态间的关系可用"与"和"或"关系表示。"与"关系表示超状态间是并行关系，如图 5-20 中的超状态 A 和 B 间的关系。"或"关系表示超状态间是串行关系。

4）一个上层状态图的事件可同时引起多个并行状态图（处理过程）工作（如图 5-20 中由事件 Run 引起子状态图 A 和子状态图 B 进入初始状态）。此外，并行的状态图之间可互相通过事件（如图 5-20 中事件 x）使对方发生状态转换。

5）多个并行的状态图首先处于各自的初始状态，然后各状态图根据事件各自发生状态转换。这些状态图通过某一事件同时到达上层状态图中的某一状态（如图 5-20 中当事件 Off 发生时，超状态 A 和 B 同时变换到上层状态图 System 中的状态 Off）。也可以由某一子状态图通过某一事件到达上层状态图中的某一状态，从而强制结束并行执行的状态。

6）每个子状态图都有各自的初始状态，而结束状态的有无可视具体情况设置。

为便于理解，我们将通过温控系统实例来说明如何用扩充的状态图来描述室内温度控制系统（简称温控系统）。

在温控系统中，系统自动控制空调装置进行制冷或制热，以调节室内温度。系统最初处于 Halt 状态。当操作员按下 On 按钮后，系统开始运行。当室温高于或低于规定的正常范围（22～26℃）且房门关闭时，系统启动空调装置制冷或制热。同时，该系统也将根据房门的开关情况（由一个传感器指示）控制空调装置工作。当房门打开且超过系统规定的时间限制时，系统将自动产生超时事件 Timeout，以停止空调装置工作。当操作员按下 Stop 按钮后，整个系统将强行停止运行。我们约定：①启动该控制系统运行前，房门关闭，空调未运行。②空调装置制冷或制热时，房门被打开，但在规定的时间内关闭，将不影响空调工作。

系统的控制对象"空调"和"房门"是相对独立的，我们用相互并发的两个超状态 AC 和 Door 来分别对应这两个对象。空调和房门及其相互间的并行关系是系统描述的主要部分。图 5-21 为该系统的状态图，主要由三个名为 TC、AC 和 Door 的状态图组成，AC 和 Door 间的关系是并行的。

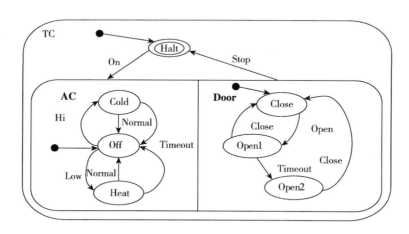

图 5-21　温控系统的状态图

3. 序列图

序列图（sequence diagram）是一种用于表达对象与对象之间可能发生的所有事件，以及按事件发生时间的先后顺序列出所有事件的图形工具。

序列图用一条竖直线表示一个对象或类，用一条水平的带箭头的直线表示一个事件，箭头方向是从发送事件的对象指向接收事件的对象。事件按产生的时间从上向下逐一列出。箭头之间的距离并不代表两个事件的时间差，带箭头的直线在垂直方向上的相对位置（从上到下）表示事件发生的先后顺序。

图 5-22 表示了一个简单的序列图，其中 $E_i(i=1，2，3，4)$ 表示事件，且事件的序列按 E_1，E_2，E_3，E_4 次序排列。由于序列图比较简单且易于理解，故在后面自动取款机系统的实例中给出说明。

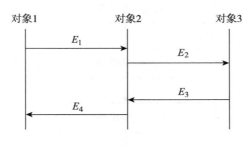

图 5-22　序列图的简例

读者也可根据电话的工作原理表示电话系统正常工作的事件序列图（见图 5-23）。

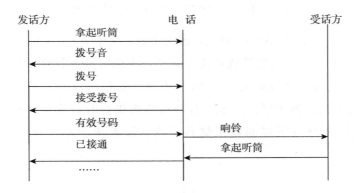

图 5-23　电话系统正常工作的事件序列图

5.4.4　基于 OMT 方法的需求建模步骤

在面向对象的需求分析方法中，OMT 是一种比较有效和具有代表性的需求分析方法。本节主要介绍基于 OMT 方法的需求建模步骤。如前所述，OMT 方法在需求分析中主要是构建 3 个模型。这 3 个模型分别从不同的侧面描述了所要开发的软件系统，相互补充、相互配合，全面、准确地定义了所要开发的软件系统。功能模型定义了系统应该做什么；动态模型明确规定了"何时做"（即根据状态的变化决定做什么动作）；对象模型定义了"谁来做"。因此，利用 OMT 方法进行需求建模就是如何有步骤地构造这 3 个模型，从而建立起软件系统的完整的需求模型。

基于 OMT 方法的需求建模步骤如图 5-24 所示。由于对象模型是将问题域中的问题结构映射为软件系统的静态数据结构，与应用性的细节关联不多，当需求发生变化时，除改变问题结构的情况外，静态数据结构的调整相对较少，因此，在面向对象的需求分析方法中大多首先建立对象模型，然后建立另外两个模型。下面将按图 5-24 的建模步骤，并结合银行自动取款机（ATM）系统实例详细说明（本实例及实例说明的思路取自参考文献[19]）。

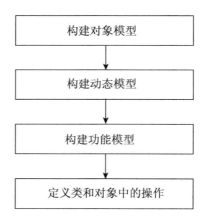

图 5-24　基于 OMT 方法的需求建模步骤

图 5-25 表示自动取款机（ATM）系统，根据该图，关于 ATM 系统的需求陈述如下：

1）某银行拟开发一个自动取款机系统，它是一个由自动取款机、中央计算机、分行计算机及柜员终端组成的网络系统。ATM 和中央计算机由总行投资购买。总行拥有多台 ATM，分别设在全市各主要街道上。分行负责提供分行计算机和柜员终端。柜员终端设在分行营业厅及分行下属的各个储蓄所内。该系统的软件开发成本由各个分行分摊。

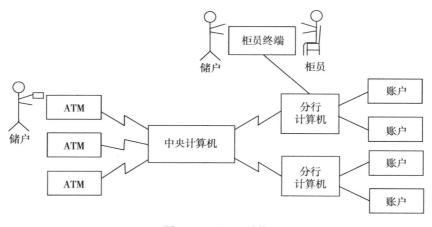

图 5-25　ATM 系统

2）银行柜员使用柜员终端处理储户提交的储蓄事务。柜员负责把储户提交的存款或取款事务输进柜员终端，接收储户交来的现金或支票，或付给储户现金。柜员终端与相应的分行计算机通信，分行计算机具体处理针对某个账户的事务并且维护账户。

3）储户可以用现金或支票开设新账户。储户也可以从自己的账户存款或取款。通常，一个储户可能拥有多个账户。拥有银行账户的储户有权申请领取银行卡。使用银行卡可以通过 ATM 访问自己的账户、提取现金（即取款），或查询有关自己账户的信息（例如，指定账户的余额）。

4）银行卡是一张特制的磁卡，上面有分行代码和卡号。分行代码唯一标识总行下属的一个分行，卡号确定可以访问哪些账户。每张银行卡仅属于一个储户，但同一张卡可能有多个副本。因此，必须考虑同时在若干台 ATM 上使用同样的银行卡的可能性。也就是说，系统应该能够处理并发的访问。

5）当用户把银行卡插入 ATM 之后，ATM 就与用户交互，获取有关这次事务的信息，并与中央计算机交换关于事务的信息。首先，ATM 要求用户输入密码，接下来 ATM 把读到的信息以及用户输入的密码传给中央计算机，请求中央计算机核对这些信息并处理这次事务。中央计算机根据卡上的分行代码确定这次事务与分行的对应关系，委托相应的分行计算机验证用户密码。如果用户输入的密码是正确的，ATM 就要求用户选择事务类型（取款、查询等）。当用户选择取款时，ATM 请求用户输入取款额。最后，ATM 从现金出口吐出现金，打印出账单交给用户。

1. 构建对象模型

构建对象模型的步骤如图 5-26 所示。在分析获得的所有需求信息的基础上，首先确定对象和类，以及它们之间的静态关联。对于大型复杂问题还要进一步划分出若干个主题。然后给类和关联增添属性，并利用类和对象的继承关系等，对初步建立的对象模型进行修改和完善。下面按图 5-26 所示步骤逐一进行说明。

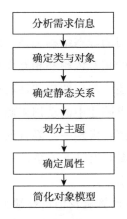

图 5-26　构建对象模型的步骤

（1）分析需求信息

从用户处获得的需求信息的内容主要有：问题域的范围、目标需求、功能需求、性能需求、环境需求及限制条件等。应该在已确定的问题域范围内从需求信息中分析出哪些是系统必要的需求信息，以及与系统相关的边界即系统的输入/输出等，从而使系统与外部环境间的交互协议明确化，为建立各种模型打下基础。

（2）确定类与对象

对于一个问题域来说，类和对象的识别就是寻找问题域中存在的客观实体，然后筛选出实际需要的实体，视其为类与对象。

识别类与对象的简单方法是所谓的非正式分析。这种分析以自然语言陈述的需求为依据，把陈述中的名词作为类与对象的候选者，用形容词作为确定属性的参考，把动词作为服务的候选者。这种方法确定的候选者存在一定的偏差，会有大量不确切的或不必要的候选者，必须经过更进一步的严格筛选。这种方法虽然不够严密且随意性强，但作为一种识别方法还是可以采用的。否则，软件开发人员就必须凭借自己丰富的实践经验来直接识别问题域中的类与对象。不过这对于大多数人来说往往很难。

在 ATM 系统的需求描述中，通过非正式分析可寻找出下列名词：银行、自动取款机（ATM）、系统、中央计算机、分行计算机、柜员终端、网络、总行、分行、城市、街道、营业厅、储蓄所、柜员、储户、现金、支票、账户、事务、银行卡、余额、磁卡、分行代码、卡号、用户、信息、密码、类型、取款额、账单、访问等。

非正式分析虽然帮我们找到一些候选的类与对象，但这并不能算是正确地完成分析工作。接下来应该严格考察每个候选实体，删除不正确的和不必要的候选实体。经过筛选后，ATM 系统中剩下以下实体：ATM、中央计算机、分行计算机、柜员终端、总行、分行、柜员、储户、账户、事务、银行卡。这些保留下来的实体就是建立对象模型所需要的。筛选的原则请见参考文献[19]。

（3）确定静态关系

此步骤主要是确定类或对象之间的静态结构关系。结构关系可以反映问题域中实体之间的复杂关系，体现类或对象之间的相互依赖和相互作用关系。

按非正式分析的方法，需求陈述中使用的描述性动词和动词词组可以用来描述对象或类之间的关系。可通过直接提取需求陈述中的动词来确认对象或类之间的关系。另外，还可分析问题或与用户及有关专家交流，发现一些隐含的关系。

在 ATM 实例中，经过分析可提取出以下关系：

1）直接提取动词短语得出的关系：

- ATM、中央计算机、分行计算机及柜员终端组成网络。
- 总行拥有多台 ATM。
- ATM 设在主要街道上。

- 分行提供分行计算机和柜员终端。
- 柜员终端在分行营业厅及储蓄所内。
- 储户拥有账户。
- 分行计算机处理针对账户的事务。
- 分行计算机维护账户。
- 柜员输入针对账户的事务。
- ATM 与中央计算机交换关于事务的信息。
- 中央计算机确定事务与分行的对应关系。
- ATM 读银行卡。
- ATM 与用户交互。
- ATM 吐出现金。
- ATM 打印账单。
- 系统处理并发的访问。

2)问题中隐含的关系：

- 总行由各个分行组成。
- 分行保管账户。
- 总行拥有中央计算机。
- 系统维护事务日志。
- 系统提供必要的安全性。

3)通过问题分析而得出的关系：

- 银行卡访问账户。
- 分行雇用柜员。

在上述的这些关系中有些关系并非实际有用的关系。因此，还需对上述的关系进行筛选，删除不必要的和不正确的关联。

通过筛选，最后得到如图 5-27 所示的 ATM 系统的初始类图。

(4)划分主题

在面向对象方法中，通常用主题来划分大型复杂软件系统的范围，以降低系统的复杂程度。划分主题的工作通常是在确定了类与对象，以及它们之间的静态关系后进行。对于一个简单的系统，是否有必要引入主题应视实际情况而定。

划分主题的方法主要是按问题域而不是按功能分解方法来确定主题。此外，在划分主题时，还应考虑不同主题内的对象相互间依赖和交互最少的因素。

在 ATM 系统实例中，可以划分为"总行""分行"和"ATM"3 个主题(如图 5-27 中虚线所示)，这 3 个主题分别标识为 1、2 和 3。

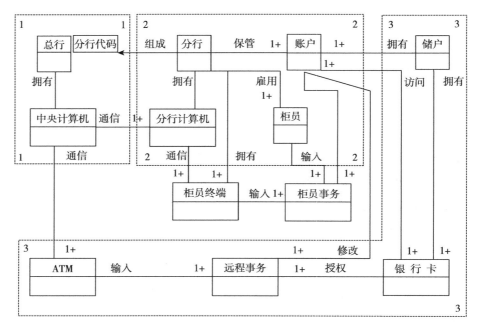

图 5-27 ATM 系统初始类图

显然，ATM 系统的规模并不大，不必引入主题层。为了简单起见，在以后讨论这个例子时将忽略主题层。

(5)确定属性

此步骤的任务就是分析和确认属性。属性是类与对象的性质。一个对象可拥有多个属性，通过属性可加深对类与对象的理解和认识。

在需求陈述中，名词词组表示属性，如"汽车的颜色"等。形容词也可表示具体属性，如"红色的"或"关闭的"等。但是，在需求陈述中不可能找到所有属性，软件开发人员还可以通过回答以下的问题来得到有关的属性信息：

1)一般情况下，需要哪些信息描述对象或类？

2)在当前问题中，需要哪些信息描述对象或类？

3)按照系统的要求，需要哪些信息描述对象？

4)该对象需要保存哪些信息？

5)该对象需要记录哪些状态信息？

6)该对象提供的服务中需要哪些信息？

7)用什么属性表示"整体-部分"结构和实例连接？

属性的确定既与问题域有关，也和目标系统的任务有关。分析过程中首先应该找出对象最重要的属性，其余属性以后再逐渐添加。

通过初步分析，确定所需的属性，以得到 ATM 系统中各个对象类的属性。

图 5-28 表示了带属性标识的 ATM 系统的对象模型。由于此处讨论的 ATM 系统是一个经过简化后的教学例子，而非完整的实际应用系统，所以其中的属性并不完整。

（6）简化对象模型

简化对象模型的任务主要是利用继承关系，并按照自顶向下和自底向上的方式对许多的类进行重组，实现类的共享并达到简化对象模型的目的。

建立继承关系的方法是以自底向上的方式抽象出若干个类具有的共同性质并组成父类，以自顶向下的方式把一个类细化为更具体的类。例如，在 ATM 系统实例中，"远程事务"和"柜员事务"是类似的，可以抽象出"事务"这个父类。类似地，可从"ATM"和"柜员终端"归纳出"输入站"这个父类。

模型的建立过程是一个反复修改、逐渐完善的过程。在建立起对象模型后，有必要对模型进行修改，以使对象模型更加简单和清晰。

例如，对图 5-28 所示的对象模型做如下修改：

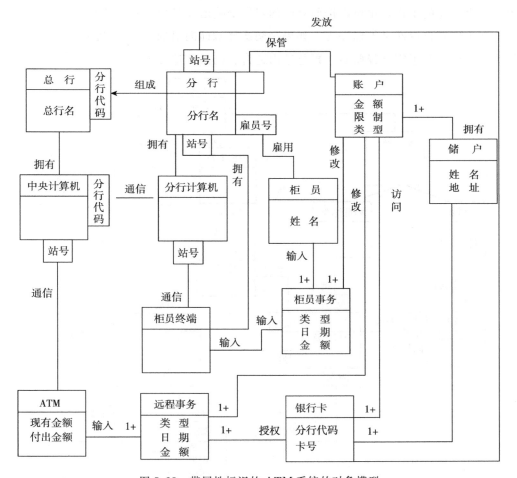

图 5-28　带属性标识的 ATM 系统的对象模型

1)分解"银行卡"类。实际上,"银行卡"具有两项相对独立的功能。它既是鉴别储户使用 ATM 权限的磁卡,又是 ATM 获得分行代码和卡号等数据的载体。因此,把"银行卡"类分解为"卡权限"和"银行卡"两个类,使每个类的用途更单一。前一个类用于识别储户访问账号的权限,后一个类用于获得分行代码和卡号。多张银行卡可能对应着相同的访问权限。

2)"事务"类由"更新"类组成。通常,一个事务包含对账户的若干次更新。这里所说的更新,是对账号所做的一个动作(取款或存款)。"更新"虽然代表一个动作,但是有自己的属性(类型、金额等),应该独立存在,因此应该把它当作类。一次更新动作"更新"类的一个对象。

3)把"分行"与"分行计算机"合并。区分"分行"与"分行计算机",对于分析这个系统来说,并没有多大意义。为简单起见,应该将它们合并。类似地,应该合并"总行"和"中央计算机"。

图 5-29 表示精化图 5-28 所示的对象模型后得到的 ATM 系统的模型。

实际工作中,建立对象模型的过程并不一定严格按照前面介绍的次序进行。例如,可以合并几个步骤的工作,也可以按照自己的习惯交换前述各项工作的次序,还可以先初步完成几项工作,再返回来加以完善。如果是初次接触面向对象方法的读者,最好按以上介绍的次序进行,有了实际经验后,再总结出适合自己的构造方式。

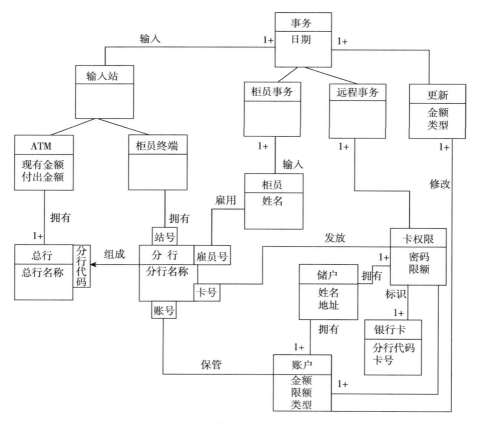

图 5-29 简化后的对象模型

2. 构建动态模型

对象模型定义了与问题域中实体对应的对象或类,以及它们之间的静态关系,这有助于了解、认识和构造类与对象。但在实际的问题域中,由于时序关系和状态变化等因素使得实体间发生复杂的动态时序关系。动态模型用于表达类或对象间所发生的动态时序关系。

构建动态模型的步骤如图 5-30 所示。

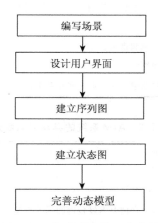

图 5-30　构建动态模型的步骤

下面将对此步骤详细说明。

(1)编写场景

场景技术已在需求获取阶段中做过介绍。通常,场景用于表达系统的具体执行过程。编写场景的目的就是要用自然语言来描述用户与软件系统之间一个或多个交互行为的过程。在构造动态模型中,场景成为描述每一个动态交互过程中动作序列的详细说明。场景中主要描述动态交互过程中按时序发生的事件以及响应事件而采取的动作序列。

场景的编写过程实质上是分析用户对系统交互行为的需求的过程。因此,在编写场景的过程中应与用户充分交流和讨论。特别是在场景中按时序描述事件序列时,可根据用户(或其他外部设备)每次与系统中的对象交换信息时就视其为一个事件,所交换的信息值就是该事件的参数(例如"输入密码"事件的参数就是所输入的密码)。有许多事件是无参数的,事件的发生仅是传递一个信息,表明事件发生。

编写场景时,应首先编写正常情况的脚本;然后再考虑特殊情况,如输入/输出数据的最大值(或最小值)的情况等;最后,考虑出界情况,如输入值为非法值或响应失败等。对每个事件,场景中应明确说明触发该事件的动作对象(如系统、用户或其他外部实体等),接受事件的目标对象以及该事件的参数等。

表 5-1 和表 5-2 分别表示了 ATM 系统正常和异常情况的场景。

表 5-1 ATM 系统的正常情况场景

- ATM 请储户插卡；储户插入一张银行卡。
- ATM 接受该卡并读卡上的分行代码和卡号。
- ATM 要求储户输入密码；储户输入自己的密码，如"123456"等数字。
- ATM 请求总行验证卡号和密码；总行要求分行核对储户密码，然后通知 ATM 这张卡有效。
- ATM 要求储户选择事务类型（取款、存款、转账、查询等）；储户选择"取款"。
- ATM 要求储户输入取款额；储户输入"1000"。
- ATM 确认取款额在预先规定的限额内，要求总行处理这个事务；总行把请求转给分行，该分行成功地处理完这项事务并返回该账号的新余额。
- ATM 吐出现金，请求储户取现金；储户拿起现金。
- ATM 问储户是否继续本次事务；储户回答"不"。
- ATM 打印账单、退出银行卡、请求储户取卡；储户取走账单和卡。

表 5-2 ATM 系统的异常情况场景

- ATM 请储户插卡；储户插入一张银行卡。
- ATM 接受这张卡并顺序读它上面的数字。
- ATM 要求储户输入密码；储户误输入"88888"。
- ATM 请求总行验证输入数字和密码；总行在向有关分行询问之后拒绝这张卡。
- ATM 显示"密码错"，并请储户重新输入密码；储户输入"123456"；ATM 请总行验证后知道这次输入的密码正确。
- ATM 请储户选择事务类型；储户选择"取款"。
- ATM 询问取款额；储户改变主意不想取款了，按"取消"键。
- ATM 退出银行卡，请求储户取卡；储户拿走卡。
- ATM 请储户插卡。

（2）设计用户界面

在需求分析中，软件开发人员应集中精力考虑系统内部的数据流和控制流，不应急于考虑用户界面。为了描述用户与系统的动态交互行为如何进行，有必要设计一个系统的用户界面，这将有助于用户对系统的理解和与用户的交流。

用户界面的形式可以是命令行的字符界面，也可以是图形形式的界面。由于用户对系统的"第一印象"往往来自界面，故用户界面的美观、简单易学以及效率等特点对用户接受系统有很重要的作用。

在设计用户界面时，用户界面的细节并不太重要，重要的是在这种界面下的信息交换方式。设计用户界面的目的是确保能够完成全部必要的信息交换，不会丢失重要的信息。

用户界面的优劣与用户能否接受是紧密相关的。因此，软件开发人员需要快速地建立起用户界面的原型，以供用户试用和评价。

图 5-31 是初步设想的 ATM 系统的用户界面。

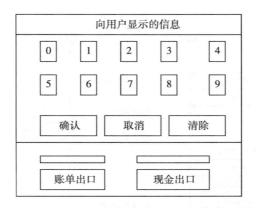

图 5-31　ATM 初步的用户界面

（3）建立序列图

用自然语言描述的场景不能简明和直观地表达对象与对象之间发生的各种事件，而序列图却能清楚地按时序表达事件及对象间的关系。

构造序列图时，首先应认真分析每个场景的内容，从中提取所有外部事件的信息（用户或设备、外部实体与系统交互的所有信号、输入、输出、中断、动作等）及异常事件和出错条件的信息。传递信息的对象的动作也可作为事件，如储户插入银行卡或输入密码、ATM 吐出现金等都是事件。事件形成对象与对象之间的交互行为。

确定了每类事件的发送对象和接收对象之后，就可以利用序列图将事件序列以及事件与对象间的关系清晰和形象地表示出来。因此，序列图实质上是场景的图形表示，每个场景对应一张序列图。

ATM 系统正常情况场景（表 5-1）的序列图如图 5-32 所示。

（4）建立状态图

状态图适用于表示动态模型，刻画事件与对象状态之间的关系。通过状态图可以清楚地看到对象状态是如何受事件的影响而发生转换的。

由于序列图按时序关系把所有的事件全部列举出来，于是可根据序列图构造状态图。依据序列图构造状态图的过程如下：

1）确定序列图中对象（竖直线表示的对象）的初态。

2）分析序列图。把序列图中标记的事件（序列图中带箭头的横线）作为状态图中的有向边，边上标记事件名（有必要时可附上条件名）。某对象类两个输入事件之间就代表该对象类的一个状态。例如，对于对象 ATM，"插卡"事件与"输入密码"事件之间可确定状态为"要求密码"，而在"输入密码"事件与"请求验证账户"事件之间建立"验证账户"状态。而"要求密码"事件和"请求验证账户"事件是对象 ATM 的输出事件，不影响 ATM 状态的变

化(可能引起其他对象发生状态转换)。其他情况可依此类推，直至到达该对象的终止状态
为止。

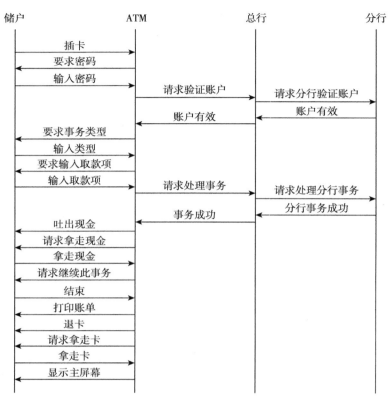

图 5-32　ATM 系统正常情况场景的序列图

3)正常事件描述之后，还应考虑边界情况下可能发生的事件。例如系统正在处理某个
事务时，用户要取消该事务，或等待的外部事件迟迟不能发生而产生的"超时"事件。用户
操作出错情况的处理也是必须重点考虑的问题。尽管增加这些事件的处理会使动态模型变
得较为复杂和烦琐，但这是用户的需要，也是系统实现的需要。

4)根据一张序列图画出对象或类状态图之后，再把其他与该对象或类相关的场景(如
异常情况场景)的序列图加入已画出的状态图中。当状态图包含了影响某对象类的全部事
件时，该类的状态图也就构造出来了。最后，还要对这张图进行完整性和出错能力的检
测。检测的最好方法是结合状态图多问几个"如果……那么……"一类的问题。

以 ATM 系统为例，对象类"ATM""柜员终端""总行"和"分行"属于主动对象类，它
们相互发送事件。而"银行卡""事务"和"账户"是被动对象类，不发送事件。"储户"和"柜
员"虽然是产生动作的对象类，但它们是系统的外部实体，不需在系统内实现。因此，只
需画出"ATM""总行""柜员终端"和"分行"的状态图。

图 5-33a、b、c 分别表示了"ATM""总行"和"分行"的状态图。这些状态图比较简单，

特别是异常和出错情况的考虑并不完全，如图 5-33a 中并没有表示在网络通信链不通时的系统行为，实际上，在这种情况下 ATM 应停止处理储户事务。

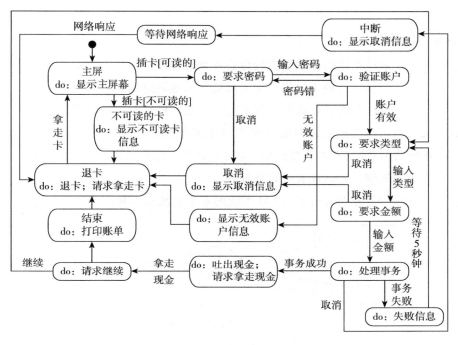

a）ATM的状态图

b）总行的状态图

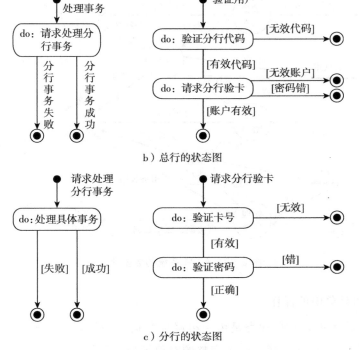

c）分行的状态图

图 5-33　ATM 系统的部分状态图

(5)完善动态模型

此步的主要工作是检查和优化第(4)步中形成的所有状态图，特别是状态图间的衔接问题。

3. 构建功能模型

功能模型主要表达系统内部数据流的传递和处理的过程。数据流图适用于描述系统的功能模型。建立功能模型有助于软件开发人员更深入地理解问题域，修改和完善自己的设计。在 OMT 中，通常在建立对象模型和动态模型之后再建立功能模型。

用数据流图表示功能模型的方法已在前面详细介绍过，此处仅结合 ATM 系统实例，给出 ATM 系统的第 0 层(基本系统模型)和第 1 层图。有关 ATM 的其他细节，如数据词典和第 1 层图的分解细化等，读者可自行补充。

图 5-34 和图 5-35 分别表示了 ATM 系统的基本系统模型和简略的数据流图。

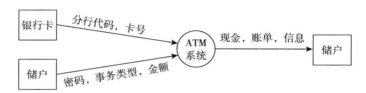

图 5-34　ATM 的基本系统图

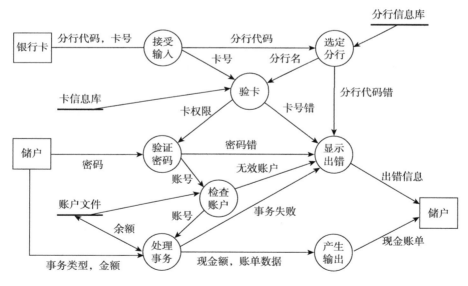

图 5-35　ATM 系统的数据流图

4. 定义类和对象中的操作

在面向对象技术中，对象和类是由一组属性数据和一组对该数据进行的操作(服务或方法)封装而成的独立单元。建立一个完整的对象模型，不但需要确定类和对象中的属性，还要确定类中应该具有的操作。在 OMT 方法中，动态模型和功能模型为确定类和对象的操作提供了基本依据，因为这两个模型明确地描述了每个类和对象中应分担的责任，依据这些责任就可确定类中应提供的服务。这就是为什么类和对象中的操作直到现在才定义。

确定对象和类中的操作主要取决于该类和对象在问题中的实际作用，以及在求解过程中承担的处理责任。定义类和对象中操作的原则如下：

1）基本的属性操作。类中定义的属性数据是表达状态的主要内容，因此类中应提供访问、修改自身属性值的基本操作。一般来说，这类操作属于类的内部操作，不必在对象模型中显式表示。

2）事件的处理操作。在面向对象的系统中，一个事件意味着一条消息。类和对象中必须提供处理相应消息的服务。动态模型中状态图描述了对象应接收的事件（消息），因此该对象中必须具有由消息中指定的服务，这个服务修改对象的状态（属性值）并启动相应的服务。

3）完成数据流图中处理框对应的操作。功能模型中的每个处理框代表了系统应实现的部分功能，这些功能都与一个对象（也可能是若干个对象）中提供的服务相对应。因此，应该仔细分析状态图和数据流图，以便正确地确定对象应该提供的服务。例如，在 ATM 系统中，从状态图上看出分行对象应该是提供"验证卡号"服务，而在数据流图上与之对应的处理框是"验卡"。从实际功能看，分行对象中应提供"验卡"这个服务。

4）利用继承机制优化服务集合，减少冗余服务。一个或多个对象提供的服务中，可能会存在冗余或重复情况。应该尽量利用继承机制优化服务功能以减少服务的数目。只要不违背问题的实际情况和一般常识，应该尽量抽取相似的公共属性和服务，以建立这些相似类的新父类，并在不同层次的类中正确地定义各个服务。

5.5 基于图形的需求建模技术

许多建模方法和技术利用图形来建立需求模型。例如结构化建模方法和面向对象建模方法使用了 DFD、类图、状态图、序列图等。这些方法利用图形的理由为：

- 图形具有直观性、简单性以及可理解性等优点。
- 由于图结构中主要由顶点和边组成，故用顶点表示客观世界中的实体，用边表示实体间的关系，使得图形能自然地表达客观世界。
- 在实体之间，满足传递关系的情况有很多，这可以理解成图中的路径探索，并可以研究路径探索的有效算法。

正是由于图形的直观和易理解性，也滋生了任意和暧昧地使用图形的做法，从而对解决实际问题又带来一些难度。例如，当初学者学习状态图和 DFD 的概念时，看起来他们能容易地理解和接受，但要根据实际问题画出相关的 DFD 和状态图时就不那么容易了。不仅是学生，就是具有一定开发经验的软件开发人员也同样存在这样的问题。

在需求定义中，有使用自然语言的部分，也有使用图形的部分，如实际业务中的数据流和控制流，不仅能用自然语言描述，也可用图形来描述。图形有时比文字叙述优越得多，且其构成通常较为简单、形象直观和易于理解，但使用图形也存在一些问题。

- 图形的语义有时是含糊的，如有向边可用于表示因果关系、时间关系、物流和控制流等，这导致有向边的含义有时是含糊的，使得同样的图结构可以表示不同的情况等。
- 在图中不能表示数据定义，数据的定义必须在其他部分说明，如 DFD。
- 图形中表示符号的种类有限，有时不能使用与实体形状类似的图标等。如 DFD 中就不能使用表示电话的电话形状的图标。

本节主要介绍以图形为主进行需求建模的方法——UML 和 UML 中几种经常使用的图形描述技术，以及描述系统数据关系的实体关联图。

5.5.1　UML 概述

UML(Unified Modeling Language)是综合面向对象分析/设计方法中使用的各种图形描述技术，试图给出这些图形描述的语法和语义的语言。虽然 UML 是"语言"，但与文字相比，图形是主要的构成成分。有关 UML 的概况，我们在介绍面向对象的需求分析方法时已说明，关于最新 UML 的语言规范请见参考文献 [25]。

评估 UML 影响力的 OMG(Object Management Group)在 UML 标准建模语言方案的基础上，联合 Rational 公司、IBM、HP、TI、Microsoft 等许多企业提出了 UML1.1 版。OMG 在 1997 年 11 月将其作为国际标准采用。以后，以 OMG 为首推进了 UML 的改进和完善，在 2003 年 5 月，UML1.5 版发表，随后发表 2.0 版。至今，UML 还在不断改进和完善中。

UML 以各种图形描述为主，分别表示面向对象方法中的不同方面的模型。如果将这些图粗略分类的话，可分为表示对象的静态结构和动态结构两大类。

- 静态结构类：用例图、类图、构件图等。
- 动态结构类：状态图、活动图、序列图、协作图等。

UML 自诞生以来，已受到很大的关注，优点有很多(如易理解等)，得到广泛的使用，但也存在对 UML 的一些批评。

UML 没有语义，现在的 UML 规范说明中给出了构成图的基本元素的主要含义。因此，虽没有完全规定语义，但增加了严密性。UML 过于复杂，模型与编程不同步等。按 UML 要求，首先要建立一连串的模型，然后编程。如果程序要修改，通常按软件工程的要求，首先改模型再改程序。但一般人没有这么严格，总有人或者只改了程序，或者只改了模型。这就导致模型与程序产生不一致。显然，这是 UML 需要解决的问题。下面，我们对 UML 中的一些重要图形描述技术进行简要的介绍。

5.5.2　用例图

UML 中的用例图(use case diagram)用于从软件系统外部使用者的角度描述系统的各项功能,并说明软件系统的边界。用例图中所有用例的集合构成软件系统应该提供的功能,除此之外,软件系统不再承诺提供其他功能。

用例图中的节点包括执行者和用例两种,节点间的边线表示执行者与用例之间、执行者之间、用例之间的关系。图 5-36 展示了自动贩卖机的用例图。

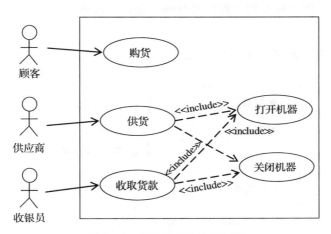

图 5-36　自动贩卖机的用例图

在用例图中,用人形图标表示执行者,用椭圆表示用例。执行者是使用软件系统的功能、与软件系统交换信息的外部实体。执行者既可以是一类用户,也可以是其他软件系统或物理设备。用例表示执行者为达成一项相对独立且完整的业务目标而要求软件系统完成的功能。

执行者与用例之间的关系在用例图中表示为它们之间的连接边,其意义为执行者触发用例的执行,向用例提供信息或从用例中获取信息。用例之间的关系有包含(include)、扩展(extend)和继承(inherit)三种。如果用例 B 是用例 A 的某些子功能,且知道在 A 所对应的动作序列中何时调用 B,则称 A 包含 B。如果用例 A 与用例 B 相似,但 A 的功能比 B 多,A 的动作序列是通过在 B 的动作序列中的某些执行点上插入附加的动作序列而构成的,则称 A 扩展 B。如果用例 A 与用例 B 相似,但 A 的动作序列是通过改写 B 的部分动作或扩展 B 的动作而获得的,则称 A 继承 B。在用例图中,每个执行者必须至少与一个用例相关联。反之,除被包含、被扩展、被继承的用例外,每个用例应至少与一个执行者相关联。

对于用例图中的每个用例,还需给出文档化的描述,通常应包括如下几个方面的内容:

- 用例名称。
- 用例的简要描述。
- 与用例有关的执行者。

- 用例执行所需的前置条件(可选项)。
- 交互动作过程,即用例在执行过程中与执行者之间的信息交互内容及过程。
- 用例执行结束时的后置条件(可选项)。

5.5.3　活动图

UML 的活动图(activity diagram)是用于表示系统控制流的,是状态图的特殊形式。活动图与流程图比较类似,具有如下与流程图不同的特征。

1)不像系统流程图那样仅用于程序设计级,能用于描述概念级的模型。

2)能描述并行动作。

构成活动图的主要元素如图 5-37 所示。

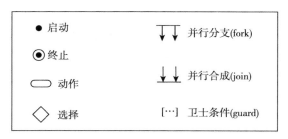

图 5-37　活动图的构成元素

活动图与流程图一样可以表示活动的顺序,活动图的控制流像流程图一样由相当于 goto 语句的控制进行移动,但没有循环结构和多层分支结构。图 5-38 表示自动贩卖机的活动图。

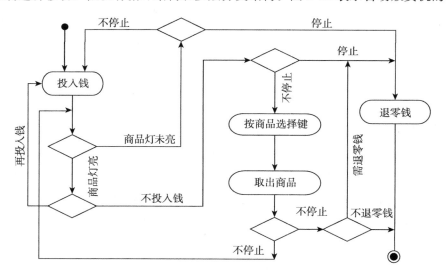

图 5-38　自动贩卖机的活动图

这个活动图与前面介绍的场景描述相比,能用于描述一般的情况,包括使用者中途停止、继续投入钱币、取出商品后继续使用等一些异常情况。当然,当控制流变得复杂时,可能会使活动图难于理解。

在流程图中，动作的主体通常是由计算机(或相当于计算机的实体)所决定的。在面向对象的框架中使用活动图就使得各种各样的对象成为活动的主体。为了明确地表示出活动的主体，也可使用标识主体的描述方法(如图 5-39 所示)。

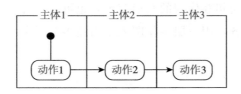

图 5-39　标识主体的活动图

当把活动图视为图形时，其路径可解释为执行路径。根据不同的图示，分支可解释为"or"关系(选择分支)，即可选择任一路径执行；也可解释为"and"关系(并行分支)，即所有的路径同时执行。此外，活动图还可表示为层次结构，使得活动图可像数据流图一样进行分解。

活动图主要是描述系统的全部活动，在模型化活动方面与 UML 的状态图、序列图和协作图成为互补关系。另外，也可用于描述工作流、业务流和开发过程等。

5.5.4　协作图

协作图(collaboration diagram)用于表示对象间的消息往来。虽然序列图在某种定义上也能表示对象的协作动作，但能明确描述对象间协作关系的还是协作图。图 5-40 表示了自动贩卖机的协作图。

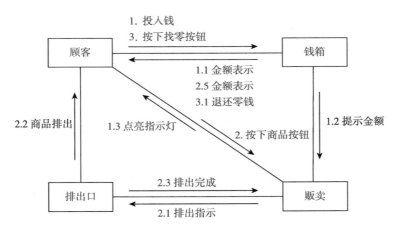

图 5-40　自动贩卖机的协作图

在协作图中，用长方形框表示对象。当两个对象间有消息传递时用带箭头的有向边连接这两个对象。在 UML 中，协作图的语义与序列图是等价的，有向边的箭头方向表示传递消息的方向，在有向边上方标识出是什么消息。为表示发送消息的时间顺序，在每个消息前附加数字编号。显然，协作图便于描述对象间有什么样的协作关系，不需要像一个序列图只能对应一个场景，可以将多个场景中的协作关系一次性地描述出来。不过，与序列图一样，在 UML 的协作图中，也规定了消息发送条件的描述。

协作图作为表示对象间相互作用的图形表示，也可以有层次结构。可以把多个对象作为一个抽象对象，通过分解，用下层协作图表示出这多个对象间的协作关系，这样可降低问题的复杂度。

第 6 章

需 求 定 义

需求规格说明是整个需求工程活动的最终输出，并以文档的形式给出在需求获取和需求分析阶段所获得的所有用户需求和需求模型。需求定义阶段的基本任务就是根据用户需求编写出需求规格说明。本章将主要介绍需求规格说明的作用、特性、构成和内容，以及编写需求规格说明的描述语言等。

6.1 需求规格说明的作用

需求规格说明的作用主要体现在如下几个方面：

1）需求规格说明是软件设计和实现的基础。

2）需求规格说明是测试和用户验收软件系统的重要依据。

3）需求规格说明能为软件维护提供重要的信息。

作用 1）和 2）是需求规格说明在软件开发中所起的重要作用，作用 3）是在软件维护中所起的作用。当然，需求规格说明对其他方面也产生一定的影响，如对软件开发项目的规划、软件价格的估算等。

通常，一个软件系统能否满足用户要求，主要是用户的需求能否全部反映在需求规格说明中。因此，需求规格说明作为需求工程的最终成果必须具有综合性，必须包括所有的需求，开发人员与客户不能做任何假设。如果任何所期望的功能或非功能需求未写入需求规格说明中，则不能要求开发出的软件必须满足这些需求。此外，除了设计和实现的限制，需求规格说明不应包括设计、构造、测试或维护阶段的细节。

需求规格说明是用户与软件开发方对将要开发的软件达成的一致协议的文档，或称"技术合同"。当需求规格说明经过严格的审查，在用户与软件开发方均认可后，就形成了"基准"的需求规格说明。在理想的情况下，"基准"的需求规格说明双方必须遵守，不允许修改。不过，由于完整和精确地描述用户需求并不是一件容易的事情，再加上用户需求可能由于某些特殊原因而发生变化，这就需要双方通过协商后，修改"基准"的需求规格说明，从而形成新的需求规格说明。

6.2　需求规格说明的特性

由于软件的开发是以需求规格说明为基础的，需求规格说明中出现错误或需求不可能实现等都将导致软件开发工作的返工或失败，因此，需求规格说明必须满足各种各样的特性，才能得到质量较高的需求规格说明。这些特性也成为判断需求规格说明是否有问题的标准。下面，将根据 IEEE 的需求规格说明的标准规范来说明这些特性。

（1）正确性

所谓需求规格说明是正确的，意指在需求规格说明中陈述的所有需求都应在开发出的软件中得到满足，开发的软件不能满足的需求在需求规格说明中应是不正确的。这就要求在需求规格说明中对每一项需求都必须准确地陈述。

（2）无含糊性

对所有需求规格说明只能有一种明确和统一的解释。当某个需求存在不同的解释时，则这个需求是含糊的或有二义性。

由于自然语言容易导致含糊性，所以尽量把每项需求用简洁明了的用户性语言表达出来。避免含糊性的有效方法包括对需求文档的正规审查、编写测试用例、开发原型以及设计特定的方案脚本等。

（3）完整性

每一项需求都必须将所要实现的功能描述清楚，以便软件开发人员获得设计和实现这些功能所需的必要信息。例如，如果以下需求能全部陈述出来，该需求规格说明应是完整的：

1）关于功能、性能、设计约束、属性和外部接口的重要需求。

2）对于某状态下的输入数据，软件应怎样响应的定义，特别是对正确的或不正确的输入数据值，如何做出响应的具体说明是相当重要的。

3）对于需求规格说明中的图和表的编号和说明，以及用语的定义和数学单位的定义。

包含待定需求（TBD）的需求规格说明当然不是完整的，但可以附加如下说明使其变得完整：

1）为什么成为待定需求；

2）怎样处理待定的需求；

3）谁、什么时候处理待定的需求等。

（4）一致性

需求规格说明内部要一致，与其他的需求规格说明不发生矛盾。当与其他需求规格说明（如系统需求规格说明）发生矛盾时，可视为是不一致的。也就是说，需求规格说明中的每两项需求间不会发生矛盾。如下是不一致的例子：

1）被说明的客观世界中对象特性间发生矛盾；

2)逻辑或时间的矛盾；

3)客观世界中对同一对象有不同的说明或解释。

（5）可验证性

当需求规格说明中所有的需求都可检测时，则该需求规格说明是可验证的。需求的验证主要是通过人工或计算机在有限费用下检测软件产品能否满足其需求。

具有二义性和含糊的需求是不可验证的。例如"具有良好的用户界面""有时发生"等需求是不可验证的，因为"良好的"或"有时"是定性的表示，无法具体化。因此，需求规格说明中应给出定量的和具体的表示，尽量避免定性的表示。另外，"不要进入死循环"的需求在理论上也是不可验证的。

（6）可行性

每一项需求都必须在已知系统和环境的限制范围内是可以实施的。前面说过，为避免不可行的需求，最好在获取需求过程中始终有一位软件工程小组的组员与需求分析人员或考虑市场的人员一起工作，由他负责技术可行性。

（7）必要性

每一项需求都会把用户真正所需要的和最终系统所需遵从的标准记录下来。必要性也可理解为每一项需求都是用来授权编写文档的"根据"，要使每项需求都能回溯至某个或某些需求来源，如某用户、某用例等。

6.3　需求规格说明的结构和内容

到目前为止，已有许多有关需求规格说明的标准版本，其中又可分为国际标准、国家标准和军队标准等。早期使用较多的是由 IEEE 推出的"IEEE 830-1998"[11] 这一需求规格说明模板。在此基础上，ISO、IEC 和 IEEE 于 2011 年从生命周期过程的角度，联合推出了新的需求工程国际标准"ISO/IEC/IEEE 29148:2011 国际标准-系统和软件工程-生命周期过程-需求工程"，进一步对软件需求规格说明模板进行了完善。该模板结构清晰且能灵活适用于不同种类的软件项目。

图 6-1 表示了基于 IEEE 830-1998 和 ISO/IEC/IEEE 29148:2011 标准改写并扩充的软件需求规格说明模板的结构。在学习这个模板时，应注意如下几点：

1)根据项目的需要来修改该模板，即可以对该模板的结构进行增加和保留。所谓保留是指当模板中的某一特定部分不适合项目需要时，可以在原处保留标题，并注明该项不适用。这主要是为了防止模板中的某部分内容会被遗漏。

2)可通过具体项目的需求规格说明，结合模板的结构和相应内容，将该模板的内容具体化，以形成完整的需求规格说明文档。这样能更好学习和尽快掌握编写项目需求规格说明的方法。

3)切忌死记硬背和生搬硬套该模板。

4)类似于其他软件项目,该模板包括一个修正的历史记录,记录对软件需求规格说明所作的修改,以及修改时间、修改人员和修改原因等。

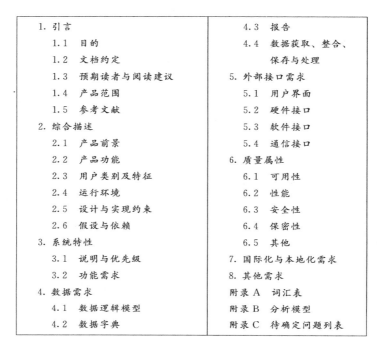

1. 引言
　1.1　目的
　1.2　文档约定
　1.3　预期读者与阅读建议
　1.4　产品范围
　1.5　参考文献
2. 综合描述
　2.1　产品前景
　2.2　产品功能
　2.3　用户类别及特征
　2.4　运行环境
　2.5　设计与实现约束
　2.6　假设与依赖
3. 系统特性
　3.1　说明与优先级
　3.2　功能需求
4. 数据需求
　4.1　数据逻辑模型
　4.2　数据字典

　4.3　报告
　4.4　数据获取、整合、
　　　　保存与处理
5. 外部接口需求
　5.1　用户界面
　5.2　硬件接口
　5.3　软件接口
　5.4　通信接口
6. 质量属性
　6.1　可用性
　6.2　性能
　6.3　安全性
　6.4　保密性
　6.5　其他
7. 国际化与本地化需求
8. 其他需求
附录A　词汇表
附录B　分析模型
附录C　待确定问题列表

图 6-1　软件需求规格说明模板

下面根据图 6-1 所示的需求规格说明模板的结构,详细说明该模板中各项内容的具体含义。

1. 引言

引言主要介绍软件需求规格说明的概况,有助于读者理解该需求规格说明是如何编写的,应如何阅读和解释。

1.1　目的

对产品进行定义,在该部分详尽说明产品的软件需求,包括修正或发行版本号。如果这个软件需求规格说明只与整个系统的一部分有关系,那么就只定义相关的部分或子系统。

1.2　文档约定

描述编写文档时所采用的标准或排版约定,包括正文风格、提示区或重要符号的含义。

1.3　预期读者与阅读建议

列举软件需求规格说明所针对的不同读者,例如开发人员、项目经理、营销人员、用户、测试人员或文档的编写人员。描述文档中剩余部分的内容及其组织结构。提出最适合于每一类型读者阅读文档的建议。

1.4　产品范围

简要描述拟开发的软件及其目的。将拟开发的软件与用户或企业的目标、业务策略等相关联。可以参考项目视图和范围文档而不是将其内容复制到这里。如果需求规格说明规定要对一个演化型产品进行增量式发布，则还要将其自身的范围说明包含进来，并作为长期战略与产品愿景的一部分。

1.5　参考文献

列举编写软件需求规格说明时所参考的资料或其他资源。可能包括用户界面风格指南、合同、标准、系统需求规格说明、使用实例文档，或相关产品的软件需求规格说明。在这里应该给出参考文献的详细信息，包括标题、作者、版本号、日期、出版单位或资料来源，以方便读者查阅这些文献。

2.　综合描述

这一部分概述正在定义的产品及其运行的环境、使用产品的用户以及已知的约束、假设和依赖。

2.1　产品前景

描述拟开发的软件产品的背景和起源，说明该产品是否是产品系列中的下一个成员、是否是成熟产品所改进的下一代产品、是否是现有应用程序的替代品，或者是否是一个新型的、扩充型产品。如果软件需求规格说明定义了大系统的一个组成部分，那么就要说明这部分软件怎样与整个系统相关联，并且要定义两者之间的接口。

2.2　产品功能

概述产品所具有的主要功能，其详细内容将在"3. 系统特性"中描述，在此只需要概略地总结。例如用列表的方法给出，可很好地组织产品的功能，使每个读者都易于理解；也可用图形表示主要的需求分组以及它们之间的联系，例如数据流程图的顶层图或类图。

2.3　用户类别及特征

确定可能使用该产品的不同用户类别并描述相关的特征。有一些需求可能只与特定的用户类别相关。需将该产品的重要用户类别与不太重要的用户类别区分开。

2.4　运行环境

描述软件的运行环境，包括硬件平台、操作系统和版本，以及其他的软件组件或与其共存的应用程序。

2.5　设计与实现约束

确定影响开发人员自由选择的相关因素，并说明这些因素为什么成为一种约束。可能的约束包括如下内容：

- 必须使用或者避免的特定技术、工具、编程语言和数据库。
- 所要求的开发规范或标准(例如，如果由客户的公司负责软件维护，就必须定义开发者所使用的设计符号表示与编码标准)。

- 企业策略、政府法规或工业标准。
- 硬件限制,例如定时需求或存储器限制。
- 数据转换格式标准。

2.6　假设与依赖

列举软件需求规格说明中影响需求陈述的假设因素(与已知因素相对立)。这可能包括打算采用的商业组件、有关开发或运行环境的问题。你可能认为产品要符合一个特殊的用户界面设计约定,但是另一个读者可能不这样认为。如果这些假设不正确、不一致或被更改,就会使项目受到影响。

此外,确定项目对外部因素存在的依赖。例如,如果打算把其他项目开发的组件集成到系统中,那么就要依赖那个项目按时提供正确的操作组件。如果这些依赖已经记录到其他文档(例如项目计划)中,那么在此就可以参考其他文档。

3.　系统特性

在图 6-1 所示的模板中,功能需求是根据系统特性(即产品所提供的主要服务)来组织的。可以使用实例、运行模式、用户类、对象类或功能等级来组织这部分内容(IEEE 830-1998)。也可以使用这些元素的组合。总而言之,必须选择一种使读者易于理解预期产品的组织方案。

3.1　说明与优先级

提出对系统特性的简短说明并指出该特性的优先级是高、中还是低。还可以包括对特定优先级部分的评价,例如利益、损失、费用和风险,其相对优先级可以从 1(低)到 9(高)。

3.2　功能需求

列出与特性相关的详细功能需求。这些是必须提交给用户的软件功能,让用户可以使用所提供的特性执行服务或者使用所指定的用例执行任务。描述产品应如何响应可预知的出错条件或者非法输入或动作。必须唯一地标识每个需求。

4.　数据需求

与拟开发的软件系统相关的各类数据。包括作为输入的数据、中间加工形式的数据、作为输出的数据。信息系统通过处理数据来提供价值。

4.1　数据逻辑模型

数据逻辑模型从视觉上呈现与系统相关的各类数据以及它们之间的关系。可用于数据建模的符号包括实体关系图、UML 类图等。

4.2　数据字典

数据字典定义数据结构的组成及其意义、数据类型、长度、格式以及组成这些结构的数据元素的取值范围。

4.3　报告

确定系统输出的报告形式并描述其特征。如果报告必须与某个具体的预定义布局相吻合，可以将其定义为一个约束，再加上一个示例。否则，就重点描述报告的内容、排列的顺序等。

4.4　数据获取、整合、保存与处理

描述数据如何获取和保存。陈述任何涉及数据完整性保护的需求。确定必要的具体技术，如备份、检查点、镜像或数据准确性验证。陈述系统保存或销毁数据时必须执行的策略，包括临时数据、元数据、残留数据、缓存数据、本地副本、归档及临时备份等。

5. 外部接口需求

确定可以保证新产品与外部组件正确连接的需求。可用关联图表示高层抽象的外部接口。需要把对接口数据和控制组件的详细描述写入数据词典中。如果产品的不同部分有不同的外部接口，那么应把这些外部接口的详细需求并入这一部分的实例中。

5.1　用户界面

陈述所需要的用户界面的软件组件。描述每个用户界面的逻辑特征。以下是可能要包括的一些特征：

- 将要采用的图形用户界面（GUI）标准或产品系列的风格。
- 屏幕布局或解决方案的限制。
- 将出现在每个屏幕的标准按钮、功能或导航链接（例如一个帮助按钮）。
- 快捷键。
- 错误信息显示标准。

对于用户界面的细节，例如特定对话框的布局，应该写入一个独立的用户界面规格说明中，而不应写入软件需求规格说明中。

5.2　硬件接口

描述系统中软件和硬件每一接口的特征。这种描述可以包括支持的硬件类型、软硬件之间交流的数据和控制信息的性质以及所使用的通信协议。

5.3　软件接口

描述该产品与其他外部组件（由名字和版本识别）的连接，包括数据库、操作系统、工具、库和集成的商业组件。明确并描述在软件组件之间交换数据或消息的目的。描述所需要的服务以及内部组件通信的性质。确定将在组件之间共享的数据。

5.4　通信接口

描述与产品所使用的通信功能相关的需求，包括电子邮件、Web 浏览器、网络通信标准或协议及电子表格等。定义相关的消息格式，以及规定通信安全或加密问题、数据传输速率和同步通信机制等。

6. 质量属性

这部分列举所有非功能需求。质量需求必须是确定的、定量的、可验证的。应表明各种属性的相对优先级，例如保密性要优先于性能。

6.1 可用性

可用性涉及易学程度、易用程度、错误的规避与恢复、交互效率与可理解性。这里所规定的可用性需求将帮助用户界面设计师开发出具有最佳用户体验的界面。

6.2 性能

阐述针对各种系统操作的具体性能需求，并解释它们的原理以帮助开发人员做出合理的设计选择。确定相互合作的用户数或者所支持的操作、响应时间以及与实时系统的时间关系等。此外，还可以在这里定义容量需求，例如存储器和磁盘空间的需求或者存储在数据库中的表的最大行数。应尽可能详细地确定性能需求，需要针对每个功能需求或特性分别陈述，而不是集中在一起陈述。

6.3 安全性

与产品使用过程中可能发生的损失、破坏或危害相关的需求。定义必须采取的安全保护或动作，以及需预防的、潜在的危险动作。明确产品必须遵从的安全标准、策略或规则。例如，一个安全设施需求的范例为："如果油箱的压力超过了规定的最大压力的95％，那么必须在1秒钟内终止操作。"

6.4 保密性

与系统保密或隐私等问题相关的需求。这些问题将会影响产品的使用和对产品所创建或使用的数据的保护。定义用户身份认证或授权需求。明确产品必须满足的保密性策略。例如，一个软件系统的保密需求的范例为："每个用户在第一次登录后，必须更改最初的登录密码，最初的登录密码不能重用。"

6.5 其他

对客户、开发人员、维护人员来说至关重要的其他产品质量属性。这些属性可能涉及可靠性、可扩展性、可移植性、可安装性、互操作性、可修改性、可验证性等。

7. 国际化与本地化需求

国际化与本地化需求确保产品适用于不同的国家、文化或地理区域，而不仅仅适用于产品开发所在地。此类需求包括货币的差异、日期格式、数字、地址和电话号码、语言、符号和字符设置、姓氏与名字的顺序、时区、文化和政治问题、纸张尺寸、度量衡、电压与插头形状等。

8. 其他需求

定义在软件需求规格说明中的其他一些需求，例如与法律、法规或财务规范相关的需求，与产品安装、配置、操作相关的需求，与登录、监控和审计跟踪相关的需求。当不需要增加其他需求时，可以省略这一部分。

附录 A　词汇表

定义所有必要的术语，以便读者可以正确地解释软件需求规格说明，包括词头和缩写。当然，也可为整个公司创建一张跨越多个项目的词汇表，此时特定项目的词汇表中只需包括专用于该项目的软件需求规格说明中的术语。

附录 B　分析模型

分析模型也称需求模型，这个可选部分包括或涉及各种各样的分析模型，例如数据流程图、类图、状态转换图或实体-关系图等。

附录 C　待确定问题列表

编辑一张在软件需求规格说明中待确定的列表，其中每一表项都需编上号，以便于跟踪调查。

6.4　需求规格说明文档的编写要求

编写高质量的需求规格说明文档没有现成固定的方法，基本上依据经验进行。不同的软件开发人员有不同的写作风格和表达风格，这也是允许的。不过，根据以往的经验和教训，编写软件需求规格说明文档至少应该注意如下几点：

- 保持语句和段落的简短，尽量避免将多个需求集中于一个冗长的语句和段落中。
- 最好采用主谓宾的表达方式，并使用正确的语法和标点符号。
- 使用的术语应与词汇表中所定义的一致。

为了减少不确定性，必须避免模糊的、主观的术语，例如，用户友好、容易、操作简单、迅速、有效、支持、许多、最新技术、优越的、可接受的和健壮的等。当用户说"用户友好""快"或者"健壮"时，应该明确它们的真正含义，在需求中阐明用户的意图。

避免使用比较性的词汇，例如：提高、最大化、最小化和最佳化，定量地说明所需要提高的程度或者说清一些参数可接受的最大值和最小值。当用户说明系统应该"处理""支持"或"管理"某些事情时，应该能理解客户的意图。含糊的语句表达将引起需求的不可验证。

在编写中最好不要出现对某个或某些需求的重复说明。虽然在不同的地方出现相同的需求可能会使文档更易阅读，但这也造成了维护上的困难，特别是对这个需求进行修改时。

由于需求的编写是层次化的，因此，可以把顶层不明确的需求向低层详细分解，直到消除不明确性为止。编写详细的需求文档，所带来的益处是如果需求得到满足，那么用户的目的也就达到了。但是不要让过于详细的需求影响了设计。如果你能用不同的方法来满足需求，且这种方法是可接受的，那么需求的详细程度就足够了。然而，如果评审软件需求规格说明的设计人员对客户的意图还不甚了解，那么就需要增加额外的说明，以减少由于误解而产生返工的风险。

除应注意上述问题之外，在形成完整的需求规格说明时可能还会遇到一些其他的问题。例如，是否能将用户界面的设计写入需求规格说明文档中。对于这个问题，有积极方面也有消极方面。积极方面是：

1）有助于精化需求，使得用户与系统间的交互对两者更有实际意义。

2）用户界面的演示也有助于项目计划的制订和预测，因为开发人员可根据用户界面的数量，估算实现用户界面的工作量等。

消极方面是：

1）用户界面机制和屏幕显示是解决方案（设计）的描述，而不是需求。如果先进行用户界面设计再确定需求规格说明，则需求开发的过程可能较长，从而导致用户失去耐心。

2）用户界面的布局不能代替定义功能需求，更不能指望开发人员能从界面中推测出潜在的功能。

3）将用户界面放入需求规格说明中意味着开发人员要修改一个用户界面，实际上就是修改需求规格说明一次，这将导致需求规格说明被频繁修改。

对于这个问题的合理解决方法是，在需求规格说明中加入用户界面的草案，但在实现时不一定要精确地遵循这些方法。这样既可增加相互交流的机会，又不需频繁修改需求规格说明，从而减少变更管理过程的负担。

当软件需求规格说明中出现一些不符合高质量的特性（如正确性、无含糊性和完整性等问题）时，就需要尽快地找出并纠正这些问题。但是，在编写需求规格说明时，可能发生错误的类型较多，也不可能全部列举出来。下面就几个典型的问题给予说明，仅供读者参考，并给予足够的重视，否则当需求规格说明中出现太多的错误时，将导致软件开发无法进行下去。

例 系统每小时从安放在水库中的深度传感器获取一次水库深度数据，这些数值应该保留6个月。此外，系统还提供 AVERAGE 命令，该命令的功能是在 PC 上显示由某个传感器在两个日期之间获取的平均水深。

这个需求是不完整的。如果需求规格说明书中没有对 AVERAGE 命令的功能给予更多的描述，则该命令的细节是不完整的。例如，该命令没有说明如果用户给定的日期是当前日期的6个月之前，系统应该做什么。

例 操作员标识由操作员姓名和密码组成，密码由6位数字构成。当操作员登录系统时它被存放在注册文件中。

这个需求具有二义性。其中"它"到底代表"密码"还是"操作员标识"，不同的人往往有不同的理解。

例 "分析程序应该能生成 HTML 标记出错的报告,这样就可以使 HTML 的初学者使用它来迅速排错。"

"迅速"这个词具有模糊性。缺乏对错误报告内容的定义,表明该需求是不完整的,而且不知道如何验证这个需求。是否找一些 HTML 的初学者,看他们能否利用这个报告迅速排错?还有一点不清楚的是:HTML 初学者使用的是分析程序还是出错报告,何时生成这样的报告?

我们使用另一种方式表述这个需求。

1)在 HTML 分析程序完全分析完一个文件后,该分析程序必须生成一个出错报告。这个报告中包含了在分析文件过程中所发现错误的 HTML 所在的行号以及文本内容,包含对每个错误的描述。

2)如果在分析过程中未发现任何错误,就不必生成出错报告。

现在读者知道了何时生成出错报告及其报告中所包含的内容。这样,就可以把该需求提交给设计人员,让他们来决定报告的形成。这项需求中还指明了一种例外情况:如果没有任何错误,就不生成出错报告。

6.5 需求规格说明的描述语言

软件需求规格说明是对分析和综合过程的结果描述,如前所述,它包含了软件的功能、性能、接口、有效性等需求的描述信息。通常,描述需求规格说明的语言主要分为 3 种。

1. 自然语言

自然语言是日常使用的中文或英文等,这是最自然的描述需求规格说明的语言。它的优点是阅读和编写都不需要经过专门训练,可以表示任何领域的需求。但不足之处是由于自然语言的语义具有二义性,在自然语言中经常使用代名词和定性表示的词,如显著、迅速等,这使得它描述的内容会产生二义性,并造成软件需求理解上的错误。例如,一个用自然语言表达的含糊的需求如下:

将出差信息和出错信息写入出差文件或出错文件中。

这个需求可以理解为:

1)出差信息和出错信息两者同时写入出差文件中或同时写入出错文件中。

2)出差信息写入出差文件中,而出错信息写入出错文件中。

又如:"操作员标识由操作员姓名和密码组成,密码由 6 位数字构成。当操作员登录系统时,它被存放在注册文件中。"这句话中的"它"是指什么?

2. 形式化需求描述语言

形式语言是基于数学方法而提出的一种抽象描述语言，该语言具有严格的语法和语义。通常把描述需求的形式语言称为形式化需求描述语言。该语言的优点是能排除自然语言中的二义性，从而减少需求规格说明中的错误。由于这种语言的语法和语义被严格定义，故能对形式化需求描述进行语法和语义分析，以证明需求规格说明的正确性等。此外，形式化的需求描述能由计算机自动处理，如可以解释执行形式化的需求规格说明，生成可执行的程序代码，以及研制有效地编辑或理解形式化需求规格说明的工具或环境等。

形式化需求描述语言的不足是概念符号过于抽象，需要具有较好的数学基础和经过严格的专门训练后才能掌握和使用，而且可能增加软件开发费用。形式化需求描述语言的典型代表有 VDM、Z 方法和 B 方法等。关于形式语言的详细说明将在下一章介绍。

3. 结构化语言

结构化语言是介于自然语言和形式语言之间的语言，是一种语法结构受到一定限制、语句内容支持结构化的描述语言，亦称为半形式语言。结构化语言的优点与自然语言较为接近，易于阅读和理解。由于其文法和词汇受到一定的限制，用它描述软件的需求规格说明可以为需求信息的一致性和完整性检验提供准则，从而部分地排除了需求规格说明中存在的二义性。此外，研制关于结构化语言的支持工具也相对容易。结构化语言的不足之处是语言本身仍存在语义方面的含糊性，仍然会隐含着错误的根源。不过，结构化语言是目前最现实的一种需求规格说明的描述语言。结构化语言的典型代表有伪语言（pseudo language）、PSL 和 RSL 等。下面简单地介绍这三种语言。

（1）伪语言

伪语言是将过程型程序设计语言中的 if-then-else、case（选择）和 do while（循环）作为控制结构、其他部分利用自然语言表示的语言。该语言通常可用于表示顺序过程，并可表示程序的算法，也称为程序描述语言（Program Description Language，PDL）。在伪语言中除控制结构外，语法基本与自然语言类似，但不使用修饰语、复合语句、脚注等，目的是明确地描述需求规格说明。

例　成绩文件中每行记录学生名、课程名和分数。读成绩文件后，输出分数不到 60 分的学生名、课程名和分数。现用伪语言表示如下：

```
do 读出文件的一行 while 文件未完
  if 成绩 < 60 then 输出该行
  fi
od
```

（2）PSL

PSL（Problem Statement Language）是美国密歇根大学在开发 ISDOS（Information

System Design and Optimization System)项目中提出的需求描述语言[26]。该语言是基于实体关联模型的语言，主要以数据流、数据结构和功能结构等功能需求为描述对象。例如，对于"使用者输入命令"这一陈述，PSL 可描述如下：

```
INTERFACE    USER
GENERATE     COMMAND
PROCESS      SYSTEM
RECEIVE      COMMAND
```

这个描述可理解为：外部对象 USER 产生 COMMAND 这一输入对象，被过程 SYS-TEM 接受。开始的两行表示在实体 USER 和实体 COMMAND 间有 GENERATE 这一关联。

PSL 的分析系统 PSA 能进行文法检查，或者从存放在数据库中的信息制作数据流图和功能结构图。

（3）RSL

RSL（Requirement Statement Language）是美国 TRW 公司开发出来的需求描述语言[27-28]，并已在美国军事系统的开发中使用。该语言以导弹防卫系统一类的实时系统的功能需求和性能需求为描述对象。类似于 PSL，RSL 也是以实体关联模型为基础的。在分析方面，主要用 REVS（Requirement Engineering and Validation System）进行处理。在RSL 中，写出的规格说明被变换成称为 R-NET 的图，并且能看到易于理解的、从输入到输出的路径和条件。

第 7 章

需求的形式化描述

前面所介绍的需求建模方法大部分是用图形符号来描述需求模型的。虽然图形的含义比较直观和易理解，但缺乏数学的严格性。形式化需求规格说明（以下简称形式化规格说明）意味着用严格的数学知识和符号来构造系统的需求模型，使需求模型更加严密、无二义性和易于推理。本章将介绍几种典型的形式化规格说明的方法。

7.1 形式化规格说明及其方法

所谓形式化规格说明就是使用受语法和语义限制的、被形式定义的形式语言描述的规格说明，亦即由严格的数学符号及由符号组成的规则形成的规格说明。为了形式地定义描述语言，通常需要严格的数学和逻辑学知识。形式化规格说明的优点如下：

- 能减少规格说明完成后的错误。
- 利用数学的方法进行分析，可以证明规格说明的正确性，或判断多个规格说明间的等价性。
- 相对于自然语言，规格说明的编制和支撑工具比较易于研制。此外，形式化规格说明的解释执行以及将其转换为源程序是可能的。

形式化规格说明并不是一种技术，而是不同技术的集合。将各种技术组织到一起，是因为它们能使用数学知识和符号来描述系统的行为和特性。所谓形式化规格说明方法，是一种特定的、用于编写形式化规格说明的方法。形式化方法通常用作形式化规格说明方法的同义词，但严格地说，形式化方法的范围比形式化规格说明方法的范围大，而且形式化方法是一个通用的术语，主要指基于数学的任何一种软件开发技术。因此，请读者一定注意这两个概念的区别。

形式化规格说明方法中主要使用的数学基础是集合论、逻辑学和代数学。形式化规格证明方法不同于基于图形符号的需求建模方法，主要是建模系统行为，特别是功能性和并发的行为，通常分为以下三类。

1）基于系统特性的方法。这类方法可细分为两类：一类是将从系统外部可见的性质定义为公理，然后用推导出的定理规定规格说明应满足的条件。另一类是作为系统应满足的特性，根据代数理论描述不同类型数据间的操作以及操作间应满足的限制。代数方法经常用于为抽象数据建模，对于指定系统组件间的接口情况特别有用。基于系统特性方法的规格说明语言的代表是 OBJ 和 ACTONE 等。

2) 基于模型的方法。这类方法基于集合论和一阶逻辑。系统的状态空间根据系统组件进行建模，这些系统组件模型化为集合和函数等，状态空间的不变条件建模为组件上的谓词。控制状态空间的操作指定为与组件不同状态相关的谓词。这类方法的规格说明语言的代表是 Z、VDM 和 B 方法等。其中，Z 是最容易学习的，它在建立规格说明方面也相对健壮些。VDM 和 B 则纯粹是一种规格说明方法，但 VDM 和 B 方法支持后续的设计和实现工作。

3) 基于进程代数的方法。前面两类方法主要关注系统的功能属性和顺序行为，从而限制了这些方法在某些应用系统中的使用。在某些系统中，并行行为成为重点。进程代数关注的是并发过程之间交互的模型。这类方法的规格说明语言的代表是 CSP(Communicating Sequential Process)、CCS(Calculus of Communicating System)和 LOTOS (Language Of Temporal Ordering Specification)。后面将详细介绍几个典型的形式化规格说明方法。

7.2　形式化规格说明与软件开发

目前人们正在努力推进把形式化规格说明技术应用于实际的软件开发中的工作，主要以欧洲为主。特别是从企业应用的角度来看，严格的规格说明、被开发软件的可信性证明以及程序的自动组成等正在受到重视。

为什么欧洲开展这方面的工作比较活跃呢？一是欧洲在数学和逻辑学方面的研究一直处于领先地位；二是欧洲的开发体制可以跨国联合，而且一直强调产业界与学术界的结合，结果之一就是在大学里产生的 Z 被试图推广到产业界的应用中。

目前把形式化规格说明应用于软件开发工作中的形式有以下两种。

1. 规格说明变换

如图 7-1 所示，规格说明变换是将形式化的需求规格说明进行逐步变换，最终生成源程序。

图 7-1　规格说明变换的过程

规格说明变换过程如下：

1) 制作形式化规格说明；

2)验证该规格说明的正确性；

3)根据变换规则将现有规格说明变换为另一种规格说明，再证明这两种规格说明在语义上等价；

4)重复上述过程第 2)、3)步，最终获得确保正确并可执行的程序。

在这个过程中，各阶段的变换应该使得变换前的规格说明与变换后的规格说明，以及最初的需求说明与最终的源程序之间不会有偏差，而且内容十分接近。但如何验证变换的正确性却是十分困难的工作。

2. 规格说明执行

这种形式是由 Balzer[29] 等人提出的软件开发方法，亦称净室开发方法，如图 7-2 所示。规格说明的执行是在确认规格说明的正确性后，解释执行形式化规格说明，从而使得基于正确性验证和规格说明变换的软件开发成为可能。

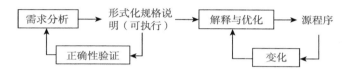

图 7-2　基于可执行的需求规格说明的软件开发

7.3　基于公理或推理规则的形式化规格说明

形式化规格说明的最简单形式是将一个系统视为由许多功能组成的集合，然后给各个功能附加前置和后置条件。前置条件规定为功能的输入，后置条件是功能输出结果的规格说明。功能可抽象定义为如何将输入变换为输出。前置条件和后置条件是对应一个功能的输入和输出的谓词，且能表示为谓词公式并取真假值。在这个公式中使用的变量相当于功能的输入/输出。

对于算子符号，不仅有 $=$、$\leqslant$、$\geqslant$、$\neg$、$\lor$、$\land$ 等，而且还可使用限定符号。限定符号规定了谓词的取值范围，如全称量词 $\forall$ 和存在量词 $\exists$。此外，集合论中也使用符号 $\in$（属于）。以下表示谓词的例子，所有变量取整数。

$$A > B \land C > D$$
$$\exists i, j, k \in M \cdots N(i^2 = j^2 + k^2)$$
$$\forall i \in 1 \cdots 10, \exists j \in 1 \cdots 100(\text{square}(i) = j)$$

为了利用前置和后置条件描述功能规格说明，需注意如下几点：

1)确定功能能正确执行的输入参数的范围，把输入参数的约束条件规定为谓词；

2)在功能能正确执行时，把输出数据应满足的条件表示成谓词；

3)应考虑在函数的输入参数中是否发生值变化的情况，如果有的话，则应规定在其中放入前置和后置条件。

现在利用栈作为实例加以说明。栈是从下到上顺序存放数据的，且从栈顶取出存放的数据。取出的数据可从栈中清除。在栈中存放数据的操作表示为 push，取栈顶元素的操作表示为 top，移出栈顶数据的操作表示为 pop，判断栈中元素是否为空的操作表示为 isempty。于是，操作 pop 的数据说明可表示如下：

```
Function pop ( S:Stack) return Stack
前置条件：isempty(S)= false
后置条件：push(top(S),pop(S))= S
```

其中，第 1 行表示函数 pop 的输入和输出数据类型是栈。前置条件表示在 pop 执行前栈不应是空的。后置条件表示对同一栈先执行函数 top 后，再执行函数 pop 和 push 所得到的结果与执行前是一样的。push(top(S),pop(S))表示把 top(S)表示的数据存放到执行函数 pop 后的栈 S 中。

类似于上述形式化表示，另一种表示方法是霍尔（Hoare）逻辑。霍尔逻辑原来用于程序的正确性验证，也被净室方法等用于描述规格说明或验证。在这种表示方法中，$P\{S\}Q$ 称为霍尔公式，其中 P、Q 分别为前置和后置条件，S 为规格说明（或程序）。此公式的含义是：当 P 成立时，执行 S 后的结果（执行停止后的结果）导致 Q 也应成立。规格说明（程序）是否正确可通过事先定义好的公理和推理规则来证明 $P\{S\}Q$ 是否成立来证实。例如，判断并输出两个数中最小数的函数 MIN 的霍尔公式为：

```
True { MIN } E = min (x,y)
```

其中前置条件为恒真，当把 MIN 写为

```
If x < y Then z := x
        Else z := y
  Endif
```

时，MIN 的霍尔公式可表示为：

```
True { If x < y Then z:= x Else z:= y Endif } z := min(x ,y)
```

当在 Then 和 Else 部分追加前置和后置条件时，则上式变为：

```
True
{ If x < y Then x < y { z:= x} z := min(x ,y)
        Else x ≥ y { z:= y} z := min(x ,y)
Endif
}
z= min(x,y)
```

于是执行 Then 部分语句的前置条件是[True(x<y)]，即 x<y。Then 部分语句的后置条件与整个 If 语句的后置条件相同。

霍尔逻辑中赋值语句所对应的公理形式为 $P_0\{x:=f\}P$，其中，x 是变量，f 是公式，P_0 是把 P 中所有自由出现的变换 x 替换为 f 后得到的。

对于 Then 部分，为了合理使用赋值语句的公理，当后置条件为 $z = \min(x, y)$ 时，必须把后置条件中出现的 z 全部用 x 置换，于是 $x = \min(x, y)$。

根据霍尔规则，$P \{Q\} R$ 成立且 $S \supset P$ ，则 $S \{Q\} R$ 。

于是，当 $(x < y)$ 成立时，$x = \min(x, y)$ 应该成立，这是自明的。以上就证明了 Then 部分是正确的，同理也可证明 Else 部分。因此，这个程序（规格说明）是正确的。

7.4   基于代数的形式化规格说明

基于代数模型形式化描述系统的功能、结构或特性的规格说明称为代数规格说明（algebraic specification）。在软件中，把数据和操作封装为一体的对象称为抽象数据类型。

例   栈的代数规格证明。

```
Object stack is
    Sort stack
    Op create :→ stack
    Op push :Element,stack → stack
    Op pop : stack → stack
    Op top: stack → Element
    Op isempty : stack → Boolean
    Var E: Element
    Var S: Stack
    Eq pop ( push ( E,S) ) =  S
    Eq top (push( E,S)) =  E
    Eq isempty( create ) =  true
Endo
```

例子中给出了 5 种操作：

create：生成空栈；

push：向栈顶压入一个数；

pop：从栈顶移出一个数；

top：取栈顶元素，但不移出；

isempty：栈为空时为真。

此外，用 3 个等式公理给出某些操作的语义。于是，栈的抽象数据类型的规格说明能用代数描述。

抽象数据类型的规格说明的过程如下：

1）确定所需的全部操作。在这些操作中有生成或更改类的实体操作等，如在 stack 中，create 是生成操作，push 和 pop 相当于变更操作等。

2）根据各种操作的组合导出公理。

3）补充一些对错误处理的特殊操作，追加一些非形式化的说明，以增强代数规格说明的可理解性。

7.5　形式描述语言 Z

7.5.1　Z 简介

Z 是牛津大学提出的一种基于集合论与一阶谓词逻辑的形式化规格说明语言，也称 Z 语言。Abrial 首先提出 Z 语言，20 世纪 80 年代中后期牛津大学程序研究小组（PRG）完善了 Z 语言的相关研究工作并定义出 Z 语言的相关标准文本。

Z 的表示符号主要为数学符号与图表（schema）符号。数学符号由一组称为 Z Toolkit 的操作集所支持，操作集中的绝大多数成员形式化地定义在 Z 中，可以用于 Z 规约的分析与推理。图表符号将数学符号组装为包的形式，从而提高 Z 规约的模块性，有利于大型系统的规约与分析。在一些文献中，Z 的"图表"又翻译为"模式"。

在 Z 所描述的系统中，系统的状态由一些抽象的变量所刻画。这些变量取值的变化表示系统状态的变迁，这样的变化是由对系统施加的操作所造成的。为了表示这样的变化规律，Z 为每个操作定义了操作运行前后的状态，分别称为前状态（before state）与后状态（after state）。一个操作就描述了前状态与后状态之间的约束关系。每个操作可以有前置条件，当前置条件满足时，该操作才发生。Z 不关心系统从前状态迁移到后状态的过程，这个过程的描述留给系统的求精或者后续的设计完成。

在 Z 的语义解释中，系统从初始状态出发，非确定地选择一个满足前置条件的操作执行，使得系统状态发生变化。系统状态的变化序列就是 Z 规约的语义解释。

7.5.2　Z 的数学符号

Z 的数学符号建立在集合论与一阶谓词逻辑的基础上。下面简要介绍一些 Z 中常用的符号。

- 常用的集合：自然数集合、整数集合和实数集合。
- 代换：代换符号 $\varphi\,[t/v]$ 将逻辑表达式 φ 中的一个自由变量 v 替换为 t。

  例如，$(v<x)\,[t+2/v]\equiv(t+2<x)$。
- 幂集：幂集符号 PA 表示集合 A 的幂集。
- 常用的关系符号：

  $X\leftrightarrow Y==$P$(X\times Y)$ 表示 X 与 Y 上所有关系的集合。

  $x\mapsto y$ 表示序偶 (x,y)。

  假设有关系 $R\in X\leftrightarrow Y$，那么定义域函数 dom $R=\{x:X;\ y:Y\mid x\mapsto y\in R\cdot x\}$，值域函数 ran $R==\{x:X;\ y:Y\mid x\mapsto y\in R\cdot y\}$。

  定义域减 $A\lhd R==\{x:X;\ y:Y\mid x\mapsto y\in R\wedge x\notin A\cdot x\mapsto y\}$ 将 R 的定义域减去集合 A，值域减 $R\rhd A==\{x:X;\ y:Y\mid x\mapsto y\in R\wedge y\notin A\cdot x\mapsto y\}$ 将 R

的值域减去集合 A。

- 复合关系：假设有关系 A：$X \leftrightarrow Y$，B：$Y \leftrightarrow Z$，则复合关系 A；B：$X \leftrightarrow Z$ 满足 $x \mapsto z \in A$；$B \Leftrightarrow \exists y$：$Y \cdot x \mapsto y \in A \wedge y \mapsto z \in B$。

- 常用的函数符号：偏函数 $X \frac{1}{2} Y$，全函数 $X \rightarrow Y$。

- lambda 记号：$\lambda \varphi / \psi \cdot r$ 表示一个函数，定义域为 φ 中满足 ψ 的所有元素的集合，值域为对应的 r 的集合。

7.5.3 Z 中的图表

用户可以使用 Z 提供的数学符号形式化地描述需求中的对象、功能和关系。随着系统规模的增大，管理这些规约的复杂度也随之增加。为了更好地支持复杂系统的建模，Z 还提供了图表的支持，便于规约的组合、封装与管理。

一个 Z 的图表由两部分组成：变量声明部分与谓词部分。其中谓词部分描述了对声明的变量的约束关系。图 7-3 表示在整数的基础上增加了一个约束，从而描述了一个自然数图表。

图 7-3　一个自然数图表

一个定义好的图表可以作为一个集合或者类型使用，例如，$\{n$：$N \mid n.x < 10\}$。一个图表也可以被其他图表所使用，如图 7-4 所示。

图 7-4　使用其他图表的图表

图表可以重命名。$S[new/old]$ 表示一个图表，用 new 替换图表 S 中所有的 old。例如，$PairedN[n/n1]$ 表示图 7-5 中的图表。

图 7-5　可重命名的图表

如果 S 是一个图表，那么为 S 中的所有变量添加一撇后可以得到一个新的图表 S'，如图 7-6 所示。

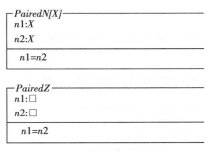

图 7-6   从已有图表得到新图表

图表可以带参数，例如图 7-6 中的图表接受一个类型参数。$PairedZ == PairedN\ [\square]$ 则定义了一个如图 7-7 所示的图表。

图 7-7   可带参数图表

由于 Z 中的操作描述前状态与后状态之间的关系，因此 Z 提供一些记号，以便操作。例如 $\Delta State$ 等价于声明两个变量 $State$ 与 $State'$，而 $\Xi State$ 在声明 $State$ 与 $State'$ 的同时要求两者相等。图 7-8 描述了一个 Inc 操作，将 N 中的变量加一。

图 7-8 Inc 操作

系统的初始状态由一个特殊的初始化操作表示，该操作没有前状态，它的后状态表示系统的初始状态。如图 7-9 所示，在系统的初始状态，变量 $x = 1$。

$$
\begin{array}{|l}
\hline
Init \\
N' \\
\hline
x' = 1 \\
\hline
\end{array}
$$

图 7-9   系统的初始状态

7.5.4   Z 规约的示例

我们讨论一个投诉处理的软件需求，研究如何用 Z 制定形式化的规约。在这个投诉处理的系统中，用户通过电话不断提出各种类型的投诉信息，接线员根据投诉的类型与内容决定处理方式。如果不能够立刻处理，则需要启动一个复杂的处理流程，由多方协助处理。当投诉信息处理完毕后，需要向投诉人反馈处理结果。

在 Z 规约的制定过程中，一般先刻画系统的抽象状态，然后为这些抽象状态定义操作，以实现系统的功能性需求。

在本系统的规约中，核心的部分是投诉信息。每条投诉信息最少应该包含以下信息：投诉的编号（标识）、投诉人、接线员、投诉类型、处理状态。我们可以定义以下类型：

$ComplaintID == Nat$；使用自然数标识不同的投诉。

$Complainer == Nat$；自然数也可以用来标识投诉人。

$ComplaintHandler == Nat$；接线员。

$ComplaintType == \{enquire, complaint\}$；根据投诉的内容，可以分为咨询与投诉两类。

$ComplaintState == \{subscribed, pending, resolved\}$；投诉可以处于三个状态：提交、处理中、已处理。

根据以上类型，可以设计投诉的图表，如图 7-10 所示。

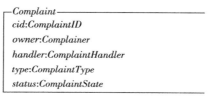

图 7-10　投诉的图表

投诉的信息必须存放，以便日后查询。我们设计图表 $ComplaintStock$，存储多个投诉信息，如图 7-11 所示，用一个集合来存储投诉信息，要求集合中投诉信息的标识两两之间各不相同。

$$
\begin{array}{|l|}
\hline
\text{ComplaintStock} \\
\hline
stock: \quad Complaint \\
\hline
\forall s_1, s_2 : stock \cdot (s_1.cid = s_2.cid \Leftrightarrow s_1 = s_2) \\
\hline
\end{array}
$$

图 7-11　投诉信息的存储

显然 $ComplaintStock$ 可以作为系统的抽象状态，接下来定义对 $ComplaintStock$ 的操作。首先是系统的初始状态，操作 $Init$ 如图 7-12 所示。在系统的初始状态，投诉集合为空。由于系统需要自动生成投诉信息的标识，因此用递增的变量 lid 生成标识，在初始状态下 $lid = 0$。

$$
\begin{array}{|l|}
\hline
\text{Init} \\
\hline
ComplaintStock \\
lid : ComplaintID \\
\hline
stock = \varnothing \\
lid = 0 \\
\hline
\end{array}
$$

图 7-12　操作 $Init$

接下来定义用户投诉的操作 *Complain*。每当系统接到一个投诉，则生成一个新的投诉标识，产生一个状态为 *subscribed* 的投诉信息，加入投诉信息集合，如图 7-13 所示。

```
┌─Complain ─────────────────────────────────
│ ΔComplaintStock
│ owner?:Complainer
│ type?:ComplaintType
│ handler?:ComplaintHandler
├────────────────────────────────────────────
│ stock'=stock⊕(lid,owner,handler,type,subscribed)
│ lid'=succ(lid)
└────────────────────────────────────────────
```

图 7-13　用户投诉的操作 *Complain*

当集合中有新增的投诉信息的时候，需要接线员处理。如果投诉类型为咨询，那么接线员可以直接处理，将该投诉信息的状态修改为 *resolved* 并回答投诉人；否则需要启动一个投诉处理的流程，并等待该流程完毕后再答复客户。其处理过程 *HandleComplain* 如图 7-14 所示。

```
┌─HandleComplain ─────────────────────────────
│ ΔComplaintStock
│ reply!:ComplaintID
├────────────────────────────────────────────
│ ∃s:stock · (s.status=subscribed∧s.cid=reply!∧s.type=enquire∧
│         s'.status=resolved)∨
│         (s.status=subscribed∧s.type=complaint∧s'.status=pending)
└────────────────────────────────────────────
```

图 7-14　投诉处理的过程

一般的投诉处理流程需要花费几天或者几周的时间，我们把这个处理流程定义为一个外部的系统。当一个流程处理完毕后会通知本系统哪个投诉已处理完毕，需要反馈给投诉人。这个过程可以定义为操作 *ComplaintReply*，如图 7-15 所示。

```
┌─ComplaintReply ─────────────────────────────
│ ΔComplaintStock
│ reply!:ComplaintID
│ flowref?:ComplaintID
├────────────────────────────────────────────
│ ∃s:stock · (s.status=pending∧s.cid=reply!∧flowref?=reply!
│         ∧s'.status=resolved)
└────────────────────────────────────────────
```

图 7-15　操作 *ComplaintReply* 的定义

通过建立投诉信息集合以及对该集合的一些操作，我们用 Z 语言为该系统建立了规约。

7.6 形式描述语言 LOTOS

7.6.1 LOTOS 简介

LOTOS 是一种标准的形式化描述方法，主要应用于通信系统以及分布式系统的规约。LOTOS 目前已经标准化（ISO/IEC 8807）。LOTOS 的语义最初是基于一种形式化的规格说明语言 CCS，后来逐渐添加了一些与 CSP 相关的元素与记号。在 LOTOS 发展的后期，数据类型也添加了进来。

设计 LOTOS 的主要目的是建立一种高度抽象且具有强大数学基础的语言，可以用于分析和描述复杂的系统。LOTOS 由抽象数据类型和行为描述（进程代数）两个完整的子语言组成。目前 LOTOS 的工具集支持系统的规约、模拟、编译、测试以及验证等多种功能，常用的工具包括 CADP、LITE 以及 LOLA。

在 LOTOS 的模型中，一个系统被看作一些相互通信的进程的集合。这些进程可以相互通信，也可以与所处的环境通信。进程的通信端口称为门（gate）。

使用 LOTOS 进行规约的时候，可以把系统看成一个黑箱。系统的特性或功能通过它与其周围环境的交互作用而体现。如果将系统的交互行为看作事件，那么只需要对这些事件进行刻画即可得到系统的行为。按照 LOTOS 的语义，一个进程的行为最后被解释为一棵行为（事件）树。

7.6.2 LOTOS 的数据描述语言

LOTOS 使用抽象数据类型来表示系统中需要的数据。要定义一个抽象数据类型，必须定义其数据类型以及对该类型的操作（运算）。下面给出了一个自然数的抽象数据类型。

```
type NatureNumber is
    sorts
        nat
    opns
    0:→ nat
    succ:nat → nat
    _+ _:nat,nat → nat
    eqns
        forall x,y:nat
            ofsort nat
                x + 0 = x
                x + succ( y ) = succ( x + y )
endtype
```

我们在类型 nat 的基础上定义了一个抽象数据类型 NatureNumber，包含三个操作：0、succ 与十。0 是一个零目运算（常量），succ 是一个单目运算，而十为一个二目运算，其中 _ 表示操作数的位置。eqns 中定义了这些操作必须满足的性质。

在 LOTOS 中，操作可以根据类型重载，例如，以下的定义是合法的：

```
_ + _:nat,nat → nat
_ + _:R,R → R
```

LOTOS 的抽象数据类型还支持扩展机制，允许重用现有的抽象数据类型，构造更加复杂的抽象数据类型。我们可以扩展 NatureNumber 如下：

```
type NatureNumber2 is NatureNumber with
    opns
        prev:nat → nat
    eqns
        forall x:nat
            ofsort nat
                prev( succ( x ) ) = x
endtype
```

7.6.3　LOTOS 的进程

LOTOS 的进程定义类似于普通程序设计语言中的过程定义。下面是一个简单的 LOTOS 进程的定义：

```
process Order[Request,Cancel,Withdraw]
    (ref:Reference,prd:Product,amt:Amount,sta:Status) is
        Request( ! ref,? prd,? amt )[(sta = = None)]
        []
        Cancel( ! ref )[sta = = Pending]
endprocess
```

其中 Order 为进程名，Request、Cancel、Withdraw 为通信门的名称，ref、prd、amt 与 sta 为参数定义，is 后面为进程体。

LOTOS 进程的行为由多个基本动作复合而成，下面介绍这些基本动作。

（1）终止动作

终止动作是 LOTOS 的基本动作，终止的类型分为两种：exit 与 stop。如果一个进程的动作为 stop，那么可以将它的行为理解为死锁，从外部（门）无法观察到它的任何行为；exit 则表示一个正常终止的行为。

（2）前缀（prefix）

如果 A 是一个动作，a 为一个事件，那么 a；B 表示一个动作前缀，表示当事件 a 发生后系统的动作为 A。例如，input；output；stop 表示输入事件发生后，输出事件发生，然后进程停止。

（3）选择（choice）

如果 A_1 与 A_2 为两个动作，那么 $A_1[]A_2$ 表示一个复合动作，它非确定性地选择 A_1 或者 A_2 作为自己的行为。

（4）循环

一个进程可以通过对自身的递归调用来表示无限的行为序列。下面是一个具有无限行为的运算进程：

```
process Calc[input,output] :=
    input; output; Calc[intput,output]
endproc
```

该进程的语义就是一个 input,output,input,output,… 的无穷序列。

（5）交迭并发（interleave）

如果 A_1 与 A_2 是两个进程，那么 $A_1|||A_2$ 表示这两个进程相互独立地并发运行，之间没有任何通信。下面是一个复合运算器的例子：

```
process Calc2[in1,out1,in2,out2] :=
    Calc[in1,out1] ||| Calc[in2,out2]
where
    process Calc[input,output] :=
        input; output; Calc[intput,output]
    endproc
endproc
```

在这个例子里面，Calc2 进程的行为就是两个并发的 Calc 进程行为的复合。

（6）完全同步并发（full synchronization）

如果 A_1 与 A_2 是两个进程，那么 $A_1||A_2$ 表示这两个进程并发运行，相互之间通过所有的门进行同步。

（7）部分同步（partial synchronization）

如果 A_1 与 A_2 是两个进程，那么 $A_1|[g_1,g_2,...g_n]|A_2$ 表示这两个进程并发运行，相互之间通过 $g_1,g_2,…,g_n$ 进行同步。下面是接收三个输入的运算器的例子：

```
process Calc3[in1,in2,in3,out] :=
    Calc[in1,in2,mid] | [mid] |
        Calc[mid,in3,out]
where
    process Calc[in1,in2,out] :=
        in1; in2; out; stop
        []
        in2; in1; out; stop
    endproc
endproc
```

（8）隐藏（hiding）

在一些进程行为的复合过程中，可能希望隐藏一些事件，因为它们对观察者而言是无关紧要的。例如 Calc3 中的 mid，它的作用是用来同步两个内部进程，那么从黑盒的角度来考察 Calc3 的时候，可以隐藏 mid。LOTOS 提供动作 hide $a_1,a_2,…,a_n$ in A，表示从 A 的行为中去掉 $a_1,a_2,…,a_n$ 相关的事件得到的一个新的行为。这样，上例可以表示如下：

```
process Calc3'[in1,in2,in3,out] :=
    hide mid in Calc[in1,in2,mid] |[mid] |
        Calc[mid,in3,out]
where
    ...
endproc
```

7.6.4　LOTOS 规约的示例

本节介绍用 LOTOS 描述一个订单发货系统。该系统负责处理用户提交的订单，然后根据库存给用户发货并改变订单的状态。

首先考虑系统的核心对象订单。假设每个订单只包含对一件货物的需求（货物 ID、数量）。那么在订单的处理过程中，订单可以处于 None、Pending 与 Invoiced 三种状态。这样可以为订单定义抽象类型 Order 如下：

```
type Status is enum None,Pending,Invoiced endtype
type Order is
    record
        Prod:Product,Amt:Amount,Stat:Status
endtype
```

为了表达更清楚，我们为订单的引用、货物代码与产品数量定义不同的类型如下：

```
type Reference renames Nat endtype        (*  订单的引用 *)
type Product renames Nat endtype          (*  货物代码 *)
type Amount renames Nat endtype           (*  货物数量 *)
```

可以把系统抽象为一个独立运行的进程，通过三个门 Request、Cancel、Deposit 与用户交互，接受用户的订单请求、取消与入库等消息，这样可以把整个规约定义如下：

```
specification Invoicing[Request,Cancel,Deposit]:noexit
library
    NaturalNumber
endlib
behaviour
    hide WithDraw:(Product,Amount) in
        Order[Request,Cancel,Withdraw](0)
        |[Withdraw]|
        Stock[Deposit,Withdraw](0)
endspec
```

系统由两个相互通信的并发子进程 Order 与 Stock 组成，分别负责订单的处理与库存的管理。Order 与 Stock 进程通过 Withdraw 门通信，Withdraw 门可以传送要减少的货物 ID 与数量。

Order 进程专门处理订单。如果从 Request 门接到订单请求，则生成一张新的订单。如果订单是合法的，则通过 Withdraw 门与 Stock 进程通信，修改库存。如果从 Cancel 门得到取消订单的要求，则判断该订单是否能取消，并修改订单的状态。

```
process Order[Request,Cancel,Withdraw]
    (ref:Reference,prd:Product,amt:Amount,sta:Status)
    :noexit :=
```

```
[sta =  None]→
    Request ! ref ? prd:Product ? amt:Amount[amt gt 0];
    Order[Request,Cancel,Withdraw]
        (ref,prd,amt,Pending)
[]
[sta =  Pending]→
    ( Cancel ! ref;
      Order[Request,Cancel,Withdraw]
        (ref,0 of Product,0 of Amount,None)
      []
      Withdraw ! prd ! Amt;
      Order[Request,Cancel,Withdraw]
        (ref,prd,amt,Invoiced)
    )
endproc
```

Stock 进程负责维护库存货物的数据。它通过 Deposit 与 Withdraw 两个门与外界通信。如果接到 Deposit 门的存货事件，则增加对应货物的数目；如果接到 Withdraw 门的取货事件，则减少对应货物的数目。

```
process Stock[Deposit,Withdraw]
    (prd:Product,amt:Amount):noexit :=
    Deposit ! prd ? newamt:Amount[newamt gt 0];(* 数目大于 0 则入库 * )
        Stock[Deposit,Withdraw](prd,amt + newamt)
    []
    Withdraw ! prd ? newamt:Amount[newamt le amt];
        Stock[Deposit,Withdraw](prd,amt - newamt)(* 减少库存* )
    endproc
endspec
```

7.7 B 方法

7.7.1 B 方法简介

B 方法（B method）是目前国际上较流行、简单易用、较受重视的实用性软件形式化方法之一。它是由 Z 语言发展而来的，20 世纪 80 年代初期对 Z 规格说明语言的研究形成了 B 方法的背景。B 的目的是增强 Z 的模块化能力，因为 Z 语言对大型系统的模块化处理能力不足。1985～1988 年，牛津大学程序设计研究组在一项为期三年的 R&D 项目中研制开发了 B 方法和抽象机符号表示法。基于 B 方法的抽象机符号规格说明目前正为产业界和学术界越来越多的人所关注，它最初的研究工作是在 20 世纪 80 年代的初期和中期由 J. R. Abrial 以及 BP 研究中心的 MATRA 和 GEC Alsthom 研究小组进行的[30]，它继承了 Z 语言的优点：基于人们熟悉且便于理解的数学基础，支持从规格说明到代码生成整个开发周期。它是少数几个具有较强商品化工具支持的形式化方法之一。B 方法也在不断地演进，以便适应更多不同类型的软件开发。目前 Event B 已经诞生，它是基于经典 B 方法的。

B 方法使用伪程序代码来描述需求规格说明，简单易用、功能强大，现在已经用在一些极其重要的软件项目中，取得了很大成功。B方法具有良好的模块化结构。抽象机是最基本的语法描述单元，抽象机之间通过组合子句相互关联形成层次状的体系结构。B方法比较适合于大型软件系统的开发。B方法还有强大的工具支持，处理的是软件生存周期的核心方面。B方法的研究已经有不少喜人的研究成果，配套的代码生成工具都已投入使用，比如 Atelier B、B Toolkit 等。特别是在法国和英国等欧洲国家，B方法正在发挥越来越重要的作用。

7.7.2　B方法中的数学符号

B方法有一套关于B规约的语法描述机制，称为B语言。B语言的数学符号建立在集合论、一阶逻辑和广义代换的基础上，其常用符号与Z比较接近，下面简要介绍一些B语言中常用的符号。B语言中集合和对集合的运算、关系用于描述数据对象，逻辑学符号描述条件或者不变式，广义代换描述系统中的操作。这里只介绍部分常用的语法表示。

（1）常用的集合

自然数集合和整数集合。

（2）对集合的操作

* 幂集符号 PA 表示集合 A 的幂集。
* 包含（$A \subset B$）：表示集合 A 是集合 B 的真子集。
* 交（$A \cap B$）：表示由同时存在于集合 A 和集合 B 的元素构成的集合。
* 并（$A \cup B$）：表示由存在于集合 A 和集合 B 的元素构成的集合。
* 差（$A - B$）：表示由存在于集合 A 但不在集合 B 的元素构成的集合。

（3）常用的二元关系符号

* 由 x、y 组成的对偶表示为 (x, y)。
* $X \leftrightarrow Y = P(X \times Y)$ 表示 X 与 Y 上所有关系的集合。
* 假设有关系 $p \in u \leftrightarrow v$，那么定义域函数 $\mathrm{dom}(p) = \{a \mid a \in u \wedge \exists b. (b \in v \wedge (a, b) \in p)\}$，值域函数 $\mathrm{ran}(p) = \mathrm{dom}(p^{-1})$。
* 复合关系：$p; q = \{a, c \mid (a, c) \in u \times w \wedge \exists b. (b \in v \wedge (a, b) \in p \wedge (b, c) \in q)\}$，其中 $p \in u \leftrightarrow v$，$q \in v \leftrightarrow w$。
* 直积 $f \otimes g$ 描述的是一个元素和一个对偶形成的对偶的集合，根据关系 f 和 g 进行集合的构造，其中 $f \otimes g = \{a, (b, c) \mid a, (b, c) \in s \times (u \times v) \wedge (a, b) \in f \wedge (a, c) \in g\}$。

（4）常用的集合上的函数符号

* 部分函数（$\nrightarrow$）：$s \nrightarrow t = \{f \mid f \in s \leftrightarrow t \wedge (f^{-1}; f) \subseteq id(t)\}$
* 全函数（$\rightarrow$）：$s \rightarrow t = \{f \mid f \in s \nrightarrow t \wedge \mathrm{dom}(f) = s\}$
* 全内射（$\rightarrowtail$）：$s \rightarrowtail t = \{f \mid f \in s \nrightarrow t \wedge f^{-1} \in t \nrightarrow s \cap s \rightarrow t\}$

以上这三种函数中，全函数和全内射主要用于B语言中具体变量类型数据的构造。

(5) 逻辑学符号

- 合取（$P \wedge Q$）：P 并且 Q。
- 否定（$\neg P$）：P 的否定。
- 析取（$P \vee Q$）：P 或者 Q。
- 蕴含（$P \Rightarrow Q$）：谓词 P 蕴含谓词 Q。
- 全称量化（$\forall x. p$）：对于 x 的任意取值谓词 p 都成立。

以上几种逻辑符号是 B 语言中常用的，它们构成了 B 语言中逻辑符号的完备集。

(6) 广义代换

- 赋值（$x := E$）：赋值语句，用表达式 E 代替变量 x。
- 跳转（$skip$）：跳转语句，不执行任何操作，是没有任何作用的代换。
- 前条件（$P \mid S$）：只有在谓词 P 成立的情况下才执行代换 S。
- 卫式（$P \Rightarrow S$）：只有当谓词 P 成立时，代换 S 才可行。
- 顺序（$S_1 ; S_2$）：代换 S_1 执行完毕后执行代换 S_2。
- 无约束选择（$@z. S$）：无论变量 z 取何值，代换 S 都是可行的。
- 循环（while P do S）：当 P 成立时执行代换 S，否则不执行任何操作，它与高级程序设计语言中的 while 语句作用相同。
- 操作调用（$v \leftarrow op(e)$）：调用操作 op 时，输入实参是 e，输出实参是 v。
- 并行代换（$S \| T$）：代换 S 和 T 同时并行执行。

7.7.3　B 方法中的抽象机

B 形式化规约是由若干相互关联的抽象机构成的。抽象机是 B 方法中的一种基本的封装机制，它类似于类、抽象数据类型、模块、包等概念。B 抽象机符号语言沿用了某些面向对象的规格说明机制。抽象机中的数据通过一组数学概念说明，这些数据必须遵守给定的不变式规则。操作通过不包含定序和循环的非执行的伪代码表示。每一条操作描述为一个前置条件和一个原子行为。前置条件是此操作被激活的必要条件，原子行为通过广义代换方式来形式化表示。

抽象机由一个标识符、一个初态和一组能够改变状态的规则构成。在《B 方法》[30] 这本书中给出了抽象机的一个形象描述。抽象机是一种结构，包含 3 个部分：一部分用于定义数据（集合、常量、属性），另一部分定义状态（变量和不变式），还有一部分定义操作（操作和初始化）。

B 抽象机的内部语法结构如图 7-16 所示，抽象机中主要包含了集合、常量（抽象的或具体的）、变量（抽象的或具体的）、数据初始化、操作以及对操作的约束。其中 SETS 子句用来定义抽象机内部的枚举集合和延期集合，相当于抽象机内部的全局集合类型的数据。CONSTANTS 子句是对抽象机参数的约束，PROPERTIES 是对常量的限制，

INVARIANT是对变量的约束。只要有 PROPERTIES 子句就必定有一个常量定义的子句；有 INVARIANT 就必定有变量定义。ASSERTIONS 是从 INVARIANT 中派生出来的谓词。DEFINITIONS 子句用于定义在抽象机内部使用的一些操作、数据等，这些符号在词法分析的时候被定义的内容所取代。其中 Formal text 指一些形式化规约，它可以用 B 的语法进行分析。INITIALIZATION 子句对变量进行初始化，OPERATIONS 子句定义抽象机的基本操作，用广义代换来实现。

```
Machine = 'MACHINE', Machine header, {Machine clause}, 'END'
Machine header = Identifier
                Identifier, '(', Identifier list, ')'
Machine clause = 'CONSTRAINTS', Predicate
                'SETS', Set declaration, {';', Set declaration}
                'CONSTANTS', Identifier list
                'SEES', Machine instantiation list
                'USES', Identifier list
                'ABSTRACT_CONSTANTS', Identifier list
                'PROPERTIES', Predicate
                'INCLUDES', Machine instantiation list
                'PROMOTES', Identifier list
                'EXTENDS', Machine instantiation list
                'VARIABLES', Identifier list
                'CONCRETE_VARIABLES', Identifier list
                'INVARIANT', Predicate
                'ASSERTIONS', Predicate
                'DEFINITIONS', Definition declaration, {';', Definition declaration}
                'INITIALIZATION', Substitution
                'OPERATIONS', Operation declaration, {';', Operation declaration}
Set declaration = Identifier
                Identifier, '=', '{', Identifier list, '}'
Definition declaration = Identifier, '≜', Formal text
                Identifier, '(', Identifier list, ')', '≜', Formal text
Operation declaration = Operation header, '≜', Substitution
Operation header = Identifier list, '←', Identifier, '(', Identifier list, ')'
                Identifier, '(', Identifier list, ')'
                Identifier list, '←', Identifier
                Identifier
Identifier list = Identifier, {',', Identifier}
Machine instantiation list = Machine instantiation, {',', Machine instantiation}
Machine instantiation = Identifier
                Identifier, '(', Expression list, ')'
Expression list = Expression, {',', Expression}
```

图 7-16 抽象机的基本结构

组合子句 SEES、USES、PROMOTES、EXTENDS、INCLUDES 用于描述该抽象机与其他抽象机之间的关联关系。

抽象机实现的描述语言 B0 语言是 B 的子集，它与 B 的语义是完全相同的。B0 语言是专门用于描述抽象机实现的一套语法，不能够描述并行和不确定性，只能描述具体信息，比如条件赋值、元素选择代换、局部定义代换和约束选择代换，但是无约束选择代换等不确定性代换都不能出现在 B0 规约中。B0 语言与计算机的高级程序设计语言等价。

7.7.4 B 规约的示例

B 规约由相互关联的抽象机组成, 本节讨论一个电子钱包示例, 研究如何用 B 语言描述其形式化的规约, 并对抽象机规约进行分析。该电子钱包主要有以下功能: 设置初始值(开户)、取款、存款和查询, 其中电子钱包中的余额不能为负数并且小于最高限额。

抽象机规约如图 7-17 所示, 抽象机的不同子句用于描述不同的信息。其中, 常量 MAX_BALANCE、MAX_TRANSACTION_AMOUNT 和 DEFAULT_BALANCE 分别是对钱

```
MACHINE
    BWallet
CONSTANTS
    MAX_BALANCE,
    MAX_TRANSACTION_AMOUNT,
    DEFAULT_BALANCE
PROPERTIES
    MAX_BALANCE : NAT &
    MAX_BALANCE < 50000 &
    MAX_TRANSACTION_AMOUNT : NAT &
    DEFAULT_BALANCE : NAT &
    DEFAULT_BALANCE <= MAX_BALANCE
CONCRETE_VARIABLES
    balance
INVARIANT
    balance : 0..MAX_BALANCE
INITIALIZATION
    balance := DEFAULT_BALANCE
OPERATIONS
    setBalance (balanceInit) =
        PRE
            balanceInit : NAT &
            balanceInit : 0..MAX_BALANCE
        THEN
            balance := balanceInit
        END ;
    debit (debitAmount) =
        PRE
            debitAmount : NAT &
            (debitAmount >= 0) &
            (debitAmount <= MAX_TRANSACTION_AMOUNT) &
            (balance - debitAmount >= 0)
        THEN
            balance := balance - debitAmount
        END ;
    credit (creditAmount) =
        PRE
            creditAmount : NAT &
            (creditAmount >= 0 ) &
            (creditAmount <= MAX_TRANSACTION_AMOUNT) &
            ((balance + creditAmount) <= MAX_BALANCE)
        THEN
            balance := balance + creditAmount
        END ;
    amount <--getBalance =
        BEGIN
            amount := balance
        END
END
```

图 7-17　BWallet 的抽象机规约

包所存钱的最大限额、最大交易数额和初始值的规定，常量是在 CONSTANTS 子句中定义、PROPERTIES 子句中约束的。抽象机的变量 balance 是对钱包中现有余额的记录。该变量在 CONCRETE_VARIABLES 子句中定义、INVARIANT 子句中约束和在 INITIALIZATION 子句中初始化的。抽象机中的操作是在 OPERATIONS 子句中定义的，主要有四个操作实现如上所述的 4 个功能，其中 setBalance 用于设置钱包中的余额，debit 描述从钱包中取钱的过程，credit 描述存钱过程，getBalance 用于查询。这些操作的执行都必须满足一定的条件，即操作前后钱包余额大于 0 并且小于最高限额。

第 8 章

需 求 验 证

严格地说，需求验证就是检验软件需求规格说明，这是继需求定义之后需求开发的最后一项活动。实际上，需求定义和需求验证都包含发现软件系统需求中的遗漏和错误，只是需求验证包含检测与软件系统相关的需求规格说明等文档（如基准的需求规格说明），并使这些文档中不能再出现需求不完整或不一致等问题。

8.1 需求验证的目的和任务

需求验证所包括的活动是为了确认以下几个方面的内容：
- 软件需求规格说明是否正确描述了目标系统的行为和特征；
- 从其他来源中（包括硬件的系统需求规格说明文档）得到软件需求；
- 需求是完整的和高质量的；
- 所有人对需求的看法是一致的；
- 需求为进一步的软件开发和测试提供了足够的基础。

这些内容使得需求验证的目的就是要确保需求规格说明具有良好的特性（如完整性、正确性等）。

需求验证的重要性在于发现和修复需求规格说明文档存在的问题，并避免在软件系统设计和实现时出现返工。许多经验表明，如果能够在这个阶段发现错误和问题就能在后面节省许多成本，例如在已交付的软件系统中，需求错误导致的成本将是修复程序错误的成本的 100 倍。另外，在需求开发结束后要修改需求错误比起在需求阶段由客户发现并更正这一错误要多花费 68～110 倍的时间。

需求验证的任务就是要求各方人员从不同的技术角度对需求规格说明文档做出综合性评价。当然，在收集需求并且编写成需求规格说明文档后进行需求验证并不仅是一个独立的阶段，而且某些验证活动，如对渐增式软件需求规格说明的评审工作，将在需求获取、需求分析和定义需求规格说明的整个过程中反复进行。

需求验证的主要问题是没有很好的方法可以证明一个需求规格说明是正确的。目前验证需求规格说明的方法，除形式化方法外，大部分方法只能通过人工进行检测。此外，部分项目相关人员也不愿意在需求验证方面花费时间。虽然在计划中安排一段时间来提高需求规格说明的质量似乎会影响或拖延交付软件系统的时间，但这种想法是建立在假设需求验证上的投资不会产生效果的基础上。实际上，这种投资可以减少返工并加快系统测试，从而真正缩短开发时间和减少成本。

8.2　需求验证的内容和方法

为了确保软件开发成功和降低开发成本，就必须严格验证软件需求。一般来说，应该从下述 4 个方面进行验证。

- 一致性：所有需求必须是一致的，任何一条需求不能和其他需求相矛盾。
- 完整性：需求必须是完整的，软件需求规格说明应包括用户需要的每一个功能和性能。
- 现实性：指定的需求在现有的硬件技术或软件技术的基础上应该是基本上可行的。
- 有效性：必须证明需求是正确有效的，确实能解决用户需求间的矛盾。

当然，对于所有不同类型的软件系统来说，需要验证的内容远不止这 4 个方面。一般还可根据软件系统的特点和用户的要求（如嵌入式系统等）增加一些检验内容，如软件的可信特性，即安全性、可靠性、正确性以及系统的活性等。

如前所述，目前验证需求的方法除形式化方法外，主要靠人工技术评审和验证软件需求规格说明。形式化的验证方法主要使用数学方法将软件系统抽象为用数学符号表示的形式系统，然后通过推理和证明的方式来验证软件系统中的一些性质，如完整性、一致性、可信特性等。这种方法的好处是严格和自动化，但不足之处是对数学基础的要求太高，难度较大。靠人工技术评审和验证的方式有很多，例如需求评审就是其中之一。这种方式就是让与项目相关的所有人员参加，并根据验证的内容来人工评审软件需求规格说明文档。另外，还可结合现有的一些软件技术（如设计测试用例的方法等），对软件需求进行多方面的、有效的检验和测试。下面将介绍几种主要的人工检测方法。

8.3　需求评审

需求评审就是技术评审，是由非软件开发人员对软件系统进行检查，以发现该系统所存在的问题。对需求规格说明的评审就是把该需求规格说明文档等同于软件系统，通过对其评审来发现其中的不确定和二义性的要求等。技术评审又可根据评审的方法划分为以下两处：

- 非正式评审：由开发人员描述产品并征求意见，包括把工作产品分发给其他有关人员粗略地看一看或走过场地检查。非正式评审的好处是能培养其他人员对产品的认识，并可获得一些非结构化的反馈信息。它的不足之处是不够系统化和不彻底，或者在实施过程中不具有一致性，并且该评审不需要记录，完全可以根据个人爱好进行。

- 正式评审：正式评审是正式技术评审中最好的类型，应该包含一个由不同背景的审查人员组成的小组。这些审查人员首先阅读需求规格说明文档，把其中的问题记录下来，然后转送给软件开发人员。正式评审有正规的审查过程，审查人员有严格的分工和职责。下面主要介绍与正式评审相关的内容。

8.3.1　审查人员的确定和分工

正式评审中，应由具有不同背景的人组成一个小组对需求规格说明文档进行评审。为提高审查的有效性，审查人员必须由如下 4 个方面的人员组成：

1）从事软件系统需求开发的相关人员。这类人员主要是指编写需求规格说明的系统分析员及相应参与人员等。

2）具有编写需求规格说明经验和知识的人员，以及具有评审工作经验的领域专家等。这些人可以审查需求规格说明文档是否符合标准，是否存在错误等。

3）客户或用户代表。他们可以保证需求规格说明能正确地、完整地描述他们的需求。

4）依据需求规格说明开展工作的软件开发人员，如设计人员、测试人员、项目经理等。他们可以发现需求规格说明中存在的不可实现的、含糊或二义性的需求等，因为他们工作的基础就是需求规格说明。

在确定了审查人员之后，每个审查人员在审查期间可能需要扮演不同的角色。这些角色在审查中所起的作用有所不同。可以将审查人员在审查中所起的作用分成如下几类：

- 作者：创建和编写正在被审查的需求规格说明文档的人。这些人通常为系统分析员，在审查中应起被动作用。他们只能听取其他审查员的评论，解释并回答其他审查员提出的问题，但不参与讨论。
- 调解员：审查的调解与主持人，通常为项目总负责人。调解员的职责是与作者一起制订审查计划，协调审查期间的各种活动，以及推进审查工作的进行。
- 读者：主要由审查人员扮演。由读者审查需求规格说明文档的内容，并提出问题，以及自己的看法和理解。对于所提出的问题，可以要求作者给予解释或回答。当作者的回答与读者的理解发生偏差时，需要及时处理，以避免需求规格说明中出现二义性。
- 记录员：以标准的形式记录在审查中提出的问题和缺陷。记录员必须仔细地整理自己所写的材料，以确保记录的正确性。

通常，审查小组的成员应限制在 7 人左右或更少，这主要是考虑如果审查人员过多，往往容易偏题，或引起一些无谓的争论，从而降低分析和发现问题的效率。

8.3.2　正式的审查过程

图 8-1 表示一个正式的审查过程。

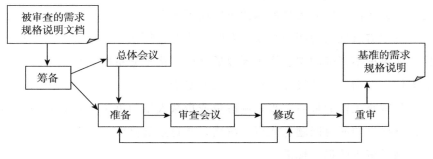

图 8-1　正式的审查过程

审查过程中每个步骤的工作内容简要说明如下。

首先，在进入筹备阶段之前，调解员可建立一些进入审查的标准，根据这些标准判断能否进行正式审查。建立这些标准需根据项目的实际情况决定。例如，下面是一些关于需求规格说明文档进入审查的参考标准：

- 文档符合标准模板。
- 文档已经过拼写检查和语法检查。
- 作者已经检查了文档在版面安排上所存在的错误。
- 所有未解决的问题都已做出标记（待确定）。
- 包括了文档中使用到的术语词汇表。

当软件需求规格说明文档满足审查标准时，就可决定进入正式审查的筹备阶段。

筹备：由作者和调解员对审查进行规划，如决定谁参加审查，审查之前应准备什么材料，审查会议的日程安排等。

总体会议：总体会议可以为审查员提供了解会议的信息，包括要审查的材料背景，作者所做的假设和作者的特定审查目标。如果所有的审查员对要审查的项目都很熟悉，那么就可以省略本次会议。

准备：在正式审查的准备阶段，每个审查员以问题审查清单（见 8.3.3 节说明）为指导，检查需求规格说明中可能出现的错误，并提出问题。审查员所发现的错误中高达 75% 的错误是在准备阶段发现的，所以这一步骤不能省略。如果审查员准备不充分，将使审查会议变得低效，并可能做出错误的结论。此时，审查就是一种时间的浪费。

审查会议：在进行审查的过程中，审查员审查软件需求规格说明中的每一个需求。当审查员提出可能的错误或其他问题时，记录员就记录这些内容，它们可以成为编写需求规格说明的作者的参考依据。会议的目的是尽可能多地发现需求规格说明中的重大缺陷。审查员很容易提出肤浅和表面的问题，或者偏离到讨论一个问题、一个错误，讨论项目范围的问题，探讨某些问题的解决方案。这些活动是有益的，但是偏离了寻找重要错误以及提高发现错误概率的中心目标。开审查会议的时间不宜过长。如果你需要更多的时间，就另外再安排一次会议。在会议的总结中，审查小组将决定：可以接受需求文档，经过少量的修改后可接受，或者由于需要大量的修改重审而不接受。

　　修改：当发现需求规格说明中出现问题时，作者必须在审查会议之后安排一段时间用于修改文档。如果把不正确的需求拖延到以后修改，将十分费时。马上修改可以解决二义性和消除模糊性，并为成功开发项目打下坚实的基础。

　　重审：这是审查工作的最后一步，调解员或指派人单独重审由作者重写的需求规格说明。重审确保了提出的所有问题都能得到解决，并且正确修改了需求的错误。可以由调解员判断是否已满足审查的退出标准。

　　类似地，在调解员宣布审查结束之前，也应该定义退出审查的标准。例如：

- 已经明确阐述了审查员提出的所有问题。
- 已经正确修改了文档。
- 修订过的文档已经进行了拼写检查和语法检查。
- 所有已标识的待解决的问题已经全部解决，或者已经记录下每个待确定问题的解决过程、目标日期和提出问题的人。
- 文档已经登入项目的配置管理系统。

　　根据上述标准就可判断能否结束正式审查。

8.3.3　审查的内容

　　需求评审的工作就是评审需求规格说明的内容。对于一个大型的软件系统的需求规格说明来说，其内容是相当丰富的，通过较少的评审人员在有限的时间内进行完全和有效的评审显然是不现实的。因此，在评审期间不但需要对评审人员进行分工，而且需要对评审内容划分主要层次，这样才能使评审人员的注意力集中到关键内容上，从而提高评审的效率。因此，为克服上述的问题，在开展审查之前，可以对要审查的内容以列举问题审查清单的形式给出重点审查的部分，然后审查人员通过该清单寻找相应内容的线索，这样能更加容易地参与评审工作。通常，问题审查清单列举的问题可考虑如下：

　　1）需求是否完整？即评审人员是否知道有无任何遗漏的需求或在单个需求措施中有无遗漏的信息。

　　2）需求是否一致？即不同的需求间是否存在冲突，特别是不同层次间的需求（如目标需求与功能或性能需求）是否一致。

　　3）需求是否可理解？即所有文档的读者是否理解需求的意思。

　　4）需求是否明确？即该需求是否有不同的解释。

5）需求是否可实现？即该需求的实现会给开发工作带来什么样的技术风险等。

6）需求是否可跟踪？即一个需求是否包含或涉及其他相关需求，以及这些需求为什么会被包含或被涉及。

7）需求是否易于修改？即将来需要对软件需求进行增加或修改时，是否会引起一系列变动等。

8）需求规格说明文档是否完整？即文档是否符合某一标准，如国家、军队或公司内部标准等。

问题审查清单应该以一种通用的方法表达，使得不懂计算机的用户也能理解其中的意思。当然，列举的问题审查清单也应与具体实践相结合，以避免空谈和不明确。最后，问题审查清单也不应列举太多的问题，通常应在 10 个左右。否则，评审人员无法记住该清单中的所有问题，还必须反复查看清单，从而增加不必要的麻烦。

8.3.4　需求评审面临的困难

需求评审工作也面临许多困难，一些常见的困难说明如下。

当编写完需求规格说明后，开发人员希望能尽快地开发软件系统，他们认为需求评审工作是重要的，但最重要的是后面的开发工作，从而导致需求评审成为"走过场"。

对于一个大型的复杂系统，其需求规格说明往往有几百页，要审查这样的需求规格说明，其工作量是十分可怕的。即使一个中型的需求规格说明，审查人员可能会认真地检查开始的部分，有耐心的人可能会审查到中间的部分，但无人可以坚持检查到最后。这就导致忽略审查过程而直接进入软件的开发工作。

过大的评审小组。一个项目可能涉及许多的相关者，如用户、部门经理、销售部门等都与需求相关。这些人都可以成为需求评审员。然而，评审小组过大将导致难于安排会议，并且在审查会议上经常引发题外话，在许多问题上也难于达成一致意见。例如，同一个用户界面的设计，不同的人就有不同的看法，导致意见不一致。这种情况经常导致花费大量的时间而无较好的结果等。

对于上述这些困难，往往要根据实际情况给予解决。例如，可在强调评审工作重要性的基础上，采取解释与说明的方式，采用多人分段审查的方式，以及采取分组方式等。

8.4　需求测试

基于人工技术的需求验证除了评审方式外，还可对需求规格说明进行模拟测试，即对于每一个需求通过设计一个或多个可能的测试用例，使这些用例能用于检查系统是否满足需求。需求测试不仅是发现不完整和不明确需求的有效方法，而且可以作为今后软件测试计划的基础，并可导出测试软件系统的实际测试用例。

为需求设计测试用例可以确认需求而不能确认系统。通过阅读需求规格说明虽然很难想象在特定环境下的系统行为，但以功能需求为基础或者从用例派生出来的测试用例可以使项目参与者看清系统的执行。因此，即使没有对实际系统使用测试用例，但通过设计测试用例就可以解释需求的许多问题[31]。如果在部分需求稳定时就开始设计测试用例，则可以及早发现问题，并以较少的费用解决这些问题。

需求测试可以使用如下方法：

以功能需求为基础，视其为黑盒子，编写关于该功能或黑盒子的测试用例。这些用例可以明确在特定条件下运行的任务。由于无法描述系统的响应，故测试中将会发现一些模糊的和二义性的需求。这样，当系统分析员、客户和开发人员通过测试用例进行研究时，他们将更加清楚产品如何运行。

可以从用例中获得概念上的功能测试用例，然后利用测试用例来验证需求规格说明和需求模型，其实现手段主要使用对话图。

为了定义测试用例，可以通过提问的方式，比如：

1）什么样的用例可以用来检查需求？这定义了测试用例将从何处来。

2）需求本身包含的信息足够定义一个测试用例吗？如果不是，那么为找到其他的信息还需检查哪些其他需求；如果是的话，则表明需求间可能存在依赖性。这对于可跟踪性来说是重要的。

3）可以用一个测试用例检查需求吗？还是需要若干个测试用例？如果需要多个测试用例，则意味着一个需求描述中包含多个要求。

最后，通过跟踪每个测试用例的执行路径，系统分析员可以发现一些不正确和遗漏的需求等。显然，以上的测试用例可以作为用户验收测试的基础。

8.5 编制用户使用手册草案

对于大量涉及人机交互的软件系统，在编写需求规格说明之后，可以编制一份初步的用户使用手册草案，用其作为需求规格说明的参考。编制用户使用手册的好处是在编制过程中可强化对需求的分析，帮助揭示与系统的实际使用相关的问题，即系统的可用性问题未被掩盖。还可以帮助阐明用户界面设计问题，从而促使软件开发人员一开始就站在用户的角度来设计用户界面，并及早考虑人机交互中的接口问题。

在编制用户使用手册草案时应以最终用户能理解的方式解释在需求中描述的系统功能，应尽可能采用用户能理解的术语书写要描述的功能，并告诉他们应该怎样使用这些功能。

当然，此时编制的用户使用手册并不要求十分全面，主要是用简单易懂的语言描述出所有对用户可见的功能。而性能需求以及用户不可见的功能，则可在需求规格说明文档中说明。

上述的需求验证（包括形式化方法）完成后，由开发人员与用户（或需求方）双方共同签署软件需求规格说明文档。这个文档定义了软件开发的基准需求。软件需求规格说明是软件开发人员与用户都必须遵守的技术"合同",它既是软件人员进行软件设计、软件实现和软件测试的依据,也是用户考虑验收方案的基础。此外,它也是软件开发过程中的里程碑,是系统所有相关人员对软件系统共同理解和共同认识的表达形式。

8.6 解释需求模型

通常需求模型(或分析模型)是用图形或形式化语言和符号表示的。有些项目管理人员或项目相关人员可能没有时间或意愿来学习描述需求模型的符号,这些人又可能是评审组成员,因此,这将给需求验证工作带来一些不利因素。如果能把用图形符号和数学符号描述的需求模型解释成自然语言,这将有利于评审人员理解和评审需求规格说明。另一方面,用自然语言解释需求模型也有助于发现模型中的一些错误等,还能找到模型中遗漏的内容。特别是对于形式化的需求规格说明,这是一种有效的方法。不过在用自然语言解释的过程中,应避免语言的生硬和呆板,特别是不能把不存在的信息加入需求模型中。对于解释者来说,他们不用尽力说明模型或者提供理由,但他们要熟悉被说明系统的类型;他们可以不是参与编写需求规格说明的人员。这种方法虽然有助于发现需求规格说明中的问题,但对解释者的要求太高。

在实施过程中,应该用一个系统的方法把规格说明书中的模型转换为自然语言描述。具体使用哪种转换方法依赖于模型的类型,但一般推荐使用某种表单或表格。在这些表单或表格中,模型的组件在不同的字段或列中描述。例如,对于数据流图,可使用包含以下字段的模板对转换进行描述。

- 转换名称。
- 转换的输入及输入源:把每个输入的名字传给转换,并列出这些输入来自哪里。
- 转换功能:解释转换如何把输入转化为输出。
- 转换的输出及输出方向:给出每个输出的名字,并列出输出的去向。
- 控制:模型中包含的控制信息或异常。

需要注意的是,解释者不用尽力去阐释模型或者提供模型元素的原因,应避免把不存在的信息加入模型。理想情况下,解释者应该熟悉被说明的软件系统类型,但不应参与需求规格说明的开发。

8.7 需求可视化

如前所述,在需求工程领域中,如何检测和验证目标软件的需求是相当困难而又重要的工作。通过多年的研究和实践,软件需求检测和验证理论以及技术已取得了不少的成果和进步, 如形式化的软件需求验证方法和技术等。然而, 目前在软件需求验证方面还有许多需要研究的问题。例如, 形式化验证方法的好处是严格和自动化, 能够高效地获得可靠的验证结果。但形式化方法的最大问题是它们对数学基础的要求太高, 难以被一般开发人员掌握。另外, 非专业的用户难以理解形式化的模型, 很难参与到验证过程中, 验证过程和结果容易脱离用户的真实意愿。另一方面, 非形式化方法或人工方法一般直观性较好而且简单, 易于被开发人员掌握和操作, 便于用户参与验证过程。但由于参与者的主观性, 导致验证过程不够严密且随意性较大, 难以保证验证结果的正确性和完整性, 特别是在目标软件比较复杂的情况下, 这种问题尤为突出。为解决上述问题, 一个较好的做法是将可视化技术与形式化需求验证方法和技术相结合, 利用图形、图像的直观性增强软件需求模型的可读性, 增进非专业用户以及领域专家等项目相关人员对需求模型的理解和交流。从可视化的角度探讨需求模型的模拟执行, 并以动画形式使得模拟过程可视化的方法和实现技术, 能够获取有效的用户反馈, 提高需求分析的效率, 减少软件开发成本。

可视化是指使用图形、图像或者图片等技术, 使一些不可见的对象、表达或者抽象概念变成可见的符号[32]。可视化技术在其他计算机研究领域（如系统建模、仿真）以及软件工程其他阶段（如软件设计阶段）已经有了广泛的应用, 但在软件需求阶段的应用研究还处于研究阶段。目前, 国内外的相关研究人员在软件需求阶段采用了不同方法和技术进行可视化的研究, 这些研究从表达技术和表达内容上大致综合为两类: 一类是利用各种图形符号静态地表示需求模型, 另一类是使用动态的需求动画（requirement animation）动态地表示需求模型。

静态表示需求模型又可具体归纳为以下几种方式[33]:

- 列表可视化: 使用表格方式来描述需求信息, 以辅助需求获取和需求描述等工作[34-35]。

- 关系可视化: 使用一组节点符号以及关系连线表示组件或系统之间的关系, 此类工作可见相应参考文献 [36-39] 等。

- 序列可视化: 使用可视化技术表达系统之间, 或者用户和系统之间的操作顺序, 这部分工作和传统的流程图、状态图等类似, 此类工作可见相应参考文献 [40-42] 等。

- 层次可视化: 用于表达系统、系统部件间的层次分解关系, 典型的方式是基于目标的建模方法, 如参考文献 [43] 等。

- 定量（quantitative）分析可视化: 使用饼状图、柱状图及不同颜色和形状等符号表示需求中的相关数据、程度等。如参考文献 [44-46] 等。

静态表示需求模型的方法和技术使用直观、可视化的符号表示了不可见的、难以表达的对象和关系, 以及一些抽象概念, 使项目相关人员能够“看”到需求内容而加深对需求的理解, 促进了项目相关人员和开发人员的交流, 从而可获取高质量的需求。然而, 对于需求中表达目标软件执行动作和动态交互这类需求内容, 特别是在某些软件行为比较繁杂的情况下，使用流程图、状态图等静态的图形表达出来的结果往往错综复杂，难以阅读和理解。因此，一些研究人员试图使用动态的需求动画来表达系统的动态行为，即利用图形符号或图像动态地表示需求模型。

需求动画利用图形符号的动态变化来展示需求模型中的动态内容，模拟目标软件的执行过程，有益于用户更好地理解和验证需求模型。通过执行与需求模型对应的动画，能够辅助不同知识背景下的用户理解需求模型，启发用户发现遗漏和不正确的需求，获取有益的用户反馈意见。近几年来，很多研究工作尝试为不同的需求建模方法以及工具提供需求动画功能，这些工具按其自动化程度可粗略归纳为如下两类：

一部分工具的动画生产过程自动化程度较高。典型的工作如 Holzmann 等[47]研制出的 SPIN 工具将 Promela 的需求规格说明书中的状态转换成执行过程。UPPAAL[48]使用 Autograph 工具演示时间自动机中的迁移和状态。此类方法在演示动画时，通过执行需求模型中的过程或状态变换来驱动对应图形符号的改变，因此在一定程度上能够更加直观、动态地表达需求模型，便于开发人员调试和理解需求模型。但动画中采用的图形符号与模型中的形式化符号相对应，对于非专业用户，这些符号仍然难以理解。Harel 等[49]开发的 LSC Play - in/Play - out 工具能够自动地生成基于场景的动画，但存在的一个问题是输出的动画实际上是基于用户所输入的场景，脱离了原始的需求，不能保证动画与需求内容的一致性。

另一部分工具是使用现实世界的图形和图像作为动画执行元素，用需求模型来驱动这些动画元素的执行。这些工具生成的动画便于非专业的用户理解，能够很好地促进用户和开发人员的交流。例如，Heitmeyer 等[50]开发的基于 SCR 方法的工具集，使用模拟器来模拟目标软件的执行。模拟器使用真实仪表面板的图片部件来模拟显示目标软件的输出、控制以及状态变化。Harel[51] 等开发的 StateMate 工具通过预定义一些按钮、仪表等图片，展示目标软件的执行情况。Kramer 等[52]开发的 LTSA 使用时间自动机将标记迁移系统与领域相关动画图片关联起来。动画元素的动作执行通过调用 SceneBeans 库中定义的一些基本动作来进行。这种做法需要开发人员控制每一步动画的执行。Westergard 等[53]开发的 BRITNeY 工具为着色 Petri 网（CPN）提供了动画制作接口，将 CPN 中的迁移与函数相关联，当 CPN 执行迁移的时候，调用关联的函数，驱动动画执行。这类工具的问题是动画生成的自动化程度较低，动画的制作需要大量的人工参与。如 LTSA 中需要花费大量人力编写描述动画执行的 XML 脚本。

综上所述，基于需求动画的需求检验过程可归纳为图 8-2 所示的过程。第 1 步是从用户获取原始需求信息，生成最初的需求文档（或需求规格说明）；第 2 步是基于需求文档建立需求模型；第 3 步是形式化验证需求模型的正确性；第 4 步是基于需求模型建立需求动画；第 5 步是向用户演示需求动画，获取用户反馈信息。当用户提出修改意见后，重复第 2～5 步的过程。

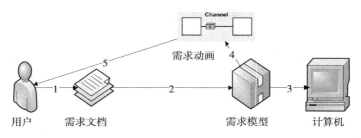

图 8-2　基于需求动画的需求检验过程

　　从上述检验过程来看，要实现需求动画的关键在于需求建模和需求模型与动画的衔接，而现有的需求建模方法为了进行严格和自动的需求验证，往往采用易于机器理解的形式化语言，所建立的模型与非专业用户的阅读习惯差别较大。因此导致要么模型到动画的转换过程比较复杂（图 8-2 中第 4 步），要么产生的动画难以被非专业用户理解（图 8-2 中第 5 步）。为了较好地发挥需求动画的作用，通过研究和分析现有的相关工作，总结出在实现需求动画的过程中需要注意如下几点：

　　1）为了使需求模型能与动画较好地衔接，在选择需求建模方法和语言的同时，还需研究需求动画的特点，使得该建模方法和语言既能独立用于建模，又能用于描述动画执行所需要的关键信息，增强需求模型和动画描述模型（用于控制动画实际运行的模型）的同构性，简化模型转换工作，提高转换的自动化程度。

　　2）需求动画的自动化程度是决定需求动画方法应用推广的关键因素，可能需要建立一套从需求模型到动画描述模型的转换规则，提高转换过程的自动化程度，同时保证模型转换的正确性。

　　3）需求动画的目的是以直观的方式向不同知识背景的用户准确地表达需求中的复杂行为。因此，一方面需要从用户的角度来设计动画，控制动画的执行过程，使动画表达方式符合人的思维模式和理解习惯；另一方面，需要在一定程度上对需求模型内容进行抽象，以简练的方式表达过程的本质，保证动画描述的高效性和准确性。

　　为了便于读者学习和理解，在后面的第 10 章中将结合基于软件行为的需求建模方法详细介绍一个实现需求可视化的具体方法和过程，以供读者学习参考。

第 9 章

需 求 管 理

如前所述，需求工程可分为需求开发和需求管理两个阶段。需求开发包括对一个软件项目从需求获取到需求验证直至产生基准的需求规格说明。基准的需求规格说明也形成需求开发和需求管理之间的桥梁。

在软件开发过程中，不可避免地会遇到软件需求变更（如增加或修改）的问题，这个问题又影响到项目开发的成本和进度等。通常在确定基准的需求规格说明之后，不能再更改需求，否则开发人员就会提出增加费用和开发时间的请求。当然，万一碰到必须更改需求的情况，如何控制需求的更改及管理需求规格说明的版本，这是需求管理的工作。所谓需求管理，就是为有效地控制和管理需求更改等所进行的一系列活动。因此，需求管理的主要任务就是开发人员在与提出更改的请求者（用户）协商的基础上，评估需求变更带来的潜在影响及可能的成本和费用，然后实施更改，以及有效地管理需求规格说明文档和跟踪更改需求的状态。从需求管理的任务来看，需求管理主要强调的管理内容如下：

1）控制对基准需求规格说明的变动；

2）保持项目计划与需求一致；

3）控制单个需求的更改和需求规格说明文档的更改；

4）管理需求和需求间的联系，以及需求与设计和实现等方面的依赖关系；

5）跟踪需求更改的状态，控制多个需求同时更改的复杂性。

本章主要介绍如下几个方面的需求管理内容，其他方面的管理内容请参阅相关的参考书：

• 需求变更控制。

• 需求规格说明文档的版本控制。

• 需求变更状态的跟踪。

• 需求跟踪。

9.1 需求变更控制

在实际的软件开发中，对许多软件项目来说，一些需求的更改是不可避免的，原因是市场竞争、业务过程和组织机构的变化、软件系统运行环境的变化等。但是不被控制的需求变更会使项目陷入困境，这是某些项目不能按进度执行或质量低劣的重要原因之一。

需求变更通常会带来一系列的问题，如需求间的影响（即当一个需求更改后对其他需求的影响）、需求更改对设计和实现的影响等。这些问题的处理稍有不慎就会影响项目的进度和质量。因此，采纳变更需求的条件必须十分谨慎和苛刻。当确定需求发生变更时，在需求规格说明中一定要反映变更的内容。此外，在项目进度安排上，对必要的需求更改要留有余地，但必须控制在一定的范围内。否则，如果持续不断地采纳新的需求变更请求，就必须不断地调整资源、进度或质量要求，这样做的后果将是有害的。

当需求变更的请求被采纳时，接下来的是实施变更。实施需求变更的工作必须是一个严格的过程，还应在较好策略的指导下进行。为了有效地管理需求变更，应该考虑以下几方面的工作。

1. 控制项目范围的扩展

需求变更的内容主要涉及两个方面。一方面是需求变更只对软件系统内部产生影响，例如一个需求变更可能只影响某个功能需求，而不影响其他需求。但是，如果改动高层目标需求（如要求软件系统由适应计划经济而改为适应市场经济），可能会影响多个其他软件需求等。另一方面是在原有软件需求的基础上提出扩充软件系统功能的需求，亦即扩展需求。所谓扩展需求是指在已确定基准的需求规格说明后，又要增添新的功能或进行较大的功能扩充。扩展需求使原来的软件项目范围变大，从而导致项目的风险变大。据美国 Copers Jones（1994）的报告称，扩展需求对 80％的管理信息系统和 70％的军事软件项目造成风险。因此有必要对扩展需求的情况进行一定的控制。如何控制由于扩展需求而带来的变更范围的扩展呢？通常的方法有：

1）控制范围扩展的最初方法就是把新扩充系统的视图、范围和限制等文档化，并作为业务需求或功能需求的一部分，将其与项目原来的视图和范围相比较，然后对新增加的每个需求进行评估，以决定是否采纳这样的扩展需求。

2）利用原型化方法提供可能实现的扩充部分的预览，以帮助用户与开发人员之间进行交流和沟通，从而准确地把握用户的真正需求。

3）有时也要敢于说"不"。由于很多人不敢说"不"，开发人员只好在各种压力下接受每一项需求更改要求。当然，用户要更改需求是合乎情理的，而且"用户是上帝"和"用户总是对的"等话在哲理上也是正确的。但是，一旦按其意愿（包括不合理的情况）进行更改，软件开发就要付出相当大的代价，特别是成本和时间。因此，在某些情况下，软件开发人员也应该说"不"。不过，直截了当说"不"会影响用户和软件开发人员之间的关系，故软件开发人员可以采取委婉的方法来说"现在不行"等，暗示在开发的下一版本系统中可以采纳用户的这种更改，使用户不会感觉太为难。

在与用户进行交流和协商后，某些需求变更的请求可能会被采纳，剩下来的问题就是怎么实施变更。这就需要建立变更控制的策略和实施变更控制的步骤，以完成用户提出的变更需求的请求。

2. 建立变更控制的策略

变更控制策略与需求变更的过程和标准相关。这些策略描述了变更以何种形式提出、分析和处理。变更控制策略应具有现实性，以下提供一些有用的和可供参考的策略。

1）建立所有需求变更所应遵循的过程（包括变更步骤）。按此过程，当一个变更需求在过程中某一步被拒绝后，则其后的步骤将不再予以考虑。

2）对于未获批准的变更，除进行可行性论证外，不应再做其后的工作。

3）对所提出的多个变更请求，应由项目变更小组决定实现哪些变更，以及先后次序。

4）项目开发人员和用户应该能了解已变更需求的情况。

5）不准随意删除和修改与需求变更请求和实现相关的原始文档。

6）每一个实施后的变更必须与一个经核准的变更请求相对应。

在需求变更请求中，有大的变更请求和小的变更请求之分，这主要是根据实施需求变更所涉及的范围大小来决定的。对于所有的变更请求，不管其大小如何，都应通过变更控制过程来处理所有的变更。在实践中，可以将一些小的、具体的需求变更请求交由开发人员决定，但涉及2人或2人以上（特别是接口问题）的需求变更则应通过变更控制过程来处理。

3. 实施变更控制的步骤

实施变更控制的步骤如图 9-1 所示。此图是用流程图的形式来描述的。

图 9-1　变更控制的步骤

变更控制的步骤中，每步的工作任务明确，各步间是相互依赖的。下面将详细说明各步的具体任务。

1）变更控制的启动。启动的条件是通过合适的渠道接受一个合法的变更请求。

2）确定角色与责任。列出参与变更控制活动的项目组成员，并描述他们的职责和分配角色。这些角色包括变更小组负责人（有权决定是否实施变更和协调小组内部工作）、评估员（分析和评估变更的影响程度）、修改者（实施需求变更）、建议者（提出变更请求的人）、项目管理者（指定评估者和修改者）、验证者（负责验证是否正确实施）等。

3）影响分析与评估。评估变更请求的技术可行性、代价和资源限制等，提供对变更请求的准确理解，帮助做出信息量充分的变更批准决策。为了帮助评估员理解一个需求变更的影响，可以设计一个由一些问题组成的问题清单和受影响的软件元素清单。问题清单可列举如下：

- 基准的需求规格说明中是否有需求与变更请求发生冲突？
- 是否有待解决的变更请求与该变更请求冲突？
- 不采纳此变更请求会对技术或业务产生什么不利后果？
- 此变更请求实施后会怎么样？
- 此变更请求是否不利于其他需求的实现？
- 从技术条件和开发环境的角度看，该变更请求是否可行？
- 若实施该请求，是否会在开发、测试和许多其他环境方面提出不合理要求？
- 在项目计划中，该变更请求如何影响原来任务的工作顺序、工作量或进度？

受影响的软件元素清单可列举如下：

- 确认与用户接口相关的任何变更、添加或删除；
- 确认与数据库或文件内容相关的任何变更、添加或删除；
- 确认必须创建、修改或删除的设计部件；
- 确认与源代码文件内容相关的任何变更；
- 确认必须要修改的文档；
- 确认系统综合测试和有效测试等的测试用例。

以上的问题清单和软件元素清单可以按照具体情况建立。从事影响分析的评估员可以根据以上两个清单进行分析。在分析过程中根据问题给出量化的评估值，然后通过求和就可得到变更请求的综合评估值。该综合评估值为评估员决定是否实施变更提供了判断的依据。当评估员决定实施变更请求时，他们还必须估计变更对项目进度和费用的影响，为项目负责人和变更小组负责人提供判断依据。

4）实施变更。当需求变更请求被采纳后，修改者开始对涉及的软件系统实施更新。在实施更新的过程中，因具体情况不同，可能需修改一部分文档或代码，如需求规格说明文档、设计文档和测试文档等，以及更改某些数据库或文件等。

5）验证。主要是通过检查来确保更新后的需求规格说明的正确性。一些用例、分析模型或测试用例等均能正确反映变更的各个方面，可以通过这些方法支持验证工作。有时还可通过对软件系统进行测试来验证变更工作。

6）变更控制的结束。变更控制能否结束，可根据如下条件给予判断：

- 请求被拒绝、正常处理或中途取消；
- 所有修改后的产品能正常运行；
- 相关的文档已被修改并有新版本要求；
- 有关更改的信息记录到更改信息库中。

9.2 需求规格说明文档的版本控制

版本控制是需求管理的一个必要方面，也是容易忽视和出错的方面。在变更实施过程中，往往需要修改需求规格说明文档，并建立新的版本。这就存在版本的控制问题，如稍不注意，就会导致软件的开发和维护工作出错。例如，某开发小组把改进后的软件版本交给测试组测试后，收到许多错误发现报告。其实是测试者使用了一个已过时的需求规格说明，结果导致一大堆错误，而且导致开发组又要花费大量的时间处理这些错误，然后再重新对照新版本进行复测。实际上，源程序的版本变更及多版本的管理也存在与此例类似的问题。因此，需求规格说明的每一个版本必须统一确定，并保证开发人员必须知道和得到新的需求规格说明版本。为了有效地实施版本控制，可以遵循如下的版本控制策略。

1）为了减少困惑、冲突和不一致，只能允许指定的专人来更新和修改需求规格说明文档。

2）每一个公布的需求规格说明文档的版本应该包括修改版本的历史情况，如已修改的内容、修改的日期、修改人的姓名及修改的原因等。

3）根据修改工作量的大小，手工标记需求规格说明版本的每一次修改。例如，对于草案这类版本，第1版可记为"1.0版（草案）"，然后是"1.1版（草案）"等，若有较大的变动，则可记为"2.0版（草案）"等，然后可随着改进的工作量大小逐次增加版本号。对于正式版本，第1版可记为"1.0正式版"，其他均类似于上述的草案版本。

4）每个版本的需求规格说明必须是独立说明的，以避免新旧版本的混淆。

版本控制的策略有很多，应根据具体情况进行控制。此外，有的还可借助于一些版本控制工具来实现版本管理。

9.3 需求变更状态的跟踪

前述的需求变更控制的步骤只是对一个需求变更请求的处理，整个控制过程也决定了一个变更请求的生存期，即从一个变更请求的提出到该请求被处理完毕。对于一个大型而复杂的软件系统的需求规格说明，可能会面临多个需求变更的情况。因此，变更控制过程不可能同时对每个需求给予处理，故在较长时间内，掌握和了解多个需求变更处理的情况，以及是否已完成更改的情况等，这在软件开发过程和维护过程中是很重要的。为了便于管理和控制需求变更，对于一个变更请求可用状态图来描述其在不同时间所处的状态，以使各类人员知道更改的进度。图9-2表示一个需求变更请求所对应的状态图，其中方框表示需求变更状态。

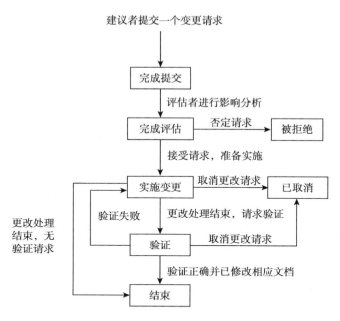

图 9-2   一个需求变更请求的状态图

　　为了便于管理和控制需求变更，可建立一个如表 9-1 所示的需求变更请求的状态表，每条记录对应一个需求变更请求，根据需求变更的状态图来记录需求变更的状态，从而掌握多个需求变更请求的实施情况。

表 9-1   多个需求变更请求的状态表

请求编号	更改的内容	状态
……	……	……

9.4   需求跟踪

　　所谓需求跟踪是指编制每个需求与系统元素之间联系（即可跟踪信息）的文档，其中，系统元素包括：其他需求、体系结构、设计部件、测试文档等。需求跟踪是需求管理中难度较大但又重要的内容之一。前述的衡量高质量需求规格说明的特征之一——可跟踪性，就是指需求跟踪的内容。为了实现可跟踪性，必须统一地标识出每一个需求，以便能明确地进行查阅[6]。

9.4.1   可跟踪信息分类

　　软件需求与系统元素之间的联系有很多，为简单起见，此处根据需求系统元素之间联系的类型把可跟踪性信息粗略分为如下几类：

- 需求-源可跟踪性：把需求与说明该需求的人或文档相链接。
- 需求-理由可跟踪性：把需求和说明为什么需要该需求的描述相链接。
- 需求-需求可跟踪性：把需求与其他依赖于该需求的需求相链接。
- 需求-体系结构可跟踪性：把需求与实现该需求的子系统相链接，这对于由不同的开发人员开发子系统来说特别重要。
- 需求-设计可跟踪性：把需求和用来实现需求的系统中的特定组件相链接，这些组件可能是软件或硬件组件。
- 需求-用户界面可跟踪性：把需求和提供该需求的外部系统界面相链接。

利用上述类型的可跟踪性信息，可以跟踪一个需求从需求源到该需求实现的整个过程。在整个开发项目中，使用需求跟踪的好处如下：

1）通过可跟踪信息可以帮助评审和确保所有需求的可跟踪性。

2）在需求的增加、删除和更改中，可以确保不忽略每个受到影响的系统元素。

3）可靠的可跟踪性信息能正确、完整地实施变更，从而提高生产率。

4）支持可重用技术等。

9.4.2　需求跟踪技术

有多种技术可用于维护可跟踪信息：需求跟踪表、可跟踪性表、跟踪图。

1. 需求跟踪表（需求跟踪能力矩阵）

表示需求和系统元素之间联系的最普遍的方式是使用需求跟踪表。表 9-2 是一张有 n 个需求和 m 个系统元素的需求跟踪表，需求沿水平方向给出，系统元素沿垂直方向给出，两者之间的关系标识在表格的单元中。需求和系统元素可分别用编号表示。

表 9-2　需求跟踪表

	需求 1	需求 2	需求 3	……	需求 n
元素 1		√			
元素 2					√
……					
元素 m	√				

表 9-3 是一张拥有 6 个需求的系统中需求相互依赖的需求跟踪表。在表 9-3 中，"＊"标识表示这些单元所对应的行和列的需求之间存在依赖。每行表示该行代表的需求所依赖的其他需求；每列则表示该列代表的需求所依赖的所有需求。例如，R_1 依赖于 R_3 和 R_4，R_2 依赖于 R_5 和 R_6。如果 R_4 发生变更，则顺着 R_4 的列可发现 R_1 和 R_3 依赖于 R_4 的需求，因此可评估 R_4 的变更给 R_1 和 R_3 带来的影响。

表 9-3 相互依赖需求的需求跟踪表

	R_1	R_2	R_3	R_4	R_5	R_6
R_1			*	*		
R_2					*	*
R_3				*	*	
R_4		*				
R_5						*
R_6						

通过区分需求之间关系的类型，并在每一个单元中使用不同标记表示每一个类型，能够将上述简单的需求跟踪表扩展。需求之间可能存在的关系如下：

- 说明/被说明：表示需求 B 说明需求 A。例如，如果 A 是加密数据这一安全需求，则 B 可能说明应该使用的加密算法。
- 需要/被需要：表示需求 B 需要需求 A 提供的结果。例如，A 可能说明系统应用专门的格式来表示当前时间和日期，B 可能说明系统处理的每一个事务应标上该日期。
- 约束/被约束：表示需求 B 被需求 A 所约束。例如，B 可能说明应显示某个实数值，A 则可能说明所有的实数值应精确到小数点后三位。

显然，如果一个项目的需求相对较少，则可以利用需求跟踪表来实现需求跟踪。但当一个项目的需求数量很大时，仍使用矩阵表示的方式会很不方便。因此，可以将需求进行分组，先实现组内需求跟踪表，再给出组间需求跟踪表，这样可减少一部分复杂性。作为减少复杂性的另一种技术是使用可跟踪性表。

2. 可跟踪性表

可跟踪性表是需求跟踪表的简化形式。对每一个需求，可以只列出与该需求相关的需求。这样比需求跟踪表更加简洁，也易于管理。表 9-4 是与表 9-3 对应的可跟踪性表。

表 9-4 可跟踪性表

需　求	依　赖
R_1	R_3，R_4
R_2	R_5，R_6
R_3	R_4，R_5
R_4	R_2
R_5	R_6

可以根据关系的类型（如需要/被需要等）建立多个可跟踪性表，或者保存一个单独的类似表 9-4 的列表。这种表与需求跟踪表相比，缺点是不易访问逆向关系。例如，R_1 依

赖于 R_3 和 R_4。如果只给出了 R_4，则必须检查可跟踪性表才能发现哪些需求依赖于它。如果希望维护这种"逆向"信息，可建立另外一张表来表示这些关系。

3. 跟踪图

跟踪图是一种图形化的需求跟踪技术，图中的节点表示某种类型的软件制品，边表示软件制品之间的关系。软件制品可以是用户需求、组件、测试用例。通过给图中的节点和边分配不同的属性，就可以区分不同类型软件制品和可跟踪类型。

在跟踪图中，为每种类型的软件制品定义一个节点类型，如用"C"表示上下文信息，用"R"表示需求，用"Com"表示组件。同时定义三种类型的边，以分别表示三类跟踪关系："通过此实现""起源于"和"精炼出"。图 9-3 是一个跟踪图的简单示例。

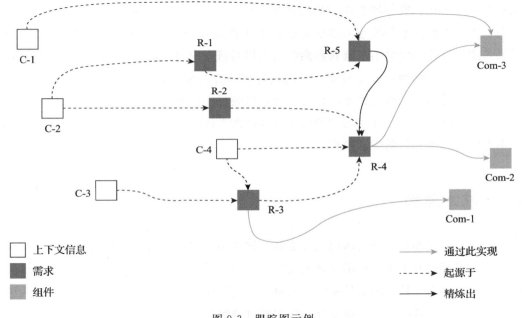

图 9-3　跟踪图示例

如果需要管理前期的有关软件制品（如利益相关者、评审协议）或后期的软件制品（如测试用例、组件）的跟踪信息，可在不同层级上创建相应需求的跟踪链，直至在系统的整个生命周期中都能对需求进行跟踪。

除了上述的需求跟踪技术外，还可使用一些需求跟踪工具。这样的工具较多，提供的功能各不相同，请读者自己查阅有关资料。

CHAPTER 10

第 10 章

面向软件行为和视点的需求建模与检测方法

本章向读者介绍一种新的需求建模和检测方法，该方法是在综合和分析现有需求建模方法的基础上提出的，具有简单、易于理解和掌握等特点。（该方法是作者所在的课题组近几年在需求工程研究领域获得的研究成果。该研究成果得到国家 863 计划的资助。）文中将需求工程中的需求分析与需求验证阶段的工作通过一个实际的方法给予有机的结合，使得读者能更系统和完整地了解和熟悉需求工程的研究内容。该方法也使用了一些形式化方法和技术，试图将理论研究与实际应用较好地结合起来。此外，在本章介绍的内容中，也将第 5 章中自动取款机软件系统作为实例，目的是使读者可以对两种不同风格的需求建模方法进行比较和评价。在学习和理解本章介绍的方法之后，建议读者结合一个实际系统应用本方法建立该系统的需求模型。

10.1 基本原理

面向软件行为和视点的需求建模方法是一种可用于建立复杂的软件系统（以下简称复杂系统）需求模型的方法。所谓复杂系统是一个抽象概念，通常指规模大且内部逻辑关系复杂、涉及相关人员较多的软件系统。面对一个大型而又复杂的软件系统，往往让人感到无从下手，传统的策略通常是把复杂的问题通过分解而给予解决。面向软件行为和视点的需求建模方法也采用了这种策略，即根据人们的理解和认识，将与复杂系统对应的问题域分解成若干个问题子域。然后在分析和处理所有问题子域的基础上，最后处理整个问题域乃至整个复杂系统。另外，由于大规模和复杂的软件系统涉及许多相关人员，这些人员由于各自的背景知识、职责及出发点不同，因而会从不同的角度和立场来提出自己的观点与需求，从而形成不同的视点需求，而且在建立软件系统需求模型的过程中，他们也可能会使用不同的需求建模技术与符号。因此，为获得复杂系统的高质量和可信需求模型，需根据不同的用户视点建立系统的需求模型。

无论使用什么样的需求建模方法和技术，以及其他的软件开发方法和技术，最终目的都是希望能开发出高质量和满足用户需求的软件。而软件是否能满足用户需求，这又是通过实际执行的软件行为来决定的。因此，软件行为的正确与否决定了软件能否满足用户需求。此外，软件特性（如可信特性）也是通过软件行为来验证的，但在需求阶段由于软件还未开发出来，故要验证软件特性是相当困难的。如果能在需求阶段通过分析待开发软件的需求，并建立严格的基于软件行为的需求模型，这将是非常现实和重要的工作。

在需求阶段，由于用户的需求通常是用自然语言表达的，如何从自然语言抽取和描述与软件行为相关的细节，包括行为的主体和客体等，这是建立新的需求建模方法的关键。其次，由于软件的行为具有动态性、时序性和相互作用性等特点，故需研究行为特别是复杂行为的结构关系和行为的相互作用，以及描述软件行为的形式语言，从而建立软件的需求模型。当然，在建立新的需求建模方法和技术的同时，还需研究新方法与现有方法间的相容性，使得新建模方法既能独立用于建模，又能与现有的建模方法和技术相容。

与现有的需求分析方法不同，基于软件行为和视点的需求分析过程将主要考虑如何发现软件需求信息中的行为，然后有步骤地实施需求建模，具体为：

1）如何根据自然语言描述的需求，建立相应的场景信息。

2）如何根据场景信息抽取与行为相关的信息，并利用行为描述语言建立行为表达式。

3）如何建立行为描述语言的语义模型，为检验复杂系统的各种特性奠定基础。

4）如何利用模型检验方法和技术检测复杂系统的一些特性。

上述过程可以将复杂软件系统的需求与该系统的行为有机地结合起来，从而可通过软件行为来描述和检测待开发的软件系统的需求和各种特性。因此，在研究基于行为的需求建模方法时需要研究软件行为与软件特性间的关系、复杂的软件系统的行为特征和软件的动态行为以及行为间的相互作用，并采用半形式化、形式化的建模语言（行为描述语言）来建立基于软件行为的需求模型。此外，建立行为描述语言的动态语义模型，可为分析和检测需求模型是否满足一些特性提供理论基础。这也是与一些现有的需求建模方法的不同之处。

10.1.1　基本概念

首先就本需求建模方法所涉及的一些基本概念说明如下：

1）视点：一个观察者（视点源）根据其关注点和某个问题域而提出的需求信息的集合构成一个视点。关于视点的概念和面向多视点需求工程的研究将在第12章给予详细介绍。

2）视点模板：视点模板是视点信息的存放形式，并由一些信息槽构成。每个信息槽记录了视点某方面的信息。

3）视点间关系：视点间关系是指两个视点之间在问题域或者需求信息方面的联系。在本方法中，视点间关系分为重叠关系、顺序关系和无关系三种。其中重叠关系是指两个视点的视点源的观察领域存在一定程度的重合，包括部分重合和完全重合两种情况。顺序关系是指两个视点在行为方面存在着先后关系，如两个视点间存在着传递信息的行为等。无关系是指两个视点在观察领域上不存在重合，并且不具备行为上的先后关系，如两个并行的视点等。

当且仅当两个视点是重叠关系或者顺序关系时，它们具备依赖关系。

4) 软件行为：软件行为是指软件运行时作为主体，依照自身的功能对客体的施用、操作或动作的过程，或主体施用一个服务、操作或动作于客体。软件的行为由行为主体和客体、操作或动作、行为输入/输出和行为属性等组成。软件行为可分为原子行为（亦可称动作）和复杂行为。行为与行为之间亦可以进行通信和交互。不同行为的区别主要体现在行为的主体、客体和操作（或动作）这三者之间有所不同。

5) 行为主体：行为主体可以是用户或者问题域中的实体或概念。行为主体可以是复合主体，即一个行为可以有多个主体，且行为的主体必须是确定的。

6) 行为客体：即行为的受体，通常指人或问题域中的实体或概念等。行为客体可以是复合客体，并且也可以是未确定的。

7) 主体的行为踪迹：将同一主体在某一观察时间段内的行为以发生的时间顺序用串的格式记录下来，称为主体的行为踪迹，例如 $K =_{\text{def}} S：a_1, a_2, \cdots, a_n$，其中 S 是主体，a_i 为行为。行为按照时间顺序记录的串行形式便是一条行为踪迹，如 $a_1 \rightarrow a_2 \rightarrow \cdots \rightarrow a_n$。多个主体的行为踪迹可构成层次的"行为树"或"行为图"。

8) 行为的分类：行为可以分为以下四种。

- 目标行为：为实现目标需求而施行的行为。
- 功能行为：直接面向功能需求的行为。目标行为可以分解成一系列的功能行为，目标是通过这些功能行为达到的。
- 复合行为：由功能行为分解出的行为，且功能行为也可视为复合行为。每个功能行为可分解为一系列的复合行为，功能是由这些复合行为完成的。每个复合行为还可进一步分解为原子行为。
- 原子行为：不能再被分解的行为，具体为某个动作或操作。

功能行为和复合行为也称复杂行为，而复杂行为最终可由原子行为组成。

9) 场景：有关场景的概念已在 3.7 节有所介绍。此处场景是指软件系统在某一执行期间内按顺序出现的一系列行为。场景主要用于描述用户（或其他外部设备）与软件系统之间的一个或多个典型的交互过程，以便对软件系统需求中的行为有更具体的认识。场景描写的范围并不是固定的，既可以包括系统中发生的全部行为，也可以只包括某些特定对象的行为。在基于软件行为和视点的需求建模方法中，软件需求被描述成一系列场景，而每个场景则由一个或多个具体的行为所组成。

10) 行为描述语言：用于描述软件系统行为的语言，而且该语言也是对软件系统的特性进行研究的基础。行为树（图）体现了行为描述语言的语法结构。

11) 行为的操作语义：行为的操作语义是行为描述语言的语义模型，又分为静态操作语义（用于定义行为表达式）和动态操作语义。动态操作语义是以动作作为对象来研究在给定环境中行为状态的变化。

10.1.2 基本步骤

面向软件行为和视点的需求建模方法可以说是一种软件方法。如第 5 章中所述，作为软件方法，其应该提供方法的实施过程。研制一个软件系统，正确的方法应该是将问题按先后次序进行分解，然后每一步集中解决某个问题，直至所有问题都被解决。因此，需求建模方法也需要规定基本实施步骤（或实施过程），并确定每一步的目的是什么，要产生什么样的结果，每一步要注意哪些概念，以及完成该步骤的工作需要掌握哪些必要的信息等。

基于上述考虑，这就需要研究基于软件行为和视点的需求分析过程。这个过程不仅有利于软件的需求建模，而且也使得使用者能较好地掌握和使用该建模方法。基于软件行为和视点的需求建模方法主要分为三个主要环节：首先是针对复杂系统划分问题子域，根据问题域建立起多视点模型，其中每个视点应属于一个问题子域，并且包含一个或者多个场景；然后根据这些场景，用行为描述语言（Behavior Description Language，BDL）建立相应的行为模型；最后在该行为模型的基础上进行视点内及视点间的一致性检测，包括语法和语义层面上的检测，直到得到一个正确的需求模型。基于行为的需求建模方法的基本步骤如图 10-1 所示。

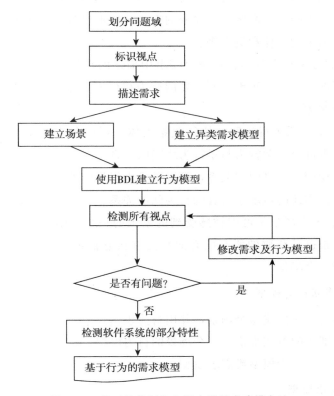

图 10-1 基于软件行为和视点的需求建模方法

如图 10-1 所示的基本步骤具体说明如下:

1. 划分问题域

对于复杂系统,由于其对应的问题域比较庞大和复杂,所以在需求分析的开始就需要将其分解为多个子问题域,然后根据每个子问题域施行需求分析。值得注意的是,问题域的划分应根据问题域的逻辑特性和内部各成分间的逻辑关系进行。

2. 标识视点

根据相应的问题子域,从中找出所有的视点源及其关注点,并将它们标识为视点,然后建立视点模板以及在该模板中填写部分视点信息。

3. 描述需求

从每个视点源获取相关的需求信息,经过分析整理,以自然语言的形式填入视点模板中"需求描述"信息槽。

4. 建立场景

建立场景的过程分为如下几步:

1)确定系统的所有行为和主体。分析视点中用自然语言描述的需求,并从中归纳出描述场景的动作和主客体。然后,将动作及相应的主客体一起视为软件系统中的行为,且主客体分别被视为行为的主体和客体。此处的行为主体不仅包括使用系统的用户,而且也包括一切参与到行为中的实体和概念等。

2)确定有效的行为和主客体。在获得需求中描述的动作和行为主客体之后,进一步对其进行分析和筛选,去掉不正确和不必要的行为和行为主客体,保留那些与系统密切相关的行为和行为主客体。

3)分析行为间的关系。行为间的执行关系大体上可以分为顺序、并行、交互、选择等。行为在结构上也可分为父行为与子行为之间的关系。在自然语言描述的需求中,通过分析描述性动词或动词词组之间的关系,可以推导出行为间的关系。同时,通过分析还能发现一些在自然语言描述的需求中隐含的行为间的关系。

4)构建场景。一个场景是可以被感受到的系统的一个完整的功能。场景的描述主要用自然语言,而且根据已获取的所有的有效行为并按它们的执行顺序构成有序的行为系列,从而构建出每一个场景。

5. 使用 BDL 建立行为模型

使用行为描述语言来描述每个场景,并用行为表达式来表示场景中的内容。在描述过程中可以采用逐步细化的方式来描述一个场景的行为模型。与所有场景对应的多个行为表达式就构成软件系统的行为模型或需求模型。

6. 建立异类需求模型

除使用上述的需求建模方法外,在实际应用中,还可能存在使用其他建模技术和符号建立需求模型的情况（此处将这些模型称为异类需求模型），如时序图、状态图、工作流图、数据流图等一些半形式化的图形建模技术。为便于检测这类需求模型，有必要将需求描述语言 BDL 视为元语言，并将这些需求模型转换为用 BDL 描述的形式（语法层的转换），即把非形式化或半形式化需求模型过渡到形式化，从而保证这些模型能用统一的语义表示，并为后面的模型检测等后续工作提供基础。但该步骤在实际需求建模中不是必需的。

7. 检测所有视点

该步骤的检测工作分为两个方面：一方面是从语法的角度检测视点内行为表达式的正确性和行为间的一致性，检测的内容主要是行为表达的合法性、行为一致性和行为连续性等；另一方面是根据视点间的相关关系检测视点间的行为一致性。

8. 修改需求及行为模型

根据检查结果，如果发现问题则修改相应的视点的需求及其行为模型，直到每个视点都满足检查的要求。

9. 检测软件系统的部分特性

综合所有视点，最后得到软件系统最终的需求模型。根据该模型可以检测软件系统的部分特性，如行为有效性（或需求的正确性）等。

下面将针对基于软件行为和视点的需求建模方法的三个主要环节分别给予详细说明。

10.2　视点表示模型和视点管理

在面向行为和视点的需求建模方法中，视点表示模型和视点管理是十分重要的内容。视点表示模型规定了视点的描述内容，并以视点模板的形式来表达视点。一个视点模板包括多个信息槽，信息槽记录了该视点的所有相关需求信息，如需求描述、行为模型等。视点管理包括六大管理功能：问题域管理、视点生存过程管理、视点关系表管理、术语表及行为表管理、用户管理和日志管理。

10.2.1　视点表示模型

视点表示模型被表示成模板的形式，并称为视点模板。视点模板存放与视点相关的信息，而且主要由一些信息槽构成，每个信息槽记录了视点的某一方面的信息。视点模板如表 10-1 所示。其中，由于一个视点可能包含多个场景，所以视点模板的"场景描述"信息槽中应该允许包含多个场景的描述，其表示形式如表 10-2 所示。

表 10-1　视点模板

信息槽	详细说明
创建时间	标识视点是何时创建的
最近修改时间	标识视点最后一次的修改时间
视点标识	唯一标识一个视点的符号
视点名称	标识视点的名字
视点责任人	视点需求的责任人
问题域	视点所属的问题域
视点源	视点中需求的来源。可把视点源限制为三种类型：人，其他软件系统，外部硬件设备等
关注点	视点在其所属问题域中所关注的方面
需求描述	视点中需求的自然语言的描述
场景描述	视点中场景的自然语言的描述
相关视点	与本视点有关联的其他视点
行为模型	以行为描述语言描述的行为模型
其他模型	其他建模方法的描述

表 10-2　场景描述

场景标识	场景描述
场景 1	……
场景 2	……
场景 3	……

与"场景描述"对应的"行为模型"信息槽中的表示形式如表 10-3 所示：

表 10-3　行为模型

场景标识	行为模型
场景 1	……
场景 2	……
场景 3	……

场景标识是唯一的，且原则上一个场景对应一个场景行为模型。将一个视点中的多个场景行为模型可视为一个较大的视点行为模型。

"其他模型"信息槽为复合信息，其至少包含一个该视点中用其他图形建模技术或符号（如 UML）建立的需求模型，该信息槽的表示形式如表 10-4 所示：

表 10-4　其他模型

模型类别	模型描述	元模型
状态图	存放该视点的状态图	状态图的元模型
数据流图	存放该视点的数据流图	数据流图的元模型
……	……	……

10.2.2 划分问题域和标识视点的具体步骤

在前面建模方法的基本步骤中对问题域划分和视点标识步骤已概要地进行了说明，下面将说明如何具体实施问题域划分和视点标识。

1. 划分问题域

所谓问题域是指与问题相关的部分现实世界。问题域和问题相互依存，问题处于一定的问题域之中，脱离了问题域，问题就无法存在。关于问题域的概念可详见第 11 章的介绍。对于复杂系统，直接从其中标识视点可能有些困难，并且会导致视点间的关系难以控制。另一方面，项目相关人员的需求，特别是功能方面的需求大多数仅与复杂问题域中的一部分相关。因此，一个较为可行的方法是首先将复杂系统分解为多个问题子域，然后在每个问题子域内标识视点，使得每个视点都从属于某一个问题子域。

问题域划分的具体步骤如下：

1）开发人员与客户、应用（问题）领域专家等对问题进行交流。

2）确定待开发系统问题域的边界。

3）将系统按照合理的方式划分成多个问题子域。

4）系统分析员登录系统，在系统中新建或增添问题子域名。在问题子域名建立后通常不允许再修改，否则必须修改所有与该问题子域相关的信息。

2. 标识视点

标识视点是多视点需求工程的首要任务，也是应用多视点需求工程方法时比较棘手的问题，能否全面合理地标识出待开发系统的相关视点直接关系到需求分析的成败。在每个问题子域中标识视点相对于直接在整个系统中标识视点要较为容易。标识视点的具体步骤如下：

对于每个问题子域：

1）分析并确定该问题子域中存在的需求源（即视点源）。

2）确定每个视点源对问题子域的关注点。

3）根据关注点创建视点，生成视点模板。

4）填写视点基本信息，如视点标识、视点责任人等。

项目负责人给视点责任人创建合适权限的账户，以避免其他人随意修改该视点责任人的视点；视点责任人根据自己定义的视点填写视点模板中的信息，如用自然语言的形式填写"需求描述"信息槽和"场景描述"信息槽，用行为描述语言填写"行为模型"信息槽等。

10.2.3 视点管理

视点管理主要包括 6 个方面的管理：问题域管理、视点生存过程管理、视点关系表管理、术语表及行为表管理、用户管理和日志管理。其中，视点生存过程管理最为重要。下面主要介绍一下问题域管理、术语表及行为表管理和视点生存过程管理。

1. 问题域管理

问题域管理主要是对划分出的子问题域进行管理。系统分析员对问题域进行划分后，需对划分出的各个子问题域进行命名，并确定各个子问题域间的关系。系统分析员或用户向系统提交问题域划分的结果后，系统会保存各个子问题域的名字和它们之间的关系。这两者都是后续工作的重要基础，所以问题域的划分一旦提交，通常就不再允许任何形式的修改。

2. 术语表及行为表管理

建立术语表同划分问题域一样，也是需要系统分析员预先完成的工作，目的是在建模中使用统一的术语（或用语），避免出现术语（或用语）不一致的情况。在多视点的场合，术语表的作用是相当重要的。

术语表由 5 项组成，分别是序号、标识符、标准名称、别名序列、所在视点及备注。

最初，系统分析员及开发人员根据基本需求和经验列出一系列在开发过程中可能会使用到的术语，对于指称相同的术语给予统一的标识符，如计算机和电脑可以统一用标识符 Computer 表示，这样在一致性检测的时候可以根据术语表识别出需求模型中指称相同的术语，便于进行视点的一致性检测。在整个术语表中，标识符应该具有唯一性。而别名序列中可记录同一指称的多个别名。在系统开发结束前允许对术语表进行动态编辑。

术语表中词条的存储形式如表 10-5 所示：

表 10-5　术语表

序号	标识符	标准名称	别名序列[①]	所在视点	备注
T01	Computer	计算机	电脑	VP1，VP2	……
T02	……	……	……	……	……

① 别名序列可以记录多个别名。

行为表记录了项目中需要标识的行为名称，其作用就是为了统一不同视点中的行为名。行为表的形式如表 10-6 所示：

表 10-6　行为表

行为名称	出现场景	说明
BehID1	场景 1	
BehID2	场景 2	
……	……	

系统分析员和用户在需求建模过程中可根据实际需要随时定义或查询术语表和行为表中的内容。

3. 视点生存过程管理

视点生存过程管理是视点管理模块的核心部分，它包括视点的创建、修改、删除和查询功能。

（1）视点的创建

创建一个视点，具体地说，就是添加一条视点记录。记录的格式由视点模板提供。用户通过填写视点模板中的各个信息槽来记录一个视点的各种信息，有部分信息槽用户无法填写，需要系统分析员填入或在后续工作中补充。

一般来说，一个视点应该只由一个用户（或系统的使用者即设计开发人员）建立并维护，但反之，一个用户可以负责多个视点。所有创建视点的操作在日志中都要记录下来。

（2）视点的修改

当需求发生变更时，用户需要修改自己的视点。用户只能修改自己建立的视点，无权修改其他用户的视点。

视点模板中的信息槽分为面向系统的信息槽和面向用户的信息槽。面向系统的信息槽包括视点标识、问题域、创建时间和最近修改时间等，这些信息是为系统管理提供的。面向用户的信息槽包括视点名称、视点责任人、视点源、关注点、需求描述、场景描述、相关视点、行为模型和其他模型等，它们描述了待开发软件的需求信息。

用户对视点的所有修改操作都在视点模板中完成，而且只可对模板中面向用户的信息槽进行修改。用户不能修改面向系统的信息槽。

需求描述、场景描述、行为模型三个信息槽之间具有依赖关系，即需求描述决定了场景描述，而场景描述决定了行为模型。所以在修改需求描述和场景描述的时候系统会发出警告，提示用户可能需要同时修改与之依赖的信息槽。然后由用户根据实际情况决定是否修改。

用户对自己的视点记录做了修改后，需要提交修改内容，并由日志管理模块保存。在用户提交修改之后，系统根据视点关系依赖表进行需求追踪。若其他视点与该视点具有依赖关系，则生成一个警告，提示用户此次修改可能会影响到的视点，然后由用户自己根据实际情况决定是否修改相关视点。

（3）视点的删除

与创建视点相反，删除视点就是删除一条视点记录。当一个视点被删除后，它与其他所有视点间的关系也必须被同时删除（由系统同时在视点关系表及视点模板中修改）。用户只能删除自己建立的视点。所有的删除操作都会被系统日志记录。

（4）视点的查询

与视点的建立、修改和删除相比，查询只是一个附带功能。它除了为系统开发人员服务之外，也可供其他经过授权的人员使用，如公司领导和领域专家等。根据不同的权限，这类人员可以看到视点的部分或全部内容，但不能进行修改。如领域专家可以查询视点中

的需求描述及场景描述，但不能查询视点的行为模型及其他模型。而系统开发人员可查询
视点的所有信息。

10.3 需求模型的具体构建方法

如 4.5 节中所述，需求建模的目的就是要在需求分析过程中从不同的角度建立和检验
软件系统的需求模型，为项目相关人员提供一个可以进行沟通和验证需求信息正确性的平
台，以获得高质量的需求。

现有的面向对象的需求建模方法主要针对问题域中存在的客观实体，筛选出实际需要
的实体，并视其为类与对象，从而依此描述系统的静态数据结构，即类模型或对象模型
等。然后，在此基础上刻画系统的动态模型以及功能模型。面向对象的需求建模主要依靠
UML 等建模技术来进行需求建模。不过，UML 是一种半形式化的建模语言，主要使用
图表符号来表达需求模型，以及通过 OCL（对象约束语言）和自然语言来表达模型的语
义。这种半形式化的建模方法虽然在定义、表达和理解等方面有着一定的优势，但却在推
理、验证和检测等方面存在一些问题，如需求模型与源程序分离，各类模型之间相互独
立，无法进行需求检验和需求跟踪，难以描述非功能需求等。

面向复杂系统的需求建模方法应根据复杂系统的特点进行需求建模。在构建复杂系统
的需求模型时，与面向对象的需求建模方法不同，基于行为的需求建模方法首先将与复杂
系统对应的问题域分解成若干个子问题域，然后根据不同的用户视点建立系统的需求模
型。最后，根据语义模型并利用行为时序逻辑来检验复杂系统的一些重要特性。在构建基
于软件行为和视点的需求模型（以下简称行为模型）过程中，主要利用行为描述语言以及
行为树（或行为图）建立系统的行为模型，并使用操作语义建立行为模型的语义模型，以
对行为模型进行各种检测等。其中，行为描述语言可以将系统的行为表示为行为表达式，
并通过行为表达式的变化来刻画系统的状态变化。此外，行为描述语言亦能够反映系统的
行为踪迹。

10.3.1 行为描述语言

行为描述语言主要用于描述待开发软件系统的行为。

1. 行为模型的结构

场景行为模型的结构如下：

> 场景 ID
> **BEGIN**
> ［ ABEH：（注：原子行为列表）
> ABehID：原子行为₁.

······
ABehID:原子行为$_n$.]

BEH:(注:复合行为标识前缀必须有 Beh，以区别于原子行为标识)

BehID = 场景行为表达式.

[BehID = 子行为表达式$_1$.]

······

[BehID = 子行为表达式$_m$.]

END

视点行为模型的结构如下:

视点 ID:

VPBEGIN

[视点内共享数据存储池 ID.] (主要用于存放由其他视点传入的数据或视点内各场景共享的数据等)

场景 ID$_1$ 的行为模型.

······

场景 ID$_n$ 的行为模型.

VPBehID = 视点行为表达式

= 场景的 BehID 场景间关系符 场景的 BehID [场景间关系符 场景的 BehID…]

VPEND

系统行为模型的结构如下:

系统名:

视点 ID$_1$ 的行为模型.

······

视点 ID$_n$ 的行为模型.

2. BDL 的语法结构定义

令 ABehID 为原子行为标识，BehID 为行为标识。

(1)原子行为

1)原子行为表达式:

```
ABehID:f(sub,obj [&obj 的补充说明])
      [When 前置条件]
      [INFrom (ID )(u₁,…,uₙ)]
      [ OUTTo (ID )(v₁,…,vₘ) ].
```

- f 为主体 sub 施用于客体 obj 的服务、操作或动作。

例如:

张某给李某一本书 <=>ABehID：Give（张某，李某 & 一本书）。

- 带 When 的原子行为相当于语句"If 前置条件 Then 行为 Fi"。如果有分支的情况可用语句"If 前置条件 Then 行为或行为序列 Else 行为或行为序列 Fi"。
- INFrom 表示从 ID 获得数据，其中输入参数 u_1，$\cdots$，u_n 表示数据名或数据名＝数值或字符串，且 ID＝ABehID 或视点内共享数据存储池 ID(可以为空)或♯外部实体名；当不同的数据来自不同的 ID 时，需用多个 INFrom 给予表示。
- OUTTo 表示将数据输出到 ID，其中输出参数 v_1，$\cdots$，v_m 表示数据名或数据名＝数值或字符串，且 ID＝ABehID 或视点内共享数据存储池 ID 或♯外部实体名或♯其他视点 ID。当 ID＝♯其他视点 ID 时，数据 v_1，$\cdots$，v_m 将被放入对应♯视点 ID 的共享数据存储池中。如果要将不同的数据输出到不同的 ID 时，需用多个 OUTTo 给予表示。

2)未确定客体的原子行为：

```
ABehID:f(sub ,?)
        [When 前置条件]
        [INFrom ( ID )(u₁,…,uₙ)]
        [ OUTTo ( ID )(v₁,…,vₘ) ].
```

3)空动作：

```
ABehID:Idle .
```

4)复合行为结束动作：

```
ABehID:Return (ABehID ) 或 Return ().
```

注意：Return ( ) 表示正常退出系统。

5)调用共享场景：

```
ABehID:Call(场景名)
```

(2)简单行为

```
|- ABehID (原子行为构成简单行为)
```

(3)复合行为

1)顺序行为：

a) $\dfrac{|- ABehID_1 \,\&\, |- ABehID_2}{|- ABehID_1 ; ABehID_2}$

b) $\dfrac{|- ABehID \,\&\, |- BeHID_1}{|- ABehID ; BehID_1}$

c) $\dfrac{|- BehID_1 \,\&\, |- ABeHID}{|- BehID_1 ; ABehID}$

d) $\dfrac{|- BehID_1 \,\&\, |- BehID_2 \,\& \cdots \&\, |- BehID_n}{|- BehID_1 ; BehID_2 ; \cdots ; BehID_n}$

2）确定选择行为：

$$\frac{\vert- BehID_1 \& \vert- BehID_2 \& b \text{ 为布尔表达式}}{\vert- If\ b\ Then\ BehID_1\ Else\ BehID_2\ Fi}$$

注意：b 是 $BehID_1$ 中最开始原子行为中的前置条件。

3）非确定选择行为：

$$\frac{\vert- BehID_1 \& \vert- BehID_2 \& \cdots \& \vert- BehID_n}{\vert- BehID_1 + BehID_2 + \cdots + BehID_n}$$

4）并行行为：

$$\frac{\vert- BehID_1 \& \vert- BehID_2 \& \cdots \& \vert- BehID_n}{\vert- BehID_1 \vert\vert BehID_2 \vert\vert \cdots \vert\vert BehID_n}$$

10.3.2　行为描述语言的动态语义

令 B、B_i、B'_i（$i=1$，2）为行为表达式，ABehID 和 α 均为原子行为标识。

1. 顺序行为

1）当 ABehID 为 B 中不带参数的最开始的原子行为，或是复合行为结束的原子行为时：

$$B \xrightarrow{ABehID} B'$$

2）当 $ABehID(x_1)$ 为 B 中带参数的最开始的原子行为时：

$$B \xrightarrow{ABehID(x_1)} B'$$

3）当空动作 Idle 为 B 中最开始的原子行为时：

$$B \xrightarrow{Idle} B$$

2. 非确定选择行为

1）$\dfrac{B_1 \xrightarrow{\alpha} B'_1}{B_1 + B_2 \xrightarrow{\alpha} B'_1}$

2）$\dfrac{B_2 \xrightarrow{\alpha} B'_2}{B_1 + B_2 \xrightarrow{\alpha} B'_2}$

3. 并行行为

1）$\dfrac{B_1 \xrightarrow{\alpha} B'_1}{B_1 \parallel B_2 \xrightarrow{\alpha} B'_1 \parallel B_2}$

2) $$\dfrac{B_2 \xrightarrow{\alpha} B_2'}{B_1 \parallel B_2 \xrightarrow{\alpha} B_1 \parallel B_2'}$$

4. 确定选择行为

1) $$\dfrac{B_1 \xrightarrow{\alpha} B_1', \text{b 的值为真}}{\text{If b Then } B_1 \text{ Else } B_2 \text{ Fi} \rightarrow B_1'}$$

2) $$\dfrac{B_2 \xrightarrow{\alpha} B_2', \text{b 的值为假}}{\text{If b Then } B_1 \text{ Else } B_2 \text{ Fi} \rightarrow B_2'}$$

10.3.3 构建行为模型的具体过程

下面介绍使用 BDL 建立基于行为的需求模型的具体过程。

1. 确定系统的所有行为和主体

首先必须从自然语言描述的需求中归纳出描述场景的动作和主客体。通过如下几个方面可以发现场景中的动作：

1) 提取动宾短语得出组成场景的动作，例如"输入密码""注册用户""选择事务"等。

2) 提取具有交易或接触性质的动词，得出组成场景的动作，例如买卖、纳税、结婚等。

3) 提取场景中隐含的动作，得出组成场景的动作，例如"分行请总行验证"，从中可以提取出隐含动作"发送验证请求"等。

有了构成场景的动作，然后必须从需求中归纳出系统中的行为主体以及客体，此处的行为主体不仅仅包括使用系统的用户，还包括一切参与到行为中的实体和概念等。例如，可以通过如下几个方面发现场景的行为主体（或客体）：

1) 提取与上述动作相关联的主语（主体），例如"用户输入密码"中的"用户"等。

2) 提取与上述动作相关联的宾语（客体），例如"添加日志"中的"日志"等。

3) 提取与动作相关联的隐含的主语（主体），例如"输入密码"，其隐含的主语为"普通用户"或"管理员"等。

4) 提取与动作相关联的隐含的宾语（客体），例如"用户注销"，其隐含的宾语为"系统"或"当前事务"等。

2. 确定有效行为和主体

通过上述方法获取了需求相关的动作和行为主体（或客体）之后，就必须对其进行分析和筛选，去掉不正确和不必要的行为和行为主体（或客体），保留那些与系统密切相关的行为和行为主体（或客体）。例如，可从如下几个方面来对行为主体（或客体）进行筛选：

1) 无关性。现实世界中存在许多动作和对象，不能把它们都纳入系统中，仅需要把与本问题密切相关的动作和参与者放进系统中。有些动作和参与者在其他问题中可能很重要，但与当前要解决的问题无关，同样也应该把它们删掉。例如在 ATM 系统中，与系统无关的行为如"柜员终端部署在⋯⋯""储户有权申请领取银行卡"等，这些与系统无关的行为或参与者，可以去掉。

2)冗余性。如果两个行为或者参与者表达了同样的信息，则应该保留在此场景中最富于描述力的名称或表达更精确的描述。例如"ATM 提交存款余额"和"ATM 显示存款余额"，两者中应保留后者，而"读取数据"和"读取硬盘"，则应该保留前者等。

3)笼统性。在需求陈述中常常使用一些笼统的、泛指的动词或名词，虽然在初步分析时把它们作为候选的动作以及参与者列出来了，但是，要么系统无须记忆有关它们的信息，要么在需求陈述中有更明确更具体的动词或名词对应它们所暗示的事务，因此，通常把这些笼统的或模糊的参与者或动作去掉或者改写为更加精确的描述。例如在 ATM 系统中，"银行"实际指总行或分行，"访问"在这里实际指某个具体的事务如"查看账户信息"等。

4)模糊性。在场景描述中有时可能使用一些既可作为名词又可作为动词的词汇，此时应该慎重考虑它们在本场景中的含义，以便正确地决定把它们作为行为还是参与者。例如 ATM 系统中的"输入"，在描述"用户输入密码"中该词汇是一个动词，代表了一个行为，而在描述"ATM 获取用户输入"中，该词汇则变成一个名词，用于指代用户输入的具体信息如密码等。

3. 建立行为间的关系

行为间的执行关系大体上可以分为顺序、并行、交互、选择等，行为在结构上也可分为父行为与子行为之间的关系。在自然语言描述的需求场景中，通过分析描述性动词或动词词组之间的关系，可以推导出行为间的关系。同时，通过分析场景，还能发现一些在陈述中隐含的关系。关系通过行为描述语言中的操作符来表示，比如";"表示顺序关系，"‖"表示并行关系，"＋"表示非确定选择关系等。

行为间的层次关系可通过行为树来描述。树中的节点代表单一主体的某个行为，子节点描述其子(功能)行为；树中的边，由行为定义中的父子关系以及子行为关系决定。

4. 建立场景

通过前述方法中获取的有效行为以及主体来构建场景。场景可作为用例的一个部分，即系统完成的一系列动作，动作的结果能被特定的参与者察觉到。这些动作除了完成系统内部的计算与工作外，还包括与一些参与者的通信。

场景具有下述特征：

1)场景代表某些用户可见的功能，实现一个具体的系统需求。

2)场景总是被参与者启动的，并向参与者提供可识别的信息。

3)场景必须是完整的。

场景的实例是系统的一种实际使用方法，通常是系统的一次具体执行过程，并由若干行为组成。例如在 ATM 系统中，ATM 要求张三输入密码，张三输入自己的密码，系统验证通过，上述过程就是一个场景。ATM 要求李四输入密码，李四输入自己的密码，但未通过系统验证，系统要求李四重新输入，这个过程是另一个场景。

由于前述步骤中已经确定了行为的主体，故可以通过请每个行为主体回答下述问题来获取场景：

行为主体在系统中需要提供哪些功能？

行为主体如何实现这些功能？

行为主体是否需要读取、创建、删除、修改或存储系统中的某类信息？

系统中发生的事件需要通知行为主体吗？行为主体需要处理这些事件吗？等等。

还有一些不是针对具体行为主体而是针对整个系统的问题，也能帮助建模者发现场景，例如：系统需要哪些输入输出？输入来自何处？输出到哪里去？当前使用的系统（可能是人工系统）存在的主要问题是什么？

场景的描述主要用自然语言，然后人工将其转换为用 BDL 描述的行为表达式。场景之间亦可以建立关系以及精化处理。向一个场景中添加一些动作后构成了另一个场景，这两个场景之间的关系就是扩展关系，后者继承前者的一些行为。当一个场景使用另一个场景时，这两个场景之间就构成了使用关系。一般说来，如果在若干个场景中有某些相同的动作，则可以把这些相同的动作提取出来单独构成一个场景。大部分场景将在项目的需求分析阶段产生，并且随着开发工作的深入还会发现更多场景，这些新发现的场景都应及时补充进已有的场景集合中。场景集合中的每个场景都是针对系统的一个潜在的需求。

5. 使用行为描述语言描述场景

在建立了场景之后，下一步就是用行为描述语言来描述每个场景，并用行为表达式来表示场景中的内容。与所有场景对应的多个行为表达式就构成软件系统的行为模型。构建行为模型时可采用逐步细化的方法，其描述过程可以遵循如下几个步骤：

1）用 BDL 描述场景内的原子行为。

原子行为是构成场景形式化描述的最基本单位。在 BDL 中，一个原子行为由行为名、主体、可选择的客体和参数，以及可选择的前置条件表达式组成。行为之间的 I/O 通信也可作为一个单独的原子行为来描述。由原子行为及原子行为之间的关系可建立复合行为。原子行为之间的关系可参见 BDL 中的语法定义。

2）建立场景内行为之间的关系。

一个场景由一个复合行为表达式来表达，它由组成该场景的多个复合行为或原子行为来描述。而一个复合行为亦可分解为一些子行为。这一步所要做的就是首先把场景中所有的原子行为组合成子行为，并建立这些子行为间的关系。然后，根据子行为间的关系将所有的子行为组成复合行为，即场景行为表达式。复合行为及其子行为之间的结构可以直观地表示为一棵树，即行为树。场景行为作为树根，其子行为构造为子树，并不断细化，最终可细化为构成场景的最基本单位，即原子行为作为树叶。复合行为之间的关系如 BDL 中所定义的，主要分为顺序、并行、非确定选择。

3）建立视点行为模型内场景之间的关系。

一个视点的行为模型是由组成该视点的一个或多个场景形成的，因此场景之间亦可有关系。一个场景可由一个行为表达式来表示，因此场景之间的关系与场景行为表达式之间的关系一致，即主要包括顺序、并行、非确定选择。场景之间也可以相互通信，场景之间的通信可用 BDL 中定义的 I/O 原子行为来描述。

根据上述三个步骤所建立的使用 BDL 描述的行为集，即可作为描述某个视点需求的行为模型或需求模型。

6. 部分异类需求模型

根据场景内容建立行为模型的过程可以认为是从非形式化过渡到形式化的过程。在实际应用中，还可能存在使用其他建模技术和符号建立需求模型的情况，如时序图、状态图、工作流图、数据流图等。为便于模型的检测，有必要将 BDL 视为元语言，并将这些模型转换为用 BDL 描述的形式（语法层的转换），从而保证这些模型的语义达到统一，并为模型检测等后续工作提供基础。有关部分异类需求模型的处理将在 10.3.6 节给予详细说明。

10.3.4 实例说明

下面通过 5.4.4 节中的自动取款机（ATM）系统这个实例来说明如何构建行为模型。有关自然语言描述的用户需求请见 5.4 节中的说明，此处不再复述。为便于理解和说明，我们把该系统的需求模型分为 3 个视点、即 ATM 视点，总行视点和分行视点，且按前述的需求建模步骤说明如下。

1. 划分问题域

现将与该系统相关的问题域划分为三个：ATM、总行、分行。

2. 确定系统中所有的原子行为

根据用自然语言描述的需求信息，找出该系统中所有的原子行为。在已找出的这些行为中，有些行为并非实际有用的。因此，还需对上述的关系进行筛选，以删除不必要的和不正确的行为，并确定系统中所有有效原子行为。

（1）直接提取动词短语得到行为

- ATM、中央计算机、分行计算机及柜员终端组成的网络系统；
- 总行拥有多台 ATM；
- 分行负责提供分行计算机和柜员终端；

- ATM 分别设在全市各主要街道上；
- 柜员终端设在分行营业厅及分行下属的各个储蓄所内；
- 银行柜员使用柜员终端处理储户提交的储蓄事务；
- 柜员输入储户提交的存款或取款事务；
- 柜员接收储户交来的现金或支票；
- 柜员付给储户现金；
- 柜员终端与相应的分行计算机通信；
- 分行计算机处理针对某个账户的事务；
- 分行计算机维护账户；
- 储户可以用现金或支票向自己拥有的某个账户内存款或开设新账户；
- 储户有权申请领取银行卡；
- 储户拥有多个账户；
- 储户用银行卡在 ATM 上提取现金（即取款）；
- 储户用银行卡查询有关自己账户的信息（例如，某个指定账户上的余额）；
- 系统应该能够处理多个 ATM 并发的访问；
- 银行卡有分行代码和卡号；
- 分行代码唯一标识总行下属的一个分行；
- 卡号确定了银行卡可以访问哪些账户；
- 用户把银行卡插入 ATM；
- ATM 与用户交互（见 ATM 的正常场景）；
- ATM 获取用户的密码以及卡上的信息；
- ATM 请求中央计算机核对信息；
- 如果用户输入的密码是正确的，ATM 就要求用户选择事务类型（取款、查询等）；
- ATM 获取事务的信息；
- ATM 请求中央计算机处理事务；
- ATM 与中央计算机交换关于事务的信息；
- 中央计算机根据卡上的分行代码确定这次事务与分行的对应关系；
- 中央计算机委托相应的分行计算机验证用户密码；
- 分行计算机验证用户密码。

（2）问题中隐含的行为

- 总行由各个分行组成；
- 分行保管账户；
- 总行拥有中央计算机；
- 系统维护事务日志；

- 系统提供必要的安全性。

（3）通过问题分析而得到的行为

- 银行卡访问账户；
- 分行雇用柜员。

3. 标识视点

为便于说明，在此实例中假设每个问题子域有一个视点，并分别标识为 ATM 视点（VPATM）、总行视点（VPHeadBank）、分行视点（VPLocalBank）。

4. 建立场景

通过前述获取的有效行为来构建场景。在此实例中将 ATM 系统划分为如下 4 个场景，而且为便于说明，在柜员终端场景中增加了一些具体的处理行为。4 个场景分别描述如下。

（1）ATM 的场景

- ATM 在显示屏上显示问候信息；
- 顾客将磁卡插入 ATM；
- ATM 读出磁卡上的代码，并检索该卡能否使用；
- 如果磁卡能使用，ATM 要求顾客输入密码；
- ATM 等待密码输入；
- 顾客输入密码；
- ATM 请求中央计算机核对信息；
- 如果密码正确，ATM 请求顾客选择事务处理类型；
- ATM 等待输入事务类型；
- 顾客选择取现金事务，并输入取出的数量；
- ATM 请求中央计算机处理事务；
- ATM 与中央计算机交换关于事务的信息；
- ATM 做好取现金的准备；
- ATM 吐出相应的纸币；
- ATM 向顾客返还磁卡；
- ATM 打印并输出收付款说明书。

（2）总行的场景

- 总行拥有多台 ATM；
- 总行由各个分行组成；
- 总行拥有中央计算机；
- 中央计算机接收卡的信息；

- 中央计算机根据卡上的分行代码确定这次事务与分行的对应关系；
- 中央计算机委托相应的分行计算机验证用户密码；
- 中央计算机接收事务处理类型；
- 中央计算机委托相应的分行处理事务。

（3）分行的场景

- 分行负责提供分行计算机和柜员终端；
- 分行计算机维护账户；
- 分行接收用户密码；
- 分行计算机验证用户密码；
- 分行接收事务处理类型；
- 分行计算机处理针对某个账户的事务。

（4）柜员终端的场景

- 分行负责提供柜员终端；
- 分行雇用银行柜员；
- 柜员终端与相应的分行计算机通信；
- 银行柜员使用柜员终端处理储户提交的储蓄事务；
- 如果储户存款，柜员接收储户交来的现金或支票；
- 柜员输入储户提交的存款；
- 如果储户取款，柜员付给储户现金。

5. 使用行为描述语言建立行为模型

根据划分出的视点和场景分别建立各视点的行为模型，其中一个视点包含2个场景。ATM系统的行为模型（ATMSBM）描述如下：

```
/////////////////////////////////////////////////////ATM视点
  VPATM:: // ATM 的视点行为模型
  VPBEGIN
  //ATM 场景
  BEGIN
ABEH// 可以不在此写原子行为,而在 BEH 中写出
BEH
BehATM =
ATMdisp1: 显示(ATM,屏幕)
        OUTTo(屏幕)( 提示信息= 欢迎使用 ATM).
ATMidle1: idle. // ATM 等待插入磁卡
Incard: 插入(用户，磁卡).
GetCardInfo: 读(ATM,磁卡)// ATM 读取磁卡信息
        OUTTo( )(卡信息).
ATMdisp2: 显示(ATM,屏幕)
        OUTTo(屏幕)( 提示信息= 请输入密码).
ATMidle2: idle. // ATM 等待密码
```

InPassword：输入(用户，密码).

// ATM 接收用户密码

GetPassword：接收(ATM，密码)

    OUTTo( )(密码，输入次数).

//ATM 将卡信息和密码传到总行请求验证

Checkkcen1：传递(ATM，总行)

    OUTTo(# HeadBank)(卡信息，密码).

// ATM 机接收总行的验证结果

Getanswer1：接收(ATM，总行)

    INFrom( )(验证结果).

If (验证结果= 密码错误 and 尝试次数 < 3)

Then Return1: Return(ATMidle2).

Else If (验证结果= 通过 and 尝试次数 > = 3)

 Then ATMdisp3：显示(ATM，屏幕)

    OUTTo(屏幕)(提示信息= 非法磁卡).

  SwallowCard：吞入(ATM，卡).

  // 返回到问候界面

  Return2: Return(ATMidle1).

 Else //正常情况

  // ATM 等待用户选择事务

  ATMidle3: idle.

  Inchoose: 输入(用户,事务).

  // ATM 接收用户事务

  Getchoose：接收(ATM,事务)

    OUTTo( )(事务类型).

  //若顾客选择取现金事务,ATM 获取取款数量

 If (事务类型 = 取钱)

  Then GetAmount: 获取数量(ATM,用户)

    OUTTo( )(取款数量).

  Checkkcen2：传递(ATM,总行 &sfsdf&)

    OUTTo(# HeadBank)(卡信息,事务类型,取款数量).

  //ATM 将卡信息、事务和取款数量发送给总行,请求处理取钱事务;

   Getanswer2: 接收(ATM, 总行)

  INFrom( )(事务处理结果).

 If (事务处理结果 = 拒绝)

  Then ATMdisp4: 显示(ATM,屏幕)

    OUTTo(屏幕)(提示信息= 拒绝取款).

  Else

   // ATM 显示余额信息

   DisplayCount：显示(ATM,屏幕)

    OUTTo(屏幕)(提示信息= 余额信息).

   SpitMoney：吐钞(ATM,用户). //多个客体

   //ATM 打印账单交给用户

   PrintTab：打印账单(ATM,用户)

    OUTTo (用户)(账单).

  Fi .

 // 返回到接收下一用户事务

 Return3: Return(Getchoose).

Else

//若用户选择查询

 If (事务类型= 查询)

  Then

```
        //ATM 将卡信息发送给总行,请求处理查询事务
        Checkkcen3: 传递(ATM, 总行)
          OUTTo(# HeadBank)(卡信息，事务类型 ).
        Getanswer3: 接收(ATM, 总行)
          INFrom()( 事务处理结果 ).
        ATMdisp5: 显示(ATM,屏幕)
          OUTTo(屏幕)( 事务处理结果 ).
        // 返回到接收下一用户事务
        Return4: Return(Getchoose).
      Else
        Behexit .
      Fi.
    Fi.
  Fi.
Fi.
Behexit =
  SpitCard : 退卡(ATM, 用户)
        When (事务类型 =  退出)
        INFrom()(事务类型)
        OUTTo (用户)(卡).
//返回到问候界面
Return5: Return(ATMdisp1).
END
VPEND
////////////////////////////////// 可使用另一种风格描述总行视点
VPHeadBank:: // 总行的视点行为模型
VPBEGIN
BEHHeadBank //总行场景
BEGIN
  ABEH
Hbank1: 拥有(总行,多台 ATM).
Hbank2: 组成(多个分行,总行).
Hidle : idle. //idle 一直等待 ATM 请求或分行回答
//总行接收 ATM 请求或分行回答
Hreceive: 响应(总行,ATM 请求或分行回答)
        OUTTo ( )(响应类型 ).
//接收 ATM 验证请求
Hresponse: 接收(总行,ATM)
        OUTTo ( )(ATM 号 ).
//中央计算机接收第 i 个 ATM 传来的卡信息和密码
Hreceive1: 接收(总行,第 i 个 ATM)
      When ( ATM 号 = i)
      INFrom ( )(ATM号,卡信息，密码 ).
//根据卡信息,判断分行号
Discern: 判断(中央计算机,卡信息)
        OUTTo()(分行号 ).
//中央计算机将卡信息、密码及验证卡信息请求发送给相应分行验证
TranRequest1:传递(总行,第 j 个分行)
            When (分行号 =  j)
            INFrom()(分行号)
            OUTTo (# LocalBank)(卡信息，密码 ).
//中央计算机接收第 j 个分行传来的验证结果
```

RecRespon1: 接收 (总行, 第 j 个分行)
     When (分行号＝ j)
     INFrom ( )(分行号, 验证结果).
//中央计算机将验证结果发送到 ATM
Tranresult1: 传递 (总行, 第 i 个 ATM)
     When (ATM 号＝ i and 分行号＝ j)
     INFrom( )(ATM 号, 分行号)
     OUTTo(# ATM)(验证结果).
//中央计算机接收 ATM 传来的事务请求
Hreceive2: 接收 (总行, 第 i 个 ATM)
   When (ATM 号＝ i)
   INFrom ( )(ATM 号, 事务类型, 事务信息).
TranRequest2:传递 (总行, 第 j 个分行)
     When (分行号＝ j)
     INFrom( )(分行号)
     OUTTo(# LocalBank)(卡信息, 事务类型, 事务信息).
//中央计算机将分行答复发送到 ATM
RecRespon2: 接收 (总行, 第 j 个分行)
   When (分行号＝ j)
   INFrom()(分行号, 事务处理结果).
//中央计算机将返回结果发送到 ATM
Tranresult2: 传递 (总行, 第 i 个 ATM)
     When (ATM 号＝ i and 分行号＝ j)
     INFrom( )(ATM 号, 分行号)
     OUTTo(# ATM)(事务处理结果).
Returnto: Return(Hidle).
BEH
BEHHeadBank =
 Hbank1.
 Hbank2.
 Hidle;
  If (响应类型 ＝ ATM 请求)
   Then Behhbank1.
   Else Behhbank2.
  Fi.
  Returnto.
Behhbank1=
Hresponse.
If (验证请求＝ 正确)
 Then Hreceive1.
   Discern.
   TranRequest1.

 Else //中央计算机接收 ATM 传来的事务请求
   Hreceive2.
   TranRequest2.
 Fi.
Behhbank2=
 If (回答验证请求＝ 正确)
  Then //中央计算机将验证结果发送到 ATM
   RecRespon1.
  Tranresult1.

```
        Else //中央计算机将分行答复发送到 ATM
            RecRespon2.
            Tranresult2.
    Fi.
END
VPEND
//分行视点
VPLocalBank:: //分行的视点行为模型
VPBEGIN
LocalBank //分行场景
BEGIN
ABEH
    Lbank1: 提供(分行,分行计算机).
    Lbank2: 提供(分行,柜员终端).
    Lbank3: 维护(分行,账户).
    Lidel : idle. // 一直等待柜员终端或总行请求
    Lreceive1: 响应(分行,请求)
                OUTTo ( )( 柜员终端号,总行名 ).
    Getreq: 取出(分行,请求类型)
                OUTTo ( )( 请求类型 ).
    Gettemnum: 取出(分行,柜员终端号)
                OUTTo ( )(柜员终端号 ).
// 为第 j 个柜员终端新建用户账户
CreateAccount:新建(分行,柜员终端)
                When (柜员终端号 = j)
                INFrom ( ) (柜员终端号,用户信息)
                OUTTo (# Terminate)(账户号,密码 ).
//分行计算机处理办卡请求
  CreateNewCard:新建(分行,卡)
                When (柜员终端号 = j)
                INFrom ( ) (柜员终端号,用户账户信息 )
                OUTTo (#  Terminate)(卡信息,卡密码 ).
//接收柜员终端的验证卡信息请求
  Validatecard1: 验证(分行, 柜员终端的卡)
                When (柜员终端号 = j)
                INFrom ( ) (柜员终端号,卡信息, 密码)
                OUTTo (# Terminate)(验证结果 ).
//分行接收柜员终端传来的事务处理请求
Lreceive2: 接收(分行, 柜员终端)
            When (柜员终端号 = j)
            INFrom ( ) (柜员终端号,卡信息,事务类型,事务信息).
//分行将事务处理结果发送到柜台终端
Tranresult3: 传递(分行, 柜员终端)
            When (柜员终端号 = j)
    INFrom ( ) (柜员终端号)
            OUTTo (# Terminate) (事务处理结果).
//接收总行的验证卡信息请求
//总行验证卡请求
  Validatecard2: 验证(分行,总行的卡)
            INFrom ()(卡信息, 密码)
            OUTTo (# HeadBank)(验证结果).
```

//分行接收总行传来的事务处理请求
Lreceive3: 接收(分行,总行)
　　　　INFrom()(卡信息,事务类型,事务信息).
//分行将事务处理结果发送到总行
Tranresult4: 传递(分行,总行)
　　　　　OUTTo(# HeadBank)(事务处理结果).
Return6: return(Lidle).
BEH
BehLocalBank =
　　　　Lbank1. Lbank2. Lbank3.
　　　　Lidle.
　　　　Lreceive1.
　　　　If(请求源 = 柜员终端号)
　　　　　Then BehLocalBank1. // 分行处理柜员终端请求
　　　　　Else BehLocalBank2. // 分行处理总行请求
　　　　Fi.
　　　　Return1.
//分行处理柜员终端请求
　　　　BehLocalBank1 =
　　　　　Getreq.
　　　　　Gettemnum.
　　　　　If(请求类型 = 新建用户账户请求)
　　　　　Then //柜员终端新建用户账户请求
　　　　　　CreateAccount .
　　　　　Else
　　　　　　If(请求类型 = 办卡请求)
　　　　　　Then //柜员终端开卡请求
　　　　　　CreateNewCard .
　　　　　Else
　　　　　　If (请求类型 = 验证卡信息请求)
　　　　　Then //接收柜台终端的验证卡信息请求
　　　　　　Validatecard1 .
　　　　　Else //分行接收柜台终端传来的事务处理请求
　　　　　Lreceive1.
　　　　　　Tranresult1.
　　　　　Fi.
　　　Fi.
　　Fi.
　　//分行处理总行请求
　　BehLocalBank2 =
　　　Getreq.
　　　If(请求类型 = 验证卡信息请求)
　　Then //接收总行的验证卡信息请求
　　　　　Validatecard2.
　　Else //分行接收总行传来的事务处理请求
　　　　　Lreceive2.
　　　　　Tranresult2.
　　　Fi.
END
/////////////////////////////////
BehTerminal //柜员终端场景
BEGIN

```
ABEH
   Teridle: Idle.
   Inreq1: 请求(用户，新账户).
   Inreq2: 请求(用户，新卡).
   Inreq3: 请求(用户，事务处理).
   Inreq4: 请求(用户，验证卡).
Receivereq: 响应(柜员终端，用户请求)
                    OUTTo ()( 请求类型 ).
// 处理用户建立新账户请求
   Accept1: 获取(柜员终端,用户信息)
         OUTTo ()( 用户信息 ).
   Tertran1: 传递(柜员终端，分行)
         OUTTo ( # LocalBank)(用户信息).
   Teranswer1: 获取(分行，用户) //多个客体
         INFrom () (账户号,密码 )
         OUTTo (用户)( 账户号,密码 ).
// 处理用户建立新卡请求
   Accept2: 获取(柜员终端,用户账户信息).
   Tertran2: 传递(柜员终端，分行)
         OUTTo ( # LocalBank)( 用户账户信息 ).
   Teranswer2: 获取(分行，用户)
         INFrom () (卡信息,卡密码 )
         OUTTo (用户)( 卡信息,卡密码 ).
// 处理用户事务请求
   Accept3: 获取(柜员终端,事务信息).
   Tertran3: 传递(柜员终端，分行)
         OUTTo ( # LocalBank)( 事务类型,卡信息，事务信息 ).
   Teranswer3: 获取 (分行，用户)
         INFrom () (事务处理结果 )
         OUTTo (用户)( 事务处理结果 ).
// 处理用户验卡请求
   Accept4: 获取(柜员终端,用户卡信息).
   Tertran4: 传递(柜员终端，分行)
         OUTTo ( # LocalBank)( 卡信息，密码 ).
   Teranswer4: 获取(分行，用户) //多个客体
         INFrom () (卡信息，密码 )
         OUTTo (用户)( 事务处理结果 ).
   Temreturn: Return(Teridle). //返回主界面.
BEH
BehTerminal =
Teridle;
         Inreq1. Inreq2. Inreq3. Inreq4.
Receivereq;
         If (用户请求类型 = 建立新账户)
         Then
            Accept1. Tertran1. Teranswer1.
         Else
            If (用户请求类型 = 建立新卡)
            Then
               Accept2. Tertran2. Teranswer2.
            Else
               If (用户请求类型 = 处理用户事务)
```

```
            Then
                Accept3. Tertran3. Teranswer3.
            Else //用户验卡
                Accept4. Tertran4. Teranswer4.
            Fi.
        Fi.
    Fi.
END
VPEND
// ATM 系统的行为模型
ATMSBM = BehATM || BEHHeadBank || BehLocalBank || BehTerminal
```

10.3.5　图形化输入

用 BDL 建立的行为模型在可读性和可理解性方面的效果相对于图形方式要差一些。为克服这一缺点，本建模方法也提供图形化输入方式。图形化输入方式允许用户以图形结合文本的方式输入目标系统的行为模型，并进行相应的语法检查。其主要功能包括：

1）以图形的方式输入行为模型，定义原子行为、复合行为、行为表达式。

2）检查图形文法。

3）将图形化的行为模型转换为 BDL 语言描述的行为模型。

1. 图形化表示

图形表示的方法概要介绍如下：

（1）视点的表示

视点页面保持原来的内容不变。

（2）场景的表示

一个场景行为模型有一个唯一的标志开始的图形表示（shape）和一个唯一的标志结束的图形表示（见图 10-2），分别代表场景行为模型表达式在 BDL 语言语法上的开始和结束。图形表示中包含场景行为模型的 ID 以及文本内容。也可将场景行为模型看成一种特殊的复合行为，添加或双击其图形表示，进入该场景的页面。

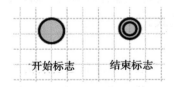

图 10-2　场景行为模型的开始和结束标志

（3）行为的表示

原子行为：一个原子行为的文本形式表示如下（其对应的形状如图 10-3 所示）：

```
ABehID:f( sub ,obj [&obj 的补充说明]) [(x₁,…, xₙ)]
        [When 前置条件]
        [INFrom ( ID )(u₁,…,uₙ)]
```

[OUTTo（ID）(v_1,…,v_m）].

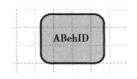

图 10-3　原子行为的图形表示

其中，用文本来表示行为中的各个参数：

- 行为表示：一个字符串；
- 行为名：一个字符串；
- Sub：一个字符串；
- Obj：一个字符串；

……

对于 Idle 和 Return 行为，也用原子行为的图形表示，它们可以在图形颜色或大小上加以区分。

对于带参数的 Return 和不带参数的 Return 行为，提供以下两种待选方案：

1）对应的图形带一个箭头，若箭头指向某个行为，则跳转到该行为，否则箭头指向结束。

2）对应的图形中添加一个字符串，字符串表示 Return 跳转的目的行为。

复合行为：一个复合行为由多个行为组成，其对应的形状如图 10-4 所示。

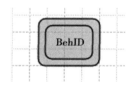

图 10-4　复合行为的图形表示

新建或双击该图形表示时，跳转到复合行为的页面，在该页面上以文本方式定义复合行为，即给出该行为的行为表达式。

（4）行为间关系的表示

顺序关系：顺序关系";"用一个表示顺序行为的箭头"→"给予表示（箭头同时也表示其他运算中的关系）。箭头的起止端分别为两个行为（原子行为、复合行为或行为表达式）的对应图形。

非确定选择关系：非确定选择关系"＋"用如图 10-5 所示的两个图形"非确定选择开始""非确定选择结束"分别标志非确定选择运算"＋"在 BDL 语言语法上的开始、结束。

并行关系：并行关系"｜｜"用如图 10-6 所示的两个图形"并行开始""并行结束"分别标志并行运算"｜｜"在 BDL 语言语法上的开始、结束。

图 10-5　非确定选择关系的图形表示

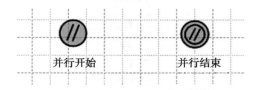

图 10-6　并行关系的图形表示

确定选择关系：确定选择关系"if – then – else"用如图 10-7 所示的两个图形"确定性选择开始""确定性选择结束"分别标志确定选择运算"if – then – else"在 BDL 语言语法上的开始、结束。

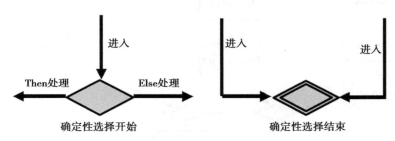

图 10-7　确定选择关系的图形表示

在确定性选择开始图标中，上边的连线表示进入 if，左右两侧的连线分别表示对 then 部分和 else 部分的处理。在确定性选择结束图标中，左右两侧的连线表示进入 if 结束。

2. 图形化行为模型文件

图形化输出的目标系统行为模型文件以 vsd 文件保存。对于该文件，提供以下的检查和处理：

1）图形文法的检查。该检查识别用户输入的图形化行为模型是否满足以上图形输入方案。如各种开始符和结束符的对应、确定选择运算的嵌套等。

2）图形化模型的转换。将图形化定义的行为模型转换为 BDL 语言描述的行为模型，后续的语法检查、一致性检查等都以按文本方式保存的 BDL 行为模型文件为准。转换时，若目标系统的以文本方式定义的行为模型已经存在，则提示用户是否覆盖已有的文件。转换之后，用户可以分别修改文本行为模型文件和图形化行为模型文件。

3. 图形化行为模型

以下为 ATM 系统总行场景实例的 BDL 行为模型及相应的图形化行为模型（见图10-8）。

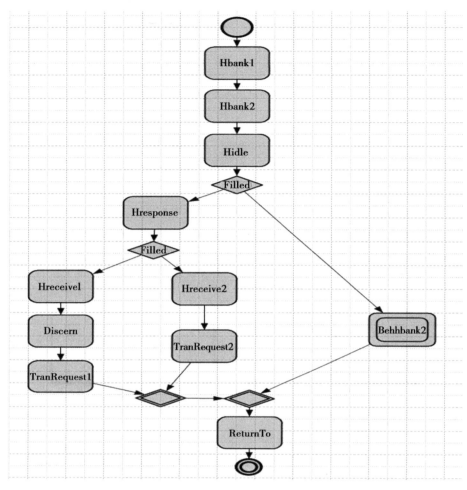

图 10-8　总行场景实例的图形化行为模型

```
BEHHeadBank //总行场景
BEGIN
  ABEH
//略
BEH
BEHHeadBank =
    Hbank1.
    Hbank2.
    Hidle.
    If (响应类型 = ATM请求)
    Then Behhbank1.
    Else Behhbank2.
    Fi.
    Returnto.
Behhbank1=
Hresponse.
```

```
    If (验证请求= 正确)
      Then Hreceive1.
          Discern.
          TranRequest1.
      Else //中央计算机接收 ATM 传来的事务请求
          Hreceive2.
          TranRequest2.
      Fi.
  Behhbank2=
    If (回答验证请求= 正确)
        Then //中央计算机将验证结果发送到 ATM
        RecRespon1.
        Tranresult1.
        Else //中央计算机将分行答复发送到 ATM
        RecRespon2.
        Tranresult2.
    Fi.
  END.
```

10.3.6　异类视点需求模型的转换实现

在软件需求建模过程中，存在使用多种建模技术和建模符号（如状态转换图、时序图和工作流图等一些 UML 中包含的图形建模工具）建立软件需求模型的情况。此处的异类视点需求模型是指某视点中利用其他（除 BDL 外）建模技术和建模符号建立的视点需求模型。为了使我们提出的建模方法更具实用性和通用性，需考虑新的建模方法应能兼容其他一些半形式化的建模技术和建模符号，特别是 UML。这样既可以将其他建模形式统一到用 BDL 描述的形式上来，又可以利用针对 BDL 建立的检测工具对软件需求模型和系统特性进行验证分析。本节将以 UML 状态图作为实例，将其表述的视点需求模型转换成用 BDL 描述的形式。其他建模技术和建模符号也可进行类似转换实现。

（1）相关定义

UML 状态图（类似于 5.4.3 节介绍的扩充的状态转换图）是 UML 中有关系统动态方面建模的图形工具之一，并用于描述对象随时间变化的动态行为。UML 状态图作为描述反应式系统和实时系统行为的图形语言，它对传统的有限状态机进行了三个方面的扩充：层次（hierarchy）——通过状态嵌套实现，一个状态可由多个状态组成，即一个状态可求精成另一个状态图；并发（concurrency）——允许多个复合状态并发执行；广播通信（broadcast communication）——并发状态的通信是通过事件广播来实现的。

为了使 UML 状态图既能满足其标准规范，又能满足转换成 BDL 的要求，我们约定了 UML 状态图的层次状态图规范，即结构化的图层嵌套关系，如图 10-9 所示，其中图形符号含义及其与 BDL 的对应关系请见后文说明。

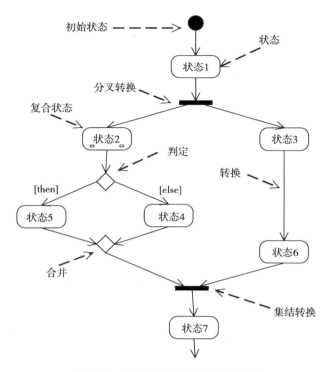

图 10-9　UML 状态图层次结构示例

（2）状态符号与 BDL 结构的对应关系

图 10-9 中主要使用了 UML 状态图中的初始状态、最终状态、状态、复合状态、转换、分叉转换、集结转换及判定等符号（暂不考虑其他的符号），且所使用的这些符号与 BDL 中的各个结构的对应关系如下：

1）初始状态和最终状态（如图 10-10 所示）：每个状态图或子状态图中只允许有一个初始状态和最终状态，并且成对出现。

图 10-10　UML 状态图的初始状态和最终状态符号

2）转换：UML 状态图中转换的符号表示如图 10-11 所示。UML 状态图的转换对应 BDL 中的顺序关系，即";"。

图 10-11　UML 状态图的转换符号

3）分叉转换和集结转换：分叉转换和集结转换的符号表示如图 10-12 所示。它们作为并行开始、并行结束对应于 BDL 中的并行关系，即"｜｜"的 begin、end。

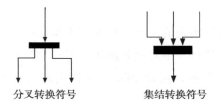

分叉转换符号　　　　　集结转换符号

图 10-12　UML 状态图的分叉转换和集结转换符号

4）判定：判定的符号表示如图 10-13 所示。其对应 BDL 中的确定性选择关系 IF(～) THEN [～] ELSE [～] FI。根据入度、出度来判断判定符号对应的是 IF 还是 FI。如果入度为 1(转换引入)，出度为 2(分别为判定肯定分支、判定否定分支)，说明为判定开始符号 IF，反之为判定结束符号 FI。

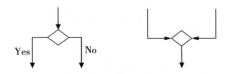

Yes　　　No

图 10-13　UML 状态图的判定符号

判定否定分支：对应 BDL 中的确定性选择关系 IF(～) THEN [～] ELSE [～] FI 中的 ELSE 分支。

判定肯定分支：对应 BDL 中的确定性选择关系 IF(～) THEN [～] ELSE [～] FI 中的 THEN 分支。

5）状态：状态的符号表示如图 10-14 所示。状态名对应于 BDL 中的原子动作 ID，关于状态的说明(相关参数)对应于 BDL 中原子动作的定义，即

```
ABehID:f( sub ,obj [&obj 的补充说明])[(x₁,…, xₙ)]
        [When 前置条件]
        [INFrom ( ID )(u₁,…,uₙ)]
        [OUTTo ( ID )(v₁,…,vₘ) ].
```

注：根据状态的说明可以将状态与 BDL 的原子动作、空动作 Idle、返回动作 Return 相对应。

图 10-14　UML 状态图的状态符号

6）复合状态：复合状态的符号表示如图 10-15 所示。一个复合状态对应一个子状态图，在该子状态图中可使用上述列举的图形符号等。

图 10-15　UML 状态图的复合状态符号

（3）转换实现的流程

异类视点需求模型的转换实现的主要工作是将 UML 状态图描述转换为所对应的 BDL 语言。首先，在建立状态图的过程中对状态图进行图形文法检测，看其是否符合所规定的图形文法规范。然后，将状态图转换成 BDL。转换实现流程如图 10-16 所示，具体过程如下：

① 建立或打开视点。在新建或已存在的项目中编辑视点有两种选择：一是采用 BDL 的建模方法，对需求按照场景划分，直接建立基于 BDL 的视点模型。二是先使用其他（除 BDL 外）建模技术和建模符号建立异类视点需求模型，然后再将其转换成 BDL 形式。

② 建立或编辑 UML 状态图。用 Visio 中的 UML 状态图对一个视点进行需求建模，其建模所用到的符号及具体规约请参阅本节（2）的阐述。

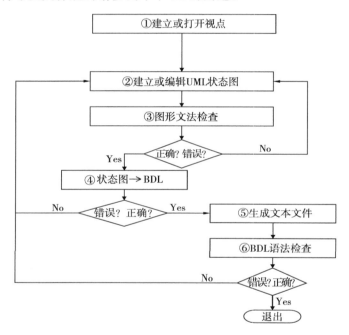

图 10-16　转换实现的流程图

③ 图形文法检查。该检查识别基于 UML 状态图的异类视点需求模型是否满足本节（2）中所做的规约。如各种开始符和结束符的对应、确定选择运算的嵌套等。

④ 状态图→ BDL。如果在图形文法检查过程中发现异类视点需求模型不满足规约要求，则提示用户对状态图进行修改。反之，在满足图形文法检查的条件下，可以将基于状态图的异类视点需求模型转换为 BDL 描述。

⑤ 生成文本文件。将基于 UML 状态图的视点需求模型转换为 BDL 语言描述的行为模型，以文本的形式输出。后续的语法检查、一致性检查等都以按文本方式保存的 BDL 行为模型文件为准。生成文本时，若相同名称的文本行为模型已经存在，则覆盖已有的文件。

⑥ BDL 语法检查。在项目中对转换为 BDL 后的异类视点需求模型进行语法检查。在检查异类视点需求模型时，若该视点的 BDL 需求描述与 BDL 的语法不符，则返回②。

10.4 需求模型的检测方法

在需求建模过程中，各视点虽然是相对独立的，但不同视点间的需求信息可能会发生重叠。因此，由不同视点产生的需求模型间会产生重叠和差异，从而可能会导致需求模型间出现需求冲突和不一致。此外，有些视点可能使用不同的需求建模方法和技术构建需求模型，这更增加了视点间发生需求冲突和不一致的可能性。因此，在形成最终需求规格说明之前，必须检测和处理视点间存在的需求冲突和不一致问题，以保证复杂系统需求的正确性和一致性。视点检测主要包括三部分，即语法检查、语义检查和系统特性检测。其中，前两项检查需要分别在视点内及视点间进行，系统特性检测主要利用行为时序逻辑进行检查。下面是与视点检测相关的一些概念的形式化定义。

定义 10.1（系统行为模型）：一个复杂系统的行为模型为
$$M = (V, R_0, R_1, R_2)$$

其中：

V：与系统相关的视点的集合，且 V 中每个视点对应一个视点行为模型。

R_0, R_1, R_2：分别表示 V 中视点间的重叠、顺序和无关关系。

定义 10.2（视点行为模型）：一个视点的行为模型为
$$M_1 = (S, +, If, ||, ;)$$

其中：

S：视点内所有场景的集合，且 S 中每个场景对应一个场景行为模型。

$+, If, ||$ 和 ;：分别表示 S 中场景间的非确定和确定选择，以及并行和顺序关系。

定义 10.3（场景行为模型）：一个场景的行为模型为
$$M_2 = (B, +, If, ||, ;)$$

其中：

B：场景内所有行为（行为表达式）的集合，

$+, If, ||$ 和 ;：分别表示 B 中行为间的非确定和确定选择，以及并行和顺序关系。

定义 10.4（视点相关性）：视点相关性是指一个系统行为模型中的某些视点满足关系 R_0 或 R_1，即有 $V_1 R_0 V_2$ 或 $V_1 R_1 V_2$，$V_1, V_2 \in V$。

定义 10.5（操作语义）：给定一个行为模型 N，它的操作语义模型是一个迁移系统，记为 $L(N) = (S, s_0, \rightarrow)$，其中：

- S 为状态集；
- s_0 为初始状态；

- $\rightarrow \subseteq (S \times S)$ 为迁移关系。

10.4.1 检测内容

如前所述，系统需要检验的内容分为三个方面，其中：语法方面的检测内容为行为表达合法性、含输入/输出行为的一致性和行为完整性（或称行为连续性）；语义方面的检测内容为视点间行为一致性；系统特性方面的检测内容为行为有效性等。其他系统特性可视具体系统而定。下面先介绍与检测相关的一些概念。

1. 行为表达合法性

行为表达合法性是指一个行为表达式能满足行为描述语言的语法。给定一个视点的行为模型（或行为表达式集合），称其表达是合法的，如果该行为模型（或行为表达式集合）中所有的行为表达式能满足行为描述语言的语法。

2. 含输入/输出行为的一致性

含输入/输出行为的一致性分为视点内的与视点间的。

1）视点内含输入/输出行为的一致性：

给定一个视点行为模型，称其中含输入/输出的行为是一致的，如果该视点行为模型中的某些含输出的行为都存在一个与其匹配的含输入的行为，且该行为在本视点模型中。

例 1：

```
ABehID₁：f₁( sub₁,obj₁) When Pre- condition
            OUTTo (ABehID₂)(v₁,…,vₙ);
ABehID₂：f₂( sub₂,obj₂) When Pre- condition
            INFrom (ABehID1 )(v₁,…,vₙ);
```

例 2：

```
ABehID₁：f₁( sub₁,obj₁) When Pre- condition
            OUTTo (VPdatacell )(v₁,…,vₙ);
ABehID₂：f₂( sub₂,obj₂) When Pre- condition
            INFrom (VPdatacell )(v₁,…,vₙ);
```

其中：VPdatacell 为视点内数据存储池，v_i 为数据名。

2）视点间含输入/输出行为的一致性：

假设系统行为模型中存在两个视点 V_1 与 V_2，称视点 V_1 与 V_2 中含输入/输出的行为是一致的，如果 V_1 的行为模型中存在一个与 V_2 相关的带输出参数的行为，并且 V_2 的行为模型中至少存在一个与 V_1 输出参数匹配的输入参数（即数据名相同）的行为。或者，反之也成立。

3. 行为完整性

行为完整性是指在一个行为模型中行为与行为之间至少存在一条执行路径，即行为间存在可达关系。称一个行为模型是完整的，如果在与该行为模型对应的行为树中，所有定义的行为都是可达的。

4. 视点间行为一致性

视点间行为一致性是指在一个由多个视点构成的系统行为模型中，如果其中两个视点出现重叠，则对于重叠部分中相同行为的理解和描述应该是相同的。

对于两个行为 $f(sub_1, obj_1)$ 和 $g(sub_2, obj_2)$，称它们是相同的，当且仅当 $f=g$，$sub_1 = sub_2$，$obj_1 = obj_2$，而且两个行为中出现的输入和输出也相同。

给定两个重叠的视点 V_1 和 V_2，令 $\lambda(V_1, V_2)$ 为这两个视点重叠部分中相同行为的集合，称 V_1 与 V_2 是一致的，当且仅当与视点 V_1 和 V_2 对应的行为模型 M_1 和 M_2 在 $\lambda(V_1, V_2)$ 上是观察等价的。

5. 行为有效性

行为有效性表示一个行为模型总能够按照预期的方式运行。这里指的预期的方式就是一组行为踪迹的集合，也可以用时序逻辑公式表示。称一个行为模型 M 是有效的，如果该模型能够满足所有预期的运行踪迹（用时序逻辑公式 φ 表示的系统特性成立）。检测行为有效性方法的基本原理如图 10-17 所示。

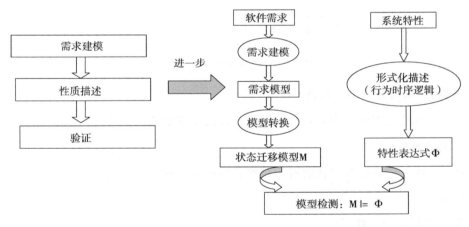

图 10-17 检测行为有效性方法的基本原理

10.4.2 检测过程

系统行为模型的检测过程如图 10-18 所示。

10.4.3 检测过程中各检测方法的具体实现

1. 行为表达合法性

根据行为描述语言的语法，设计等价的 LALR(1) 文法，利用辅助工具（FLEX，BISON）设计一个语法分析器，检查行为表达式是否满足描述语言的语法。

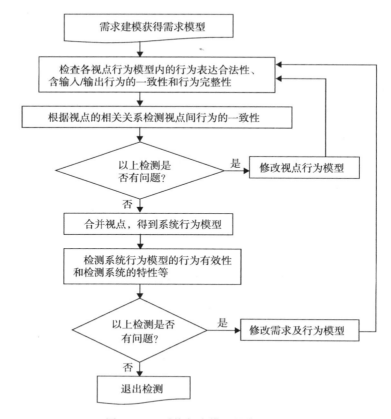

图 10-18 系统行为模型的检测过程

2. 含输入/输出行为的一致性

根据行为表达式构建行为树，然后遍历行为树，搜索相关行为的输入与输出。

3. 行为完整性

遍历行为树，记录所有可达的行为，然后与行为表达式中定义的行为比较，判断是否有行为不可达。

4. 视点间行为一致性

视点间行为一致性检测的具体步骤如图 10-19 所示。

检测以下情况：在一个由多个视点构成的系统行为模型中，如果其中两个视点出现重叠，则对于重叠部分中相同行为的理解和描述应该是相同的。给定两个视点 V_1 与 V_2，令 M_1、M_2 分别为 V_1 与 V_2 的行为模型。假设两个视点的行为模型表达式的行为树为 T_1、T_2，原子行为集合分别为 A_1、A_2，令 $A = A_1 \bigcap A_2$，具体步骤如下：

1) 获取 T_1 与 T_2 对应的标记迁移系统 S_1 与 S_2。

2) 将 S_1 与 S_2 的边上不属于 A 的迁移标记全部修改为 τ，得到 S_1' 与 S_2'。

3) 消除 S_1' 与 S_2' 得到观察等价的迁移系统 S_1'' 与 S_2''。

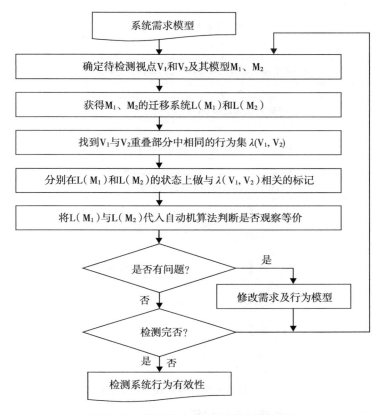

图 10-19　检测视点间一致性的基本步骤

4)如果 S_1'' 与 S_2'' 是强互模拟等价的,那么称 T_1 与 T_2 是一致的。

5)修改视点模型,直到所有相关视点间行为一致。

6)合并视点,得到视点一致的系统行为模型。

7)显示检测的结果。

8)若检测结果有问题则修改需求模型,直到系统满足视点间行为一致性。

5. 行为有效性

系统行为有效性检测是检测一个行为模型总能够按照预期的方式运行,具体检测步骤如图 10-20 所示(在该检测中使用的符号请参阅文献[54-63])。

步骤 1:确定系统行为模型中的条件表达式的真值。

步骤 2:将系统行为模型转换为等价的通信演算系统(CCS)模型。令 VPID 为视点的标识,具体转换算法如下。

1)定义每个视点的存储池。

```
Proc VPIDi_VPdatacell = Input | Output;
Proc Output = 'VPIDi_VPdatacell_in. Output;
Proc Input = VPIDi_VPdatacell_out. Input;
```

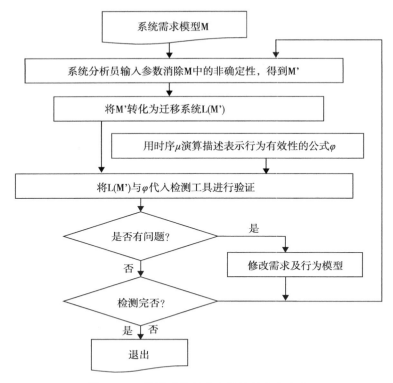

图 10-20　检测系统行为有效性的基本步骤

其中前缀 VPIDi 代表第 i 个视点的标识符。

2)定义结束动作。

```
Proc Done = 'done.nil;
```

3)对于复合行为 Com，根据 BDL 中复合行为中的操作算子来转换，其中 VPID 代表自身视点的标识符。

① 当操作算子为顺序算子时，分别进行如下转换。

- 如果两个子行为 Sub1 和 Sub2 均为复合行为，定义 CCS 表达式：

```
Proc VPID_Com = (Sub1[b/done] | b.Sub2)\{b};
```

- 如果子行为 Sub1 为原子行为，Sub2 为复合行为，定义 CCS 表达式：

```
Proc VPID_Com = Sub1.Sub2;
```

- 如果两个子行为 Sub1 和 Sub2 均为原子行为，则将原子行为 Sub2 加上前缀"VPID_"表示为 VPID_Sub2，然后定义 CCS 表达式：

```
Proc VPID_Com = Sub1.VPID_Sub2;
```

- 如果子行为 Sub1 为复合行为，Sub2 为原子行为，则将原子行为 Sub2 加上前缀"VPID_"表示为 VPID_Sub2，然后定义 CCS 表达式：

```
Proc VPID_Com = (Sub1[b/done] | b. VPID_ Sub2)\{b};
```

② 当操作算子为并行算子时，进行如下转换。

找出两个子行为 Sub1 和 Sub2 中的原子行为 Sub，并将原子行为 Sub 加上前缀"VPID_"表示为 VPID_Sub。然后定义 CCS 表达式：

```
Proc VPID_Com = (VPID_Sub1[d1/done] | VPID_Sub2[d2/done]|(d1. d2. Done + d2. d1. Done))\{d1,d2};
```

③ 当操作算子为选择算子时，分别进行如下转换。

对子行为 Sub1 和 Sub2，计算条件表达式的布尔值，为真则取 Sub = Sub1，为假则取 Sub = Sub2。

- 如果 Sub 为原子行为，将原子行为 Sub 加上前缀"VPID_"表示为 VPID_Sub，然后定义 CCS 表达式：

```
Proc VPID_Com = VPID_ Sub;
```

- 如果 Sub 为复合行为，则定义 CCS 表达式：

```
Proc VPID_Com = Sub;
```

4）对于原子行为 Atom，分别进行如下转换。

当原子行为 Atom 后面接有"ReturnTo"时，获取该 ReturnTo。

- 如果原子行为 Atom 的输出端是视点 i 所在的存储池，则定义 CCS 表达式：

```
Proc VPID_Atom = Sub. VPidatacell_out. ReturnTo;
```

- 如果原子行为 Atom 的输入端是视点 i 所在的存储池，则定义 CCS 表达式：

```
Proc VPID_Atom = Sub. VPidatacell_in. ReturnTo;
```

当原子行为 Atom 后面没有接"ReturnTo"时，

- 如果原子行为 Atom 的输出端是视点 i 所在的存储池，则定义 CCS 表达式：

```
Proc VPID_Atom = Sub. VPidatacell_out. Done;
```

- 如果原子行为 Atom 的输入端是视点 i 所在的存储池，则定义 CCS 表达式：

```
Proc VPID_Atom = Sub. VPidatacell_in. Done;
```

步骤 3：获取用时序逻辑公式描述的行为有效性表达式，具体的行为有效性表达式分别表示如下。

1）系统一致性。系统一致性描述行为模型中行为的执行无矛盾及二义性，即系统不期望发生的行为一定不会发生且期望的行为肯定发生。时序逻辑公式表示为：

$$(vz. (\wedge_{a \in k}[a] ff \wedge [-]z)) \wedge (\mu z. (\varnothing \vee (<->tt \wedge [-]z)))$$

其中，$K \subseteq A$ 是所有不期望发生的行为集，$\varnothing$ 是所有期望发生的行为集。vz 和 μz 分别表示最大不动点和最小不动点。

2）系统安全性。在一定条件下，某些不期望的行为永远不会发生，时序逻辑公式为：

$$vz.(\wedge_{a \in k}[a]ff \wedge [-]z)$$

其中，$K \subseteq A$ 是所有不期望发生的行为集。

3）行为可信性。在一定条件下某些期望的行为终究会发生，时序逻辑公式表示为：

$$\mu z.(\varnothing \vee (<->tt \wedge [-]z))$$

其中，$\varnothing$ 刻画了所有期望发生的行为。

4）行为非终止性。在一定条件下，某些行为会无限经常地发生，时序逻辑公式为：

$$vy.(\mu z.(<K>tt \vee (<->tt \wedge [-]z)) \wedge [-]y)$$

其中，K 是初始状态集。

步骤 4：将步骤 2 中的操作语义模型和步骤 3 中的有效性公式代入模型检测工具中进行自动检测。

步骤 5：显示检测的结果。

步骤 6：若检测结果有问题则修改需求模型，直到满足系统行为有效性为止。

10.5   基于行为模型的需求可视化

需求动画是需求验证的具体技术之一，其可以提高需求验证的效率和可信度，有助于用户与软件开发人员间的交流。因此，研制自动化程度较高的需求可视化的开发方法和需求动画工具是很有必要的。本节介绍的需求可视化方法是在分析国内外现有研究的基础上开发而成。利用该方法，只需少量的人工辅助，就可以实现从需求模型到需求动画的逐步转换实现。图 10-21 和图 10-22 分别表示了该方法的基本原理和具体实现过程。

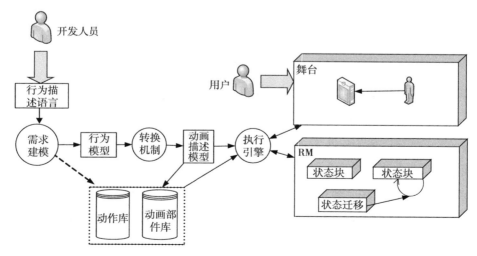

图 10-21   基于行为模型的需求动画实现原理

为了实现需求动画，首先需根据基于软件行为的需求建模方法，并利用行为描述语言建立目标软件的需求模型（或行为模型），然后通过模型转换将行为模型自动转换为动画描述模型。根据动画描述模型，动画执行引擎解释并生成可运行的多状态机形式和舞台动画，并驱动动画演示执行。用户在观看动画的过程中可与动画进行交互，控制动画流程。下面具体介绍需求动画实现的基本原理。

（1）建立基于软件行为的需求建模方法

需求验证的目的是检测目标软件的行为是否满足用户的需求。为了实施需求验证，通常可根据用户需求生成有关目标软件的可执行模型，然后利用该模型来模拟系统的行为，并检测系统的行为是否满足用户的需求。因此，可以说需求模拟执行就是模拟执行目标软件的行为。对于一个复杂的软件系统，不可能直接从用户提供的需求信息一步建立起需求模型。因此，基于软件行为的建模方法第一个技术难题是如何从自然语言表达的需求中抽取出与行为相关的细节；第二个技术难题是如何用半形式化、形式化的建模语言表达复杂系统的软件行为及行为间的相互作用；第三个技术难题是需求建模方法应该既可独立用于需求建模，又能用于描述动画执行所需要的关键信息，以便于需求动画的实现。有关需求建模方法和描述语言的介绍请参见前述内容。

（2）建立动画描述模型（从需求模型到动画描述模型的转换）

需求动画就是将动画技术与需求模型的模拟执行相结合，使得需求模型模拟执行的动态过程可视化。显然，需求动画的实现依赖于目标软件的需求模型，且该模型是可执行的。当然，如果需求模型不是可执行的模型，则需将其转换为某个语义等价的可执行模型。由于基于软件行为的需求模型不是可执行的模型，而且也无法控制动画的执行，故需将其转化为可执行的动画描述模型。动画描述模型是需求动画执行的基础，主要用于描述动画的组成结构、执行过程、软件行为与动画动作的关联和用户需求中的对象与动画部件的关联等静态信息，它在行为模型与动画执行引擎间起着桥接作用。动画描述模型一方面必须能准确和全面地表达动画执行所需要的各种元素，控制动画的执行过程；另一方面必须保持与需求模型的语义一致性。为此，首先需要研究动画描述模型的语义，其次研究从需求模型转换到动画描述模型的规则，并从理论方面证明两个模型间的转换能保持语义一致性。在前两个研究的基础上，研究动画描述模型如何控制动画的执行过程。需求模型到动画描述模型的转换是需求动画实现过程自动化的关键部分。在实现中需要解决三个关键问题：一是如何确定动画描述模型的语义模型，以保证动画描述模型是可执行的；二是如何建立一套模型转换规则，使得需求模型到动画描述模型的转换能自动进行，并且在转换过程中不会出现问题；三是需要从理论方面证明转换的结果（即得到的动画描述模型）能与需求模型在语义方面保持一致，以保证最终动画演示的行为过程与需求模型所描述的行为过程是一致的。

为了使动画描述模型是可执行的，以及控制动画的执行过程，动画描述模型的设计及实现可使用状态机来表达动画描述模型的操作语义。首先需要为状态机结构建立一套形式化的描述，并基于这样一个形式系统，建立状态迁移的规则，实现从需求模型到动画描述模型的转换。其次，为能够直观动态地表达软件行为，需要将动画描述模型中所涉及的对象与实际图形进行关联，并且将状态机中的迁移与动画动作进行关联，故需要建立一套开放的图形库，以支持将模型中抽象的对象与可视的图形进行关联，并建立一套动画动作原语支持开发人员能容易地将抽象的软件行为以可视的动态形式直观地展示出来。

（3）建立动画执行引擎

动画执行引擎主要用于解释执行动画描述模型，以及实际控制舞台动画的执行。首先需要考虑如何解释动画描述模型，以及根据动画描述模型设计和生成控制动画运行的具体动作。实际上，动画执行引擎是把动画描述模型具体解释并生成为可实际运行的多状态块（或多状态机）模型，并根据多状态块模型实际控制舞台动画的动态执行。其次，需要研究动画执行引擎如何组织布置舞台动画部件。此外，该执行引擎还需要提供交互式手段，并根据用户的反馈，调整执行路径。当执行到达错误的状态时，该执行引擎需要提交错误报告，指示需求中存在的问题，从而引导开发人员对需求加以更正。

（4）提供辅助动画制作的机制

由于不同的需求模型具有不同的行为模式和行为对象，这些给动画演示的实现，特别是动画部件的图形表示和具体动作带来很大的麻烦。为了使用户能有效和较容易地进行动画设计，需要归纳不同需求模型中的行为模式和行为对象，建立开放的动作库和动画部件库，使开发人员能基于动作库构造各种复杂行为的动画执行，使用动画部件库中的图形符号直观地表达需求中的各种对象等。

图 10-22 表示了该方法的具体实现过程。利用上述需求动画方法和技术实现的自动取

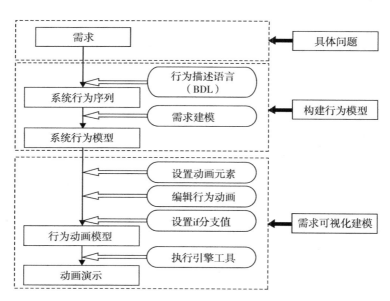

图 10-22　基于行为模型的需求动画实现过程

款机系统的动画界面如图 10-23 所示。该图表现的是：在正常取款的场景中，用户提交的卡号和密码信息在由 ATM 加密以后，正通过总行发送到开户分行进行验证。未来开户分行接收到相应的加密信息后，将把该信息与分行数据库中的用户信息进行比较和验证，用来确定该账户的合法性。

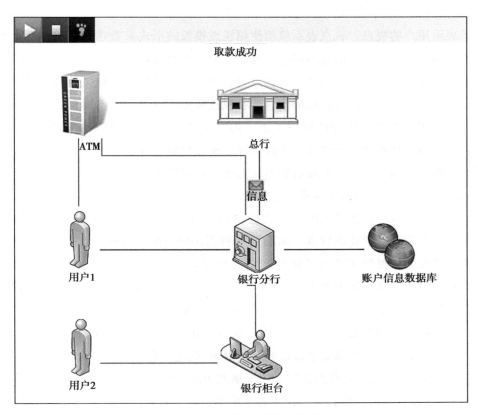

图 10-23   自动取款机系统的动画界面

10.6   需求建模方法的特点

面向复杂系统的需求建模方法也可以说是基于视点和软件行为的需求建模方法，其具有如下特点：

(1)创新的需求工程建模方法

该建模方法基于多视点和软件行为建模，有别于现有的一些需求建模方法和技术。这主要是考虑到复杂软件系统的特点和软件行为的正确与否决定了软件能否满足用户需求，以及软件特性如可信特性等可以通过软件行为给予验证的一些重要因素。尽管在需求阶段软件系统还未开发出来，但如果能在需求阶段通过分析它们的需求，建立严格的和基于软件行为的需求模型，这将是非常现实和重要的工作。为了建立基于多视点和软件行为的需求模型，该建模方法完整地、系统地给出了需求建模的具体流程和步骤、行为描述语言及其语义、自动检测需求模型的方法和步骤等。基于该建模方法的建模过程支持从自然语言逐步过渡到半形式化，然后到形式化。此外，该方法也充分体现了软件工程的基本原则，通过划分问题域和多视点以及场景的形式，可对复杂系统进行分解，以表达复杂系统的所有需求信息。

（2）灵活的视点表示模型

为了表示用户的视点，视点表示模型使用视点模板的形式来表达和存放与视点相关的信息。视点模板规定了视点的基本描述内容。一个视点模板包括多个信息槽，每个信息槽分别记录了该视点的部分需求信息，如视点名、建立视点的时间、相关的视点等，用户可根据自己的需要在模板中填写相应的信息。在视点模板中可以存放不同形式的、与视点相关的信息，如用文本方式描述的用户需求，用图形或 BDL 语言方式表达的行为模型等。另外，利用建模工具系统，用户也可在现有视点模板规定内容的基础上适当扩充或减少视点模板的内容，以满足不同开发项目和不同需求建模方法的需要。

（3）易于理解和使用的需求建模语言 BDL

在设计建模语言时，除了考虑该语言的严格性外，也考虑到该语言的简单性和实用性，以及适应需求易于变化的特点。BDL 是一种语法结构简单的语言。该语言虽然具有形式语言的严格性，如提供了严格的语法和动态语义，但与现有的形式化建模语言相比而言，它具有易使用和易理解的特点。使用 BDL 进行需求建模的风格有点类似于程序设计风格，但比程序设计工作简单，且具有一定编程经验和使用过高级程序设计语言的技术人员能较好地理解和使用该建模语言。另外，在实际建立需求模型时，用户只需参考 BDL 的语法，把自然语言描述的场景直接过渡到用 BDL 描述。在严格性方面，除了用 BNF 形式严格描述 BDL 的语法外，我们还定义了严格的 BDL 语义，这有别于其他半形式化建模语言如 UML，而且也为严格和自动检测需求模型奠定了良好的基础。

（4）多样化的、严格的需求模型检测方法

根据形式化的需求模型的特点，我们提出和实现了多种检测需求模型的方法。这些方法大致可分为语法和语义两个方面。其中，语法检测是为保证基于行为需求模型的语法正确性，如行为表达合法性、含输入/输出行为的一致性和行为完整性等。语义检测是基于视点相对独立的特点和检测系统特性的需要，特别是在检测系统特性时使用了模型检测的基本原理和行为时序逻辑理论。由于不同的软件系统需要检测不同的系统特性，故在需求建模工具系统中，系统特性检测可以为用户提供了既严格又灵活的检测方式，如表达式方式和模板方式等。此外，利用需求动画方法和技术加强了用户与软件开发人员间的交流。采用多样化的、严格的需求模型检测方法，有助于提高需求分析的效率和获得高质量、完整的软件需求。

（5）具有较好的兼容性和可扩展性

该方法能与一些其他的现有建模方法和技术衔接，即可将行为描述语言作为元语言来表达一些其他建模技术和符号，如时序图、状态图、工作流图、数据流图等一些半形式化的图形建模技术，使得不同的建模方法和技术能有统一的形式语义，并为需求检测奠定基础。该方法的形式化工作也考虑与现有的形式化设计方法的衔接，如 B 方法等。在该方法的基础上可继续延伸以支持软件的设计和实现工作。

10.7　进一步的研究

10.7.1　方法的实现

我们已基于前述的需求建模和检测方法自主研制出面向复杂系统的需求工程建模工具系统的原型。该系统主要以前述的需求工程建模方法为基础，从多视点和软件行为的角度为软件开发人员提供了实用的建立需求模型和分析用户需求的功能，能够更清晰地表达用户的意图，且建模工具系统的操作简单，便于开发人员掌握和使用。考虑到不同用户的习惯以及经验的不同，该建模工具系统提供了图形化输入以及文本输入两种建模方式，特别是提供了比较友好的用户界面和可视化功能，再加之可将复杂的软件系统需求逐步分解为问题域、视点和场景三个层次，使得需求建模过程以及复杂的形式化方法变得较为直观和易于理解，可帮助开发人员快捷高效地进行需求分析和建模工作。为保证需求建模工作能安全和有序地进行，该建模工具系统还提供了账户管理以及划分建模权限的功能，以指导和辅助开发小组有效地进行职责划分，可在并行进行需求开发工作的基础上，统一管理需求模型等。此外，该建模工具系统在需求可视化方面除了提供图形化输入方式外，也提供了动画模拟演示待开发软件系统动态行为的功能，以加强用户对待开发软件系统的直观理解，提高需求分析效率。需求可视化功能提高了该建模工具系统的实用性。该系统的实现是在 Microsoft Visio 2007 工具上进行二次开发，利用 Visio 的图形界面接口，实现了建模过程的可视化。

为了验证和评价本章介绍的需求建模和检测方法，以及需求建模工具系统的实用性和有效性，我们使用了一些不同类型和不同应用领域的实际软件系统作为实例，并在需求建模工具系统中进行了实验，获得了较理想的结果。这些实例有些是公司提供的，有些是我们已实际完成的软件开发项目，有些是软件工程教学中的典型实例，具体列举如下：

- 校园通系统(类型：实时系统和信息管理；应用领域：教育)。
- 通用商业企业进销存管理信息系统(类型：信息管理；应用领域：商业)。
- 某型手机金融系统（类型：网络环境下的实时系统；应用领域：金融）。
- 网上图书销售系统（类型：基于网络的信息管理；应用领域：出版发行）。
- 自动取款机系统（典型的软件工程教学实例）。
- 产品自动装配系统（类型：嵌入式实时系统；应用领域：工业）。

为便于学习和理解，我们在本书的附录 A 中给出了其中一个"校园通系统"的需求模型和部分检测实例。

10.7.2 有待研究的问题

目前的软件需求开发工作还存在许多不足之处，主要表现在如下几个方面：

1)高层次的系统需求分析阶段易于与软件实现阶段脱节。通常，根据用户需求建立的需求规格说明和需求模型是软件实现的依据和规范，但在实际的软件实现过程中，由于用户需求的易变性和频繁的程序改动，使得最终的源程序与现有的需求规格说明和需求模型会产生不一致或矛盾，如果不及时修改现有的需求规格说明和需求模型，这将导致系统与文档间的不一致，使得花费了许多精力和成本建立的需求规格说明和需求模型不能发挥应有的作用，特别是目前的需求建模工具系统 UML 存在着这样的问题。

2)由于上述的脱节，也使得系统需求分析阶段对需求模型的检测与软件测试阶段对源程序的测试工作脱节，导致需花费很多精力和成本来重复设计测试用例。

3)如何将需求模型有效地应用于软件实现工作中，即能否根据需求模型来进行软件的设计和实现，还有待于探讨。

基于上述存在的问题，有必要根据前述建模方法的特点(如特点 3)，进一步研究在前述建模方法基础上的、面向某一应用领域(如嵌入式实时系统软件)的、可从需求模型到代码生成的方法及其工具系统，并通过一定的人工干预和调整(因为程序自动生成的理论与技术还不够成熟)，支持源代码的生成。

最后，由于我们的研究水平有限，且有些研制工作还在不断完善中，故也恳请读者们对前述的方法提出宝贵的意见和建议。

第 11 章

面向问题域的需求分析方法

面向问题域的需求分析方法（PDOA）是由 M. Jackson 和 P. Zave 等人提出的一种需求分析方法。与结构化需求分析方法和面向对象需求分析方法相比，其需求建模风格明显不同。本章介绍这种需求分析方法的基本思想和方法。

20 世纪 90 年代中期开始，M. Jackson 和 P. Zave 等人在详细讨论和分析传统的结构化需求分析方法和面向对象需求分析方法的基础上，对需求工程的本质进行了深入的思考[9,64-68]。他们认为软件问题的本质是配置的机器 M，在相关的域 D 内产生期望的效果 R。机器 M 是可运行程序的计算机，包括输入/输出设备；期望的效果 R 即用户需求；与问题相关的域 D 就是问题所处的客观世界。问题域是定义用户需求的前提，因为用户需求与所处的客观世界紧密相关，仅依赖机器本身难以产生预期的效果。因此，需求工程的本质在于从待求解问题的角度，考虑待开发软件系统（即机器 M）将在与待求解问题相关的域内产生的效果。为将这一思想应用于实践，他们提出了面向问题域的需求分析方法[9-10,69]，从问题及其所处的问题域出发，考虑待开发软件系统的需求。

11.1　问题域

所谓问题域是指与问题相关的部分现实世界[10]。问题域和问题相互依存，问题处于一定的问题域之中，脱离了问题域，问题就无法存在。问题域也是与特定的问题相关的现实世界，脱离特定的问题，考虑纯粹的问题域没有任何意义。问题域包括所有与描述期望效果有关的事物，可用来产生这些效果的方法也是问题域的一部分。用来产生相关效果的方法可分为直接方法和间接方法。直接方法是指机器的输入/输出设备，间接方法则包括用户以及可以执行任务的其他计算机等。用户需求可视为通过计算机程序在问题域中施加的效果，这些效果是对用户预期的描述。例如，在问题域中执行某种类型的活动、使用问题域的部分信息、使问题域中的参数保持在一定范围内等。用户需求描述中的每一个术语都代表了问题域中的相应事物，或者说必须用问题域中的相应事物来指称。

　　与问题相对应的是问题的解决方案或称解系统，在软件开发中是指能在计算机上运行且能解决问题的程序。以往的需求分析方法或多或少直接以问题的解决方案（即在机器中运行的程序）为出发点来考虑待开发软件系统的需求。由于从问题域与从机器域考虑同一问题的侧重点不同，所使用的技术、方法和表示符号等也不相同。而需求工程是一个获取并文档化用户需求信息的过程，用户所关心的是在问题域内所产生的效果，对软件在机器域中如何具体实现并不关心。用户所拥有的也只是与问题域相关的知识，对具体实现所需的技巧和方法并不了解。故必须从问题域而非机器域出发，获取并文档化用户的需求信息。

　　要实现用户期望的效果，运行程序的计算机必须与问题所处的问题域进行交互，即在问题域与机器域的接口处执行某些动作或行为。它涉及计算机输出设备和输入设备的行为。M. Jackson 认为，软件设计作为一个整体，理论上需要做三个方面的描述：仅适用于问题域的描述、仅适用于机器域的描述和一般性描述[9]。仅适用于问题域的描述是指通过对问题域的研究，获得对该问题域特性及存在于其中（需要解决）的问题特性的透彻理解并用文档进行说明，该文档称为需求分析文档。仅适用于机器域的描述是指运行在计算机上的程序，即开发后所生成的代码文本，它只能在计算机上运行，与在问题域中产生的效果没有任何直接关系。一般性描述用于连接上述两种类型的描述，它主要对在问题域和机器域的接口处所发生的行为进行描述，定义并创建解系统的行为，使之在问题域中产生所需的效果，这种描述称为需求规格说明文档。如图 11-1 所示，上面的三种描述横跨两种类型的域：需求分析文档全部包含在问题域中，与机器域无关；程序作用在机器域中，与问题域无关；而需求规格说明文档描述问题域与机器域之间的接口。这三类描述除所处的域类型、关注的内容不同外，相互之间也存在一定的关系，即需求规格说明文档可以看作把需求分析文档转换为接口处的描述，程序则是使计算机按需求规格说明文档中所描述的那样运行。

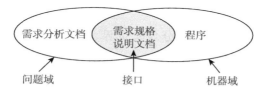

图 11-1　需求分析文档、需求规格说明文档和程序之间的关系

　　需求分析文档包括两方面的内容：问题域知识的描述，用 K 表示；用户期望在问题域中产生的效果，即用户需求，用 R 表示。将问题域描述与用户需求描述进行区分的一个好处是：由于问题域是相对稳定的，而用户的具体需求容易改变，对两者进行区分可以尽量降低因需求变化所带来的影响，减少需求管理的难度。另外，这也有利于对不同类型的信息中存在的不一致采取不同的处理方式[70]。当用 S 表示需求规格说明时，三者应具有如下的关系：

$$K, S \Rightarrow R$$

即在 K、S、R 三者各自的描述均正确的前提下，S 中所定义的行为能在 K 所描述的问题域中产生所期望的效果 R。

11.2　问题域的划分

面向问题域分析方法的前提是对待求解问题及其问题域进行界定和划分。通常，对于复杂问题的分析，一般的做法是采用"分而治之"的策略。对于软件问题的分析和设计，从 20 世纪 70 年代开始，人们就一直采用层次式功能分解的方法，并把它当成分析复杂软件系统的重要工具。层次式功能分解又称为自顶向下和逐步求精，包括三个步骤：

1）确定系统所需的各项功能；

2）若某些（个）功能对应于一个足够小的具体实现单元，则由该实现单元直接实现这些（个）功能；

3）否则，把功能分解为一系列子功能，并重复步骤 2）和 3），直到所有子功能可分别对应一个足够小的具体实现单元。

虽然表面上看功能分解十分合理，也符合人们一般的思维习惯，但也存在不足。原因在于把高层功能分解成子功能的方式可能有多种，但没有任何方法可以提前告知这些分解方式中哪一个好或哪一个差，直到进入实现阶段时才可评价所采用的分解方式是否恰当，而此时分解活动早已结束。

为克服软件开发中传统的层次式功能分解方法的不足，M. Jackson 等人提出应该以并行方式对问题及其问题域进行划分[71-74]。所谓并行划分是指将每个子问题看成整个问题通过不同角度的一个投影，它们将整个问题分解为一系列相互关联的子问题。其中子问题的需求是整个需求的一个投影，它的接口也是整个问题接口的一个投影。同时，在划分子问题的过程中，以已知解决方案的问题或相似问题为导向，对未知解决方案的整个待求解问题进行恰当的分析和划分。由于已知问题的解决方案是有效的，因此可保证对整个问题及其问题域的划分是合理和有效的。

要说明的是，上面所说的"划分"实际上是指采用并行投影的方式对整个问题及其问题域进行分解。分解后的不同的子问题及其所处的子问题域间可能存在重叠。

11.3　问题框架

为使上述并行划分的方法实际可行，M. Jackson 等人归纳并总结了软件开发中经常出现的五类基本问题；需求式行为问题、命令式行为问题、信息显示问题、工件问题和变换问题。他们对每类基本问题的基本性质、所涉及问题域的类型、每类问题所涉及的问题域、用户需求和机器域之间的拓扑结构、应满足的关系及其性质等进行了研究，提出了这五类基本问题对应的五个不同的基本问题框架，并将这些问题框架用于对每种类型的基本问题进行描述和需求建模，同时对每个基本问题框架的可能变体进行了研究[9,69,75-77]。

问题框架是一种模式，它捕获并定义了常见的简单子问题的类型。形式上，一个问题框架由如图 11-2 所示的三部分组成。其中，问题域 D 表示该问题框架所包含问题域的类型、结构以及其中包含的过程和任务等，用矩形框表示。需求 R 表示期望在问题域中产生的效果，因而是对问题域的约束，用虚椭圆表示，需求对问题域的约束用指向问题域的带箭头的虚线表示。机器 M 表示待开发的软件系统，用带双线的矩形框表示，机器与问题域间的实线表示机器域与问题域在接口处的共享现象，共享现象包括实体、事件、状态等。图 11-2 的意思是通过某个机器 M 的构建，可在问题域 D 中产生期望的效果，使之满足需求 R。

图 11-2   问题框架的组成元素及其关系

问题框架的作用类似于设计模式[78]，只是前者用于问题的分析和描述，后者用于解决方案的设计。以 M.Jackson 的五种基本问题框架为导向，可以先对整个问题及其问题域进行合理的划分，然后依次对每个问题框架实例进行具体需求信息的获取、描述需求和建模。问题框架将整个问题域建模成一系列相互关联的域，不仅有助于把需求从问题域的内在性质中区分出来，还有助于确定问题域的类型。根据问题域类型的不同，分析员可收集和记录不同的需求信息。

11.4   问题框架的类型

长期以来，人们对软件系统进行了各种分类，试图为同类型软件的开发提供有益的指南或方法。常见的分类方式如：按系统软件和应用软件分类，进一步将后者划分为商业软件和工程软件两类；按批处理系统/脱机系统、交互系统和实时系统等分类；按以数据处理为主的系统、交互为主的系统和算法为主的系统等分类。上述各种分类方式虽然有助于识别同类型的软件系统，但都只是相当粗略的分类，不能以有效的方式获取问题及其问题域的本质特征。对于如何解决问题，往往只能提供含糊的指示。至少就需求工程而言，上述类似的分类方式并不具有多大的实际指导价值。

对此，M. Jackson 指出，必须以与问题相关的问题域中域的性质以及子域与子域（以下把子域也称为域）、域与机器、域与需求之间的关系为基础来对问题及其问题域进行分类。域与域、域与机器、域与需求之间的关系前面已做过介绍。

根据与问题相关的问题域中域的性质以及域之间的关系，M. Jackson 等人归纳并总结了软件开发中经常出现的五类基本问题，并对它们可能的变体也进行了研究。每类基本问题都比较微小，所涉及的问题域通常也很简单，其解决方法也是显而易见的。虽然实际的问题往往比这些基本问题复杂很多，但基本上都可以由这五类基本问题及其变体组合而成，反过来可以这些基本问题为导向，指导实际问题及其问题域的划分。

问题框架可根据问题域特征、接口特征和需求特征定义一个直观的、可标识的问题类。对于上面所提及的五类基本问题，可以用五个不同的基本问题框架分别进行描述。在形式上，一个问题框架类似于一个问题图。与问题图稍微不同的是，问题框架中对每个域的类型与共享现象的类型都进行了描述。问题框架不对应具体问题，其中的组成元素也不具有任何实际的意义。具体应用一个问题框架于某个实际问题称为实例化该问题框架，实例化后的结果称为问题框架实例。

（1）需求式行为问题框架

需求式行为问题框架的直观思想是：存在客观世界的某个部分，其行为要受到控制，使得它满足特定的条件。问题是要建立一个机器，该机器施加所需要的控制。其问题框架如图 11-3 所示。

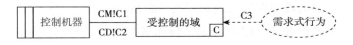

图 11-3　需求式行为问题框架图

控制机器是要建立的机器，即待开发的软件系统。受控制的域用 C 标记，C1 和 C2 是控制机器与受控制域的接口处的共享现象。C1 由机器控制，机器通过 C1 来影响受控制域的行为。C2 由受控制的域控制，它给机器提供反馈。需求称为需求式行为，是对受控制域中因果现象 C3 的约束，C3 为需求现象。

在需求式行为问题中，实际受控制的域也可能并不直接与控制机器相连，而是通过其他的连接域进行桥接，这是需求式行为问题框架的一种变体，其问题框架如图 11-4 所示。

图 11-4　带连接域的需求式行为问题框架图

控制机器通过共享现象 C1 来影响连接域的行为，然后连接域通过共享现象 C4 来影响实际受控制的域，C5 和 C2 则分别是实际受控制的域和连接域所反馈的共享现象。C3 的意义与原需求式行为问题框架中的意义一致。

要说明的是，在需求式行为问题框架实例及带连接域的需求式行为问题框架实例中，由于受控制的域可能不向控制机器发送反馈信息，因此在某些实例化过程中，相关接口处可能没有对所反馈的共享现象进行描述。

各类基本问题框架都存在这种类似的连接变体问题，甚至有更复杂的带连接域的连接变体，但本质上它们都是在各基本问题框架所关心的两个域之间引入一个或多个连接域，从而使各基本问题框架能适应更多的实际问题。下面在介绍其余的基本问题框架时，不再具体讨论与它们相关的连接变体问题。

(2)命令式行为问题框架

命令式行为问题框架的直观思想是：存在客观世界的某个部分，其行为要依据操作者发出的命令来控制。问题是要建立一个机器，该机器接受操作者的命令并施加相应控制。其问题框架如图 11-5 所示。

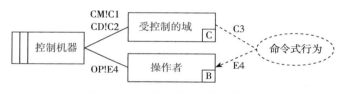

图 11-5　命令式行为问题框架图

控制机器、受控制的域和它们的现象 C1、C2 和 C3 的含义与需求式行为问题框架一样，但此处存在一个操作者域，用 B 标记。操作者与机器共享的现象为事件 E4，它由操作者控制，是操作者发给机器的命令。需求称为命令式行为，它通过描述关于其行为的通用规则以及关于它必须如何被控制来响应操作者的命令 E4 的特定规则，并以此来限制受控制域的行为。操作者是自主的，也就是说，操作者在没有外界刺激的情况下自主地产生 E4 事件，其中 E4 既是需求现象，又是规格说明现象。

(3)信息显示问题框架

信息显示问题框架的直观思想是：存在客观世界的某个部分，关于其状态和行为的特定信息被连续地需要。问题是要建立一个机器，该机器从客观世界中获得相关信息，并按所要求的格式呈现在所要求的地方。其问题框架如图 11-6 所示。

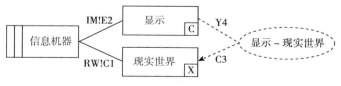

图 11-6　信息显示问题框架图

　　提供信息的部分世界称为现实世界，信息在另一部分世界中显示。要建立的机器称为信息机器，需求称为显示～现实世界。它们之间的关系是，机器通过观察现实世界域所控制的因果现象 C1 来判定现实世界域中的需求现象 C3，同时机器必须通过触发与显示域接口上的事件 E2，引起显示域的符号值和状态 Y4 的变化，使 C3 和 Y4 满足需求中所要求的对应关系，其中的 Y 表示该共享现象是符号现象。

　　除带连接域的变体外，信息显示问题框架还有两种常见的变体。第一种变体引进一个模型域，并将信息显示问题框架用两个子框架表示，其中第一个子框架对现实世界进行建模，生成一个反映现实世界的模型域；第二个子框架基于该模型域显示需求中所要求的信息，如图 11-7 所示。

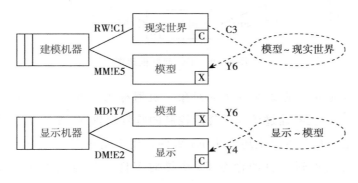

图 11-7　带连接域的信息显示问题框架图

　　模型域是对现实世界的描述，但不同于现实世界域，用 X 标记，与现实世界域没有共同的现象。现实世界域的现象是 C1 和 C3，模型域的现象是 E5、Y6 和 Y7。原来的需求即显示现象 Y4 对应于现实世界 C3，被分解为两部分：由建模机器满足的部分，即模型现象 Y6 对应于现实世界现象 C3；由显示机器满足的部分，即显示现象 Y4 对应于模型现象 Y6。

　　第二种变体是引进一个操作者域，机器根据操作者所发出的请求显示现实世界中的相关信息，如图 11-8 所示。

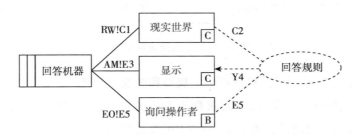

图 11-8　带操作者域的信息显示问题框架图

操作者称为询问操作者，询问被看作命令，被机器当作事件 E5 共享。机器称为回答机器，在显示域中产生其输入信息。需求称为回答规则，为现实世界状态 C2 和 E5 询问的每个组合规定要产生的回答，这些回答是符号现象 Y4。

（4）工件问题框架

工件问题框架的直观思想是：需要一个工具，让用户创建并编辑特定类型的计算机可处理的文本或图形对象或简单结构，以便它们随后能被复制、打印、分析或按其他方式使用。问题是要建立一个机器，该机器可以充当这个工具，其问题框架如图 11-9 所示。

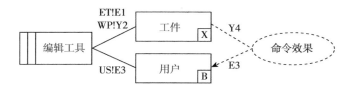

图 11-9　工件问题框架图

工件是计算机能处理的文本或图形对象。机器称为编辑工具，通过控制事件现象 E1 对工件进行操作。机器通过访问工件所控制的符号现象 Y2 来检测工件当前的状态和值。存在一个自主用户，可自主地产生 E3 事件，用于给机器发命令。需求称为命令效果，规定由用户发给编辑工具的命令 E3 应该对工件的符号值和状态 Y4 有什么样的效果。

（5）变换问题框架

变换问题框架的直观思想是：存在一些计算机可读的输入文件，其数据必须变换，以给出所需要的特定输出文件。输出数据必须遵守特定的格式，按照特定的规则从输入数据中导出。问题是要建立一个机器，该机器从输入中产生所需要的输出。其问题框架如图 11-10 所示。

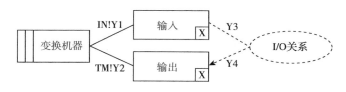

图 11-10　变换问题框架图

输入域是给定的，输出域由机器产生。机器称为变换机器，它访问输入域的符号现象 Y1，并确定输出域的符号现象 Y2。需求称为 I/O 关系，它规定输入域的符号现象 Y3 和输出域的符号现象 Y4 之间的关系。Y1 和 Y3 可以是相同的现象，也可以不同，Y2 和 Y4 同样如此。

11.5　PDOA 方法的分析步骤

PDOA 方法的特点是将关注的重点定位在问题及其相关的问题域上，通过对问题及其问题域进行合理的分类，为分析人员提供解决具体问题的相关指南。同时从问题域的角度出发，使用户参与整个需求过程，有利于更直观和真实地反映问题域的信息和用户的需求。PDOA 方法的基本过程可以大致分为如下几步：

1）搜集需求信息，界定和描述问题及问题域；

2）划分问题域并开发相关问题框架；

3）根据问题框架的类型进一步描述问题域的相关特性。

其中第 3 步是关于子问题域的描述，是至关重要的指导原则。在该原则下，可以针对每种类型的问题域，列出有待分析和文档说明的问题域的各元素。这一步关注的就是明确应该记录哪些信息，描述的手段可以使用决策表或其他描述方法，以便为需求定义提供充分的依据。有关第 3 步的内容可详见参考文献[79]中的例子。为便于理解，本节以某校园通系统为例来说明 PDOA 方法的工作原理。

例　为加强学校及学生的安全管理工作，加强学校与家长的沟通和联系，使家长能及时了解学生到校、在校学习及离校等方面的情况，学校拟开发一套称为"校园通"的计算机系统。该系统由分布于各校门处的考勤机、各教师办公室的终端及一台主机组成。考勤机与主机通过电缆直接相连，同时主机与固定电话系统通过主机内置的语音卡相连。此外，主机还作为信息提供者与各移动电话运营商的短信网关相连。

每个学生配备一张感应式 IC 卡，只有在校门口的考勤机上刷卡成功的学生才允许进入学校，学生离开学校时也必须在考勤机上刷卡。每次刷卡时，系统记录刷卡学生的卡号、姓名、刷卡时间等相关信息，并通过短信网关将相关信息以短信的形式发到学生家长的手机。此外，教师也可通过该系统以短信的形式给学生家长发送各类信息。管理员依据学校的有关规定制定考勤规则，系统根据考勤规则定时汇总学生的刷卡记录和请假记录，生成学生的考勤报表。学生的请假记录由准假教师输入系统。另外，教师可在系统中输入每个学生的作业完成情况、上课认真程度、考试成绩等各类在校表现信息。当家长来电时，系统自动应答家长的各类查询请求，并将相关信息转换为语音反馈给家长。

11.5.1　问题及问题域的界定与描述

要有效地对问题及其问题域进行划分和建模，首先必须界定问题及其问题域的范围。由于问题与问题域密切相关，关键是对问题域进行合理的界定。同时，必须采用合适的方式对问题及其问题域进行恰当的描述。

传统的系统分析一般采用上下文图（Context Diagram，CD）的形式界定并描述问题及其问题域[80]。上下文图相当于结构化分析方法中的第 0 层数据流图。它由一个代表解系统的圆圈、一些对解系统外部可见且与解系统直接相连的域以及相关的信息流组成。域用矩形框表示，可以是某个特定的物理实体、与解系统交互的人，也可以是其他计算机系统等。采用上下文图界定问题域的方式实际上就是对那些解系统外部可见且直接与之相关的域进行标识。

以校园通为例，整个待解决的问题实际上是开发一套运行在主机上的软件系统，使之满足实例陈述中所提到的各种要求。通过对该实例进行初步分析，可以发现与主机直接相连且外部可见的域有：管理员、教师、考勤机、固定电话系统和短信网关等。其中，管理员向系统发送各类编辑考勤规则的命令，简称为管理员命令。教师向系统发送各类编辑学生请假、在校表现等信息的命令，以及通过系统给学生家长发送短信，简称为教师命令。考勤机则向系统发送学生的刷卡信息。固定电话系统向系统传入用户的呼叫请求以及用户查询学生在校表现的命令，系统可应答固定电话系统传入的用户呼叫请求，并可将相关的查询结果通过固定电话系统传送给用户。系统可将短信息发送到短信网关、查询某条短信息是否已被短信网关发送等，简称为网关操作命令。短信网关给系统反馈短信发送结果等信息，简称为网关反馈信息。根据这一初步分析，可生成如图 11-11 所示的上下文图。

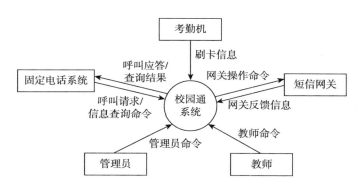

图 11-11　校园通系统的上下文图

上下文图对于问题及其问题域的初步界定具有积极的作用，通过建立上下文图可获得对问题的初步认识。一般来说，它能标识出大部分与问题相关的域，有助于确定问题域的大致范围及各个域与解系统之间的关系。

但用上下文图界定并描述整个问题及其问题域存在一些不足：

1）上下文图只描述了与解系统直接相连的域，而没有描述与解系统间接相连的其他域，这导致一些对于理解用户需求很重要的域或甚至与用户需求直接关联的域可能会因此被忽略掉。如在校园通中，家长通过拨打电话向系统查询学生的各类在校表现信息，由于其不与系统直接相连，故在图 11-11 中没有将家长作为一个域进行描述，但系统反馈给家长的具体信息由家长在电话键盘上输入的命令决定，因而家长发出的按键命令是直接与需求相关的，故必须对家长域进行描述，不能忽略。

2）上下文图只描述了系统外部可见的域，而没有描述在系统运行后才生成的域，这些域可能对于描述用户的需求同样是重要的。如在校园通中，不存在一个外部可见的所谓学生在校表现域与系统直接相连，故在图 11-11 中没有描述，但家长要通过系统查询学生的在校表现，故对学生在校表现的描述是需求的一部分，必须作为一个域进行描述。实际上，该域是由教师对学生的在校表现进行评估后，通过终端在系统中创建并存储在系统内部的一个域。

3）上下文图只描述了域与解系统之间的关系，而没有描述域与域之间的关系，而实际上一些域与域之间的关系可能对应于必须满足的真正需求。如在校园通中，短信网关需给系统反馈短信发送是否成功的信息，而实际是否发送成功由移动网络系统决定，故短信网关与移动网络系统之间的关系对应一条必须满足的需求。

4）上下文图本质上是从解系统的角度考虑与问题相关的域，系统与各个域之间的关系通过两者间传递的数据流或物质流进行表示。但对于一个尚处于问题域分析阶段的软件问题，难以甚至不可能完全正确地勾画其解系统及其与各个域之间具体的数据流，故必须从问题而不是解系统的角度考虑问题域以及其中存在的各种关系，着重对问题的描述而不是对解系统的描述。而在上下文图中，没有对问题进行任何具体的描述，只是假设问题，或者说明用户的需求是存在于上下文图所描述的域之中的，且假设需求可以被上下文图中描述的系统完全满足。但实际上，并没有任何迹象可以证明这一点。

为克服用上下文图界定和描述问题及其问题域的不足，M. Jackson 等人认为问题及其问题域的界定和描述必须以问题为中心，而不是以解系统为中心[9,65]，并提出了采用问题图的形式来界定和描述问题及其问题域[69,71]。

他们认为，以问题为中心，不仅要对与解系统直接相连且外部可见的域进行标识和描述，也要对不与解系统直接相连，以及可能由解系统所创建，但对于问题的界定和描述十分必要的域进行标识和描述。同时，域与域之间的关系不应采用数据流描述，而应采用它们之间的共享现象进行描述[66]。此外，最重要的是在对问题及其问题域的描述中，必须明确地对待解决的问题（即用户的需求）进行描述，且能够在相关描述中反映出需求如何才能被满足。

他们提出的问题图形式上是由机器、问题域和需求以及它们之间的关系组成的，与图 11-2 类似，只是在图 11-2 中没有对各个组成部分之间的关系进行具体的标记。其中机器对应上下文图中的解系统；问题域是对上下文图中所包含的域的扩充，由一系列相互关联的域组成；需求则是比上下文图多出的部分，用于概略地描述待解决的问题。

在问题图中显式地描述需求及其与各个域之间的关联是十分有意义的，因为需求是与问题域相关的，需要展示它如何关联到各个域之中以及如何才能被满足。需求与域之间的关系有两种类型，一种是需求对域中现象的引用，另一种是需求对域中现象的约束。域与域、域与机器、域与需求之间通过共享现象进行关联，每个共享现象由相互关联的两个或多个域(机器/需求)所共享，但只能由其中的一个域(机器)所控制。此外，每个域自身也使用域中的现象进行描述。

在问题图中，机器与各个域之间的共享现象用于描述规格说明，称为规格说明现象。需求与各个域之间的共享现象用于描述用户需求，称为需求现象。由于需求只是在开发过程中产生的描述，在问题上下文中没有物理的实现，不能与机器或其他任何域共享现象，因此需求现象实际上是需求对域中现象的引用或对域中现象的约束。

采用问题图形式描述问题及其问题域与图 11-1 中展示的规格说明、域知识、需求三者之间应满足的关系也是一致的，即机器通过规格说明现象作用于问题域，使之满足需求对问题域的约束。故采用问题图的形式可以明确地反映出需求如何才能被满足。

描述域与域间关系的现象可分为事件、实体、值、状态、真值和角色这六种类型。前三种为个体，后三种为个体间的关系。个体是可以命名且可以区别于其他个体的事物；关系则是一组个体间的关联，它由一定数量的元组构成。每种现象的具体定义如下：

- 事件(event)：在特定的时间点发生、出现的个体。每个事件都不可再分，且是瞬时的。事件本身没有内部结构，发生也不花时间。
- 实体(entity)：实体是一直存在的个体，可以从一个时间点到另一个时间点改变特性和状态。
- 值(value)：值是一个无形的个体，存在于时间和空间之外，不会改变。通常感兴趣的值是由符号表示的值和字符。
- 状态(state)：状态是实体和值之间的关系，可以随时间而变化。
- 真值(truth)：是不能随时间发生变化的个体间的关系，这里的个体总是一些值，而真值表达了数学上的事实。
- 角色(role)：是一个事件和用特殊方式参与这个事件的个体之间的关系。

除可按以上方式对现象进行分类外，还可将它们分为两大类型。

- 因果现象(Causal Phenomena，CP)：包括事件、角色或实体等，之所以称为"因果的"，是因为它们是直接由一些域引起或控制的，能够依次引发其他现象。
- 符号现象(Symbol Phenomena，SP)：包括值、真值以及只与值相关的状态，之所以称为"符号的"，是因为它们用来符号化其他现象及其之间的关系。

在校园通系统中，除图 11-11 中所标识的五个域外，可以发现还有其他的一些域和该问题密切相关。有些和系统间接相连，如学生域、IC 卡域、家长域、移动网络系统域、家长手机域、电话域等；有些则位于系统内部，由系统在实际运行时创建，如考勤报表域、学生在校表现域、学生请假记录域、原始刷卡记录域等。通过对问题所涉及的域以及域与域、域与机器、域与需求之间的关系进行深入分析，对校园通可做出如图 11-12 所示的问题图。

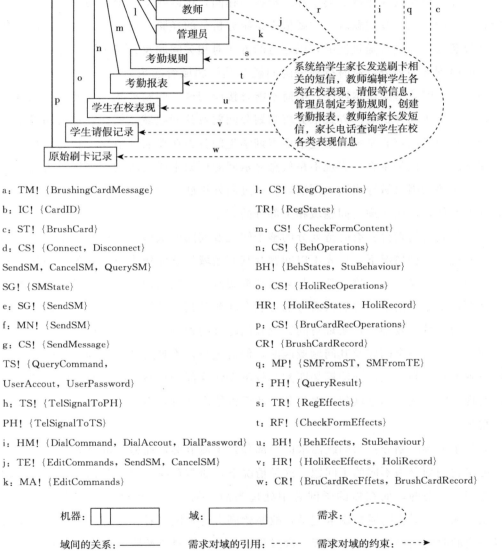

a：TM！{BrushingCardMessage}

b：IC！{CardID}

c：ST！{BrushCard}

d：CS！{Connect，Disconnect，SendSM，CancelSM，QuerySM}

SG！{SMState}

e：SG！{SendSM}

f：MN！{SendSM}

g：CS！{SendMessage}

TS！{QueryCommand，UserAccout，UserPassword}

h：TS！{TelSignalToPH}

PH！{TelSignalToTS}

i：HM！{DialCommand，DialAccout，DialPassword}

j：TE！{EditCommands，SendSM，CancelSM}

k：MA！{EditCommands}

l：CS！{RegOperations}

TR！{RegStates}

m：CS！{CheckFormContent}

n：CS！{BehOperations}

BH！{BehStates，StuBehaviour}

o：CS！{HoliRecOperations}

HR！{HoliRecStates，HoliRecord}

p：CS！{BruCardRecOperations}

CR！{BrushCardRecord}

q：MP！{SMFromST，SMFromTE}

r：PH！{QueryResult}

s：TR！{RegEffects}

t：RF！{CheckFormEffects}

u：BH！{BehEffects，StuBehaviour}

v：HR！{HoliRecEffects，HoliRecord}

w：CR！{BruCardRecFffets，BrushCardRecord}

机器：　　　　　　域：　　　　　　需求：

域间的关系：————　　需求对域的引用：------　　需求对域的约束：---->

DM！{Phenomena}：域DM控制共享现象Phenomena

图 11-12　校园通的问题图

11.5.2　基于问题框架的问题域划分

由于每个问题框架对应一个基本问题类，基于问题框架来划分问题及其问题域，就是通过与不同问题框架的匹配，以并行的方式标识构成整个问题的各个子问题，并以问题框架实例的形式描述与不同问题框架匹配的具体子问题。每个子问题是整个问题的一个投影，子问题的需求是整个需求的一个投影，它的机器是整个机器的一个投影，它的问题域是整个问题的一个投影，它的接口也是整个问题接口的一个投影。

因实际问题及其问题域的类型和结构各不相同，难以找出一个通用、精确的方法来划分所有类型的问题及其问题域，主要依靠系统分析员的经验。通常的做法是通过与各基本问题框架及其变体进行随机匹配，以随意的方式对相关问题及其问题域进行划分。

1）由内到外的划分：有时待划分的问题及其问题域看起来存在一个比较明显的核心，该核心与某一问题框架基本匹配，但尚不能直接应用这一问题框架。为此，可从这个核心出发，通过逐步向外扩展的方式来分析和划分问题及其问题域。例如，在校园通中，存在的一个比较明显的核心是家长通过电话查询学生的各类在校表现情况，它与信息显示问题框架基本匹配。但学生在校表现不是信息显示问题框架中所要求的因果域，为此，必须考虑如何从相关的因果域导出这一词法域。通过向外扩展，标识出一个学生在校表现，编辑问题框架实例，从而实现对问题域相关部分的划分。

2）由外到内的划分：有时待划分的整个问题及其问题域似乎并没有一个合适的问题框架与之匹配。这种情况下，可先不以问题及其问题域的整体作为考虑对象，而只对其中的某一部分进行考虑。如果这一部分与某问题框架匹配，则认为这一部分已经可从整个问题及其问题域中划分出来，之后只需考虑对剩余问题及其问题域的划分，从而逐步降低整个问题及其问题域的复杂度，实现对问题及其问题域的划分。例如，在校园通中，并不存在一个问题框架与整个问题及其问题域匹配，但通过分析不难发现，管理员依据学校的有关规定设置考勤规则与工件问题框架匹配，故可先将这部分从整个问题及其问题域中分离出来，实现对问题及其问题域的一次划分，然后再依次进行，逐步实现对整个问题及其问题域的划分。

3）基于节奏的划分：当问题需求的一部分处于慢节奏，而另一部分处于快节奏时，可以考虑将它们划分为不同的子问题。这种情况下，通常存在一个公共的域必须在快的子问题中处理为动态的，而在慢的子问题中处理为静态的。仍以校园通为例，学生每刷卡一次，就生成一条对应的原始刷卡记录，故原始刷卡记录域可看作动态的。而考勤报表的生成以一定的时间间隔进行，如每天一次或每周一次，它对原始刷卡记录域的访问同样以这一节奏进行，故此处对原始刷卡记录域的处理是较慢的，可认为原始刷卡记录域是静态的。这样，可从整个问题中划分出两种不同的子问题。

此外，还存在其他一些启发式的划分方法，如基于语气的划分[19]、基于组合框架的划分[81]等，读者可参阅相关的文献。

基于各种基本问题框架及其变体，以及前面介绍的划分方法，对于图 11-12 所示的校园通问题图，可划分出如下一系列的问题框架实例。

首先，家长可通过电话查询学生的各类在校表现，经过分析，它可与信息显示问题框架匹配，如图 11-13 所示。

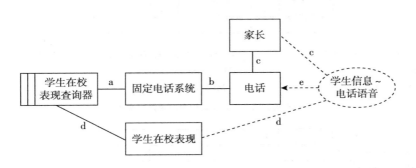

a：IQ！{SendMessage}   b：TS！{TelSignalToPH}PH！{TelSignalToTS}
TS！{QueryCommand，UserAccout，UserPassword}   d：BH！{StuBehaviour}
c：HM！{DialCommand，DialAccout，DialPassword}   e：PH！{QueryResult}

图 11-13   学生在校表现查询：信息显示问题框架实例

图 11-13 所示的问题框架实例及其匹配过程相对比较复杂。首先，它是带操作者的信息显示问题框架实例，操作者域即图中的家长域，且操作者域并不与机器直接相连，而是通过几个连接域才和机器连接上。其次，因为所查询的信息在电话域中以语音的方式显示给操作者，图 11-13 中的电话域既作为操作者与机器之间的一个连接域，又对应信息显示问题框架中的显示域。最后，所查询的现实世界是学生的在校表现，但系统无法直接获取学生的在校表现信息，实际能够查询的是学生在校表现的一个模型。因此该问题框架实例又可看作带模型域的信息显示问题框架实例，只是该模型并不是如图 11-7 所示的直接对现实世界进行建模，而是由教师在对学生的在校表现进行评估后，通过终端在系统中创建。学生在校表现模型的创建后面会具体展示，而教师对学生的评估，则与本问题无关。

图 11-13 可看作图 11-12 所示校园通问题的一个投影，例如图 11-13 中的机器"学生在校表现查询器"是图 11-12 的机器"校园通系统"的投影，共享现象 d 是图 11-12 中共享现象 n 的投影等。故此处通过与信息显示问题框架的匹配，实际上达到了对图 11-12 所示的问题进行一次划分的目的。

其次，通过与命令式行为问题框架匹配，不难发现其中存在两个命令式行为子问题。第一个子问题是系统依据教师的操作命令给学生家长发送短信或取消暂未发送的短信。第二个子问题是系统依据学生的刷卡情况给学生家长发送短信，分别如图 11-14a 和图 11-14b 所示。

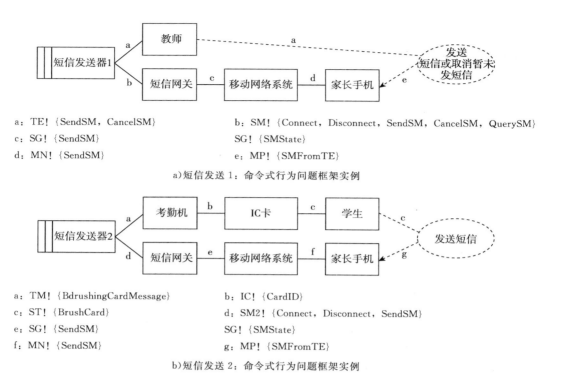

a：TE！{SendSM，CancelSM}

b：SM！{Connect，Disconnect，SendSM，CancelSM，QuerySM}

c：SG！{SendSM}

SG！{SMState}

d：MN！{SendSM}

e：MP！{SMFromTE}

a）短信发送 1：命令式行为问题框架实例

a：TM！{BdrushingCardMessage}

b：IC！{CardID}

c：ST！{BrushCard}

d：SM2！{Connect，Disconnect，SendSM}

e：SG！{SendSM}

SG！{SMState}

f：MN！{SendSM}

g：MP！{SMFromTE}

b）短信发送 2：命令式行为问题框架实例

图 11-14　系统给学生家长发送短信

对于这两个问题框架实例，虽然基本功能都是发送短信，但为区分起见，分别将其中的机器称为短信发送器 1 和短信发送器 2。图 11-14a 中的需求是既可发送短信，又可取消暂未发送的短信。图 11-14b 中没有后面这一项需求。需注意的是，图 11-14a 和 图 11-14b 并不能与图 11-5 直接匹配。实际上，它们是与命令式行为问题框架的连接变体匹配，其中图 11-14a 在受控制的域和控制机器之间存在连接域；图 11-14b 则在操作者域和控制机器、受控制的域和控制机器间均存在连接域。

考勤规则、学生请假记录、学生在校表现、原始刷卡记录等均为词法域，通过与工件问题框架匹配，可找出如下四个工件子问题：管理员创建并编辑学校的考勤规则；教师创建并编辑学生的请假记录；教师创建并编辑学生的在校表现信息；系统依据学生的刷卡情况创建原始刷卡记录。分别如图 11-15、图 11-16、图 11-17 和图 11-18 所示，其中图 11-18是带连接域的工件问题框架实例。

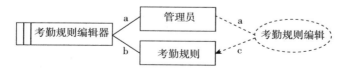

a：MA！{EditCommands}

b：RE！{RegOperations}

c：TR！{RegEffects}

TR！{RegStates}

图 11-15　考勤规则编辑：工件问题框架实例

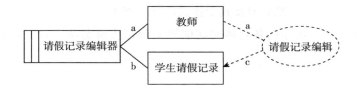

a：TE！{EditCommands}   b：HE！{HoliRecOperations}

c：HR！{HoliRecEffects}   TR！{HoliRecStates}

图 11-16　请假记录编辑：工件问题框架实例

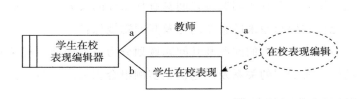

a：TE！{EditCommands}   b：BE！{BehOperations}

c：HR！{BehEffects}   TR！{BehStates}

图 11-17　学生在校表现编辑：工件问题框架实例

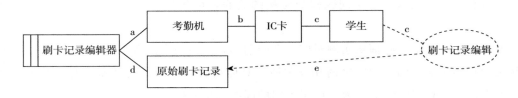

a：TM！{BrushingCardMessage}   b：IC！{CardID}

c：ST！{BrushCard}   d：CE！{BruCardRecOperations}

e：CR！{BruCardRecEffects}

图 11-18　刷卡记录编辑：工件问题框架实例

最后，系统根据考勤规则，对学生的原始刷卡记录和学生的请假记录进行汇总，变换生成考勤报表，刚好与变换问题框架匹配，如图 11-19 所示。

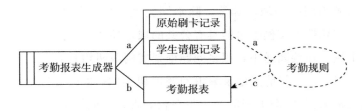

a：CR！{BrushCardRecord}   b：RC！{CheckFormContent}

HR！{HoliRecord}   c：RF！{ChckFormEffects}

图 11-19　考勤报表生成：变换问题框架实例

至此，通过与各基本问题框架及其变体的匹配，将图 11-12 所示的校园通问题图划分成了图 11-13～图 11-19 所示的各具体问题框架实例，从而实现了对校园通问题及其问题域的有效划分。

11.6 问题框架实例间的关系及其组合

对于任何问题及其问题域的分析，除需考虑如何将其划分为一系列的子问题及子问题域外，还需考虑这些子问题及其子问题域之间具有什么样的关系，以及如何组合这些子问题及其子问题域才能使它们与原来的整个问题及其问题域保持一致。上一节中，根据问题框架的形式讨论了如何将一个大的问题及其问题域划分为一系列问题框架实例，本节从一般意义上讨论问题框架实例间的关系及问题框架实例组合相关的问题。

11.6.1 问题框架实例间的关系

由于基于问题框架的划分采用并行的方式进行，总的来说，各问题框架实例间的关系由这种并行的划分所决定。两个并行的问题框架实例可能相互独立、互不相关，也可能相互之间具有一定的关联。对于问题框架实例的关联，可从静态形式和动态交互两个方面讨论。

形式方面，一个问题框架实例对应一个问题图，因而两个问题框架实例在形式上相互关联是指它们所对应的问题图之间相互关联。具体而言，这两个问题图具有重叠的部分，或者说它们具有相同的组成元素。由于不同的问题框架实例对应不同的子问题，它们的机器与机器、需求与需求之间不可能相同，否则这两个问题框架实例实质上是对同一个子问题及其问题域的描述，只需从中选取一个。而机器与需求及机器与域是性质完全不同的事物，它们各自之间也不可能相同，故两个问题框架实例相关形式上表现为它们具有一个或多个公共的域。例如，一个需求式行为问题框架实例中的受控制域与一个信息显示问题框架实例中的现实世界域为同一个域，一个命令式行为问题框架实例中的操作者域与一个工件问题框架实例的用户域为同一个域，一个工件问题框架实例中的工件域与一个变换问题框架实例中的输入域为同一个域，等等。除不同类型的问题框架实例可能具有公共的域外，两个同类型的问题框架实例也可能具有公共的域，如两个命令式行为问题框架实例的受控制域为同一个域。在校园通中，很多问题框架实例两两均具有公共的域，如短信发送1问题框架实例（图 11-14a）与请假记录编辑问题框架实例（图 11-16）均包含教师域，学生在校表现查询问题框架实例（图 11-13）与学生在校表现编辑问题框架实例（图 11-17）均包含学生在校表现域。

两个问题框架实例形式上相关的另一种情况是一个问题框架实例所包含的需求，或者说它所对应的子问题应满足的需求是另一个问题框架实例中的域。由于需求是对用户期望的描述，两个问题框架实例具有这种类型关联的一般情况是一个问题框架实例为工件类型，且该问题框架实例中的工件域作为另一个问题框架实例中的需求，而另一个问题框架实例可以为任意类型。如校园通中，考勤报表生成问题框架实例（图 11-19）中的需求"考勤规则"与工件类型的考勤规则编辑问题框架实例（图 11-15）中的"考勤规则"对应。

交互方面，两个问题框架实例相关本质上是指它们的机器与机器之间存在由并行的划分所引发的并发关系，这类似于两个并发进程间的关系。由于在需求工程阶段并不知道与机器实现相关的具体细节，而只是对机器在问题域中应产生效果的关注，或者说需求对域中现象的约束，故两个问题框架实例在交互方面相关表现为它们各自的需求对一个或多个相同域中的现象具有约束，且这种约束由各自的机器所实现。具体可分为如下两种情况：一个问题框架实例中的需求对某个域中的现象具有约束，而另一个问题框架实例中的需求仅引用该域的相关现象，但对该域没有约束。两个问题框架实例的需求均对某个域中的现象具有约束。前者可称为读者-写者型交互，如一个信息显示问题框架实例的需求引用其现实世界域的状态信息，同时这一现实世界域是另一命令式行为问题框架实例的受控制域，该命令式问题框架实例的需求约束受控制域的状态变化。后者可称为写者-写者型交互，如一个需求式行为问题框架实例与一个命令式行为问题框架实例中的受控制域相同，它们的需求均对受控制域的状态具有约束性。在校园通中，前一类型的交互如学生在校表现查询问题框架实例（图 11-13）需引用或者说获取学生在校表现域的信息，而学生在校表现编辑问题框架实例（图 11-17）则创建并修改具体的学生在校表现信息。后一类型的交互如短信发送 1 问题框架实例（图 11-14a）和短信发送 2 问题框架实例（图 11-14b）均通过短信网关和移动网络系统给家长手机发送短信。

综上所述，形式上两个问题框架实例间的关系可分为三种类型：无关、具有公共的域、一个问题框架实例的需求是另一个问题框架实例中的域。交互上两个问题框架实例间的关系也可分为三种类型：无交互、读者-写者型交互、写者-写者型交互，且两个问题框架实例存在交互关系的前提条件是它们在形式上具有公共的域。

11.6.2　问题框架实例的组合

问题框架实例的组合与基于问题框架划分问题及其问题域相辅相成，它主要考虑在组合各个独立的问题框架实例时，如何使不同的问题框架实例在整体上保持协调，从而使它们能与原来的整个问题及其问题域保持一致。问题框架实例间的组合与它们之间存在的关系密切相关，不同类型的关系所对应的组合问题不同。

如果两个问题框架实例在形式上无关，则它们之间的组合仅是简单意义上的相加，不存在任何需进行处理的问题。若一个需求式行为问题框架实例与一个变换问题框架实例在形式上不存在任何重叠部分，则它们显然是相互协调的，不存在组合方面的问题。

如果两个问题框架实例具有公共的域，则在公共域上，它们可能不存在任何交互，也可能存在一定形式的交互。对于不存在交互的情况，两者的组合也不存在任何需进行处理的问题。例如，若两个信息显示问题框架实例均独立地显示某一公共现实世界域中的信息，则两者虽然有公共的域，但在该公共的现实世界域上不存在交互，故两者是相互协调的，不存在组合相关的问题。另一个例子是一个命令式行为问题框架实例的操作者域与一个工件问题框架实例的用户域是相同的域，但对于公共域来说，以何种方式发命令是操作者自己的事情，与两个问题框架实例本身均无关，故两者也不存在组合相关的问题。

如果两个问题框架实例在某个公共域上具有交互关系，则在组合时，两者在公共域上可能存在如下两种类型的问题。第一种类型的问题源自写者-写者型交互，表现为两个问题框架实例对公共域均具有约束性，但它们对公共域的不同约束在某一时刻只能有一个成立，且任何一个约束的成立都不会导致另一个约束成立，这种问题可称为冲突问题。例如，一个需求式行为问题框架实例与一个命令式行为问题框架实例的受控制域相同，且在某一时刻前者要求受控制域的状态保持不变，而后者要求受控制域的状态发生改变，则两者存在冲突问题。第二种类型的问题源自读者-写者型交互，表现为一个问题框架实例引用公共域中的现象，而另一个问题框架实例则约束或者说改变该公共域中的现象。但在某一时刻，前者所引用公共域中的现象或者说前者有关公共域的假设被后者改变了，从而导致前者引用的现象变为无效。

上面第二种类型的问题又可分为两种情况。一种称为同步问题，例如，一个命令式行为问题框架实例的受控制域与一个信息显示问题框架实例的现实世界域相同，在某一时刻前者改变了现实世界域的状态，而后者仍继续显示原来的状态，导致显示的信息与实际不符。另一种称为干扰问题，仍以命令式行为问题框架实例和信息显示问题框架实例为例，前者的受控制域为后者的现实世界域，某一时刻后者在获取现实世界域状态的过程中前者改变了现实世界域的状态，从而导致后者获取的信息部分为旧的状态信息，部分为新的状态信息。

除上述各类与交互有关的组合问题外，两个形式上相关的问题框架实例在组合时还存在对公共域的描述是否一致等问题。这类问题与用户需求和机器行为无直接关联，在此不做具体讨论。

引起上面各类组合问题的根本原因不在于每个问题框架实例自身对对应子问题及其问题域的描述和建模是否正确，而在于它们各自只是从自身的目的和要求出发考虑各自所关心的具体问题，忽略了其他因素可能对该问题所造成的影响，从而使整个问题的不同部分缺乏协调。问题框架实例组合问题的解决通常需要与相关的客户进行协商、协调或从客户处获取更多的具体信息。

第 12 章

面向多视点的需求工程

对于大型、复杂软件系统的开发，不可避免地涉及众多项目相关人员，由于各自背景、知识和职责等的不同，不同项目相关人员对目标软件系统可能具有不同的看法和要求。通常，这些看法和要求可能是不全面、不完整的，甚至可能相互矛盾。此外，对于分布式系统或涉及复杂问题域的系统，各项目相关人员一方面在地理上可能分布于各处，另一方面可能仅关注整个问题的某个部分，且常以并行的方式提出他们各自的看法和要求[11]。为确保最终开发的软件系统能完整地满足各方面用户的要求，必须在系统开发的早期采用有效的方法来全面地获取不同用户的需求，防止用户重要需求信息的遗漏，同时还必须对不同用户的需求进行系统的检查和分析，发现并协调其中可能存在的不一致，最终形成完整和一致的需求规格说明。为明确地处理此类与需求相关的问题，20 世纪 90 年代，A. Finkelstein 和 I. Sommerville 等人正式提出了面向多视点的需求工程（Multi-Views-Oriented Requirements Engineering，MVORE）[82-83]。采用视点（viewpoint）的方式获取和组织不同用户的需求，并根据视点间的关系分析和处理需求的一致性问题，可以确保用户需求的完整性和一致性。

面向多视点的需求工程（以下简称多视点需求工程）之所以特别适合于大型、复杂的软件系统，尤其是分布式或涉及复杂问题域的系统，根本原因在于它采用关注点分离的思想[84]。这样做的好处是：一方面，在正式获取用户的具体需求之前，通过明确地标识与系统相关的各个视点，减少了某些重要需求被遗漏的可能性；另一方面，每个视点只关心它自己感兴趣的内容，不需考虑其他因素的影响，降低了具体需求获取和描述的难度。此外，基于视点的形式能够增强需求一致性检查的能力。

12.1 什么是视点

多视点需求工程中最核心的概念是"视点"，不同的研究人员对视点的理解和定义各不相同，大致而言，有如下几种类型的定义：

- 视点是信息处理的实体，同时这一实体可能是另一视点的信息来源或信息流向[85]；
- 视点是服务的接收者，这些服务可被看作系统的需求[83,86]；

- 视点与某特定问题域相关，是一个由表示知识、开发知识和规格说明知识等构成的松散耦合、局部管理的对象[82-83]；
- 视点包含问题和问题解决过程的部分信息，它是与问题、问题域及问题解决过程相关的一个特定和部分的方法或视图[70]；
- 视点是一个形式化的部分规格说明[87-88]；
- 视点代表了系统相关人员的看法或要求，并且是对来源于某特殊角度的部分需求信息的封装。

尽管不同研究人员对视点的具体定义不同，但他们对视点的基本理解是一致的，即视点是项目相关人员对目标系统的某种看法或要求，一般也认为由于目标系统所涉及的问题域可能比较复杂，每个视点所包含的内容可能只是对某部分问题域的看法或要求。故视点一般由视点的拥有者及该拥有者对目标系统的部分、全部看法或要求组成[89]。

12.2　多视点与需求工程

多视点的概念建立于单视点的概念之上。如前所述，对于一个复杂的系统，任何一个单独的视点均是部分的、不完整的甚至是不准确的。要想更加客观地对目标系统进行描述，就必须综合考虑所有项目相关人员对于该系统的理解。故多视点就是在客观分析若干视点的内、外部关系的基础上对其进行有机的整理和综合。

导致多视点形成的原因主要有三个：时间上的差异、空间上的差异和知识上的差异。由于各项目相关人员在地理上可能分布于各处，同时对系统的认识也是随着时间的改变而不断变化，且各自所关注的内容局限于整个问题的不同部分，故差异的产生难以避免。

多视点的思想在众多领域（例如哲学、经济学、政治学等学科中）均有运用。仅在计算机领域中，许多不同的研究都引入了多视点的思想，如工作流、计算辅助协同工作[80]、并发处理和多数据库之间的互操作等。同时，多视点方法在软件工程特别是需求领域得到了更加深入的研究，许多不同的基于多视点的具体方法被提出，并且有些被运用到实际的工程项目中。

多视点是群体协作活动中的本质特征。任何对多因素参与的复杂活动进行客观、正确的描述都必须正视这一特征。面向多视点的需求工程就是希望在不同的高度和层次上，对计算机软件系统进行预期的客观刻画和规划，进而指导开发行为并得到一个符合要求的目标系统。

与其他需求工程方法不同的是，面向多视点的需求工程方法明确地承认不同需求源之间的差异，并认为这种差异是导致软件产品不能满足用户需要的主要原因之一，而且将其作为重要课题加以研究。面向多视点的需求工程方法将需求从多维的信息映射到最终的一维的冯·诺依曼体系结构上，并在映射的过程中尽量保持信息多维的特征，避免在转换的过程中对信息的扭曲或遗失，如图 12-1 所示。

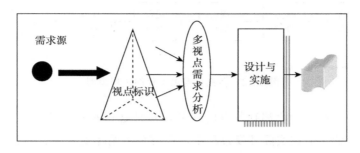

图 12-1　多视点需求模型

图中的"三棱镜"显式地将多视点思想引入需求工程领域，强调了视点作为第一类（first class）实体的重要性。图中的"凸镜"表示的是各种不同的多视点需求工程方法。通过这些多视点方法，可将来自不同参与者的需求加以恰当和合理的处理，从而形成一个比较完备并且一致的需求规格说明，进而指导后续的软件开发过程，最终得到一个尽可能满足多方面业务需要的软件产品。

与其他的需求工程方法相比，面向多视点的需求工程方法具有如下一些优势：

1）复杂系统的本质特性与多视点思想吻合，利用多视点需求工程方法可以有效地减少某些重要需求被遗漏的可能性，从而保证了需求规格说明的完备性。

2）每个视点只需关心自己感兴趣的内容，不需或较少地考虑其他因素的影响，从而有效地降低了需求获取和描述的难度，有利于提高整个需求工程的质量。

3）视点的形式使软件系统以一种更加结构化的形式被描述，从而为自动化的完备性和一致性检查提供了可能性。

4）多视点为封装软件系统的不同描述模型提供了一个强有力的手段。

5）通过把需求和表达需求的视点关联起来，可增强需求的可追踪性。

12.3　多视点需求工程的过程模型

20 世纪 90 年代开始，多视点需求工程的研究得到了极大的发展。例如，早在 20 世纪 70 年代的 SADT 方法和 CORE 方法等，到 20 世纪 90 年代的 VOSE 方法、VORD 方法、PREView 方法、IEEE1471－2000 标准、SEI 标准和 RM-ODP 方法等，从不同角度推进了面向视点的需求工程的研究。综观这些多视点的需求工程方法，可以看出多视点需求工程的研究内容及主要工作可概括为：视点的标识、视点的表示、视点的分析、视点的集成。

图 12-2 表示了多视点需求工程的需求分析过程。

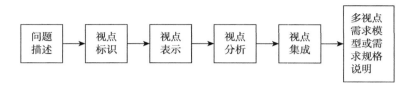

图 12-2 多视点需求工程的过程模型

在这个过程中，每个阶段都有各自的任务，并且是相对独立的。虽然图 12-2 中每一个阶段是顺序执行的，但在实际开发过程中，也可采用循环重复的方式执行。下面详细介绍各阶段的主要工作及已有的一些典型方法。

12.3.1　视点的标识

视点的标识是多视点需求工程的起始任务，也是比较困难而又关键的任务，能否合理和全面地标识出与软件系统相关的所有视点、防止重要信息的遗漏，直接关系到多视点需求工程应用的实际效果。

需求信息主要从项目相关人员、与软件系统相关的文档等处获取，这些可以说是需求信息的来源，也简称"视点源"。视点标识的主要任务就是确定视点源，然后根据视点源标识出相应的视点，并获取相应的需求信息。标识视点的方法有很多。

I. Sommerville 在早期的研究中，将视点看作与系统交互的外部实体，这些实体类似于客户-服务器系统中客户的角色，它们从系统接收服务，同时传递控制信息和相关的参数给系统[86]。基于这一思想，他将视点直接与待开发软件系统的终端用户及与目标系统交互的其他系统对应，视点的标识实质上是对与目标系统交互的其他应用系统以及终端用户类的标识。该方法适合于以用户为中心的设计过程，但以用户为中心的设计使需求工程趋向于只关注用户的需求而忽视了对组织的需求的关注，易导致需求的不完整性。

为处理这一问题，I. Sommerville 对视点的概念进行了扩充，使其不仅包括与系统直接交互的用户和其他系统，也包括与系统间接有关的其他因素[83]。为此，将视点分为直接视点和间接视点两种类型。其中，直接视点是直接从系统接收服务，给系统发送控制信息或数据的视点。间接视点是对所交付的部分或全部服务感兴趣，但不直接与系统交互的视点。间接视点所包含的需求一般是对直接视点所接收的服务的约束。间接视点又可分为工程视点、组织视点和外部视点等类型。这样就可以以一个抽象视点类层次图的方式来标识各个相关的观点。与此同时，I. Sommerville 给出了标识视点的一般方法。

1）从视点类层次图中删除与待开发软件系统不相关的视点；

2）考虑目标系统的各类相关人员，若某些类型的项目相关人员不是组织视点类的一部分，则增加该类型的视点；

3）使用一个系统体系结构模型标识子系统的视点；

4）标识以不同方式和频率使用系统的各类操作员，分别对应不同的视点；

5）对每个已标识出的间接视点类，考虑与其相关的主要人员的角色，在需要的情况下使不同的角色对应不同的视点。

在 PREView 方法中[8,90]，I. Sommerville 进一步将视点分为三种类型，即项目相关人员视点、操作环境视点和领域视点，分别从这三个不同的角度来逐一地标识目标系统的视点。其中，项目相关人员视点是与目标系统直接或间接相关的人或组织的视点，操作环境视点是指与目标系统交互的其他系统的视点，领域视点是指与目标系统所属领域特征相关的视点。

RM-ODP 方法从静态的角度定义了五类视点：企业视点、信息视点、计算视点、工程视点和技术视点。

此外，其他的一些研究也对与视点标识相关的问题进行了简单的讨论[70]，且一般认为视点的标识应源自视点所关注的问题域，但对如何具体标识视点并没有做更深入的讨论。

在标识视点中必须注意确保视点具有代表性，且视点的个数不宜太多，否则会忽略一些非常重要的视点。同时，视点太多会给需求集成工作造成一些不必要的麻烦。为解决后一种情况，可以在同一项目中让许多视点间的信息实现共享，从而减少需求集成的工作量。

12.3.2　视点的表示

在合理地标识出各个可能的视点后，视点表示阶段的工作主要需解决两个问题：一个是视点到底应包含哪些信息，另一个是用什么方式来表示视点的信息。对于后一个问题，通常采用基于自然语言的方式、基于模板的方式、基于框架表示的方式或基于形式语言的形式化描述方式等。对于前一个问题，不同的多视点需求工程方法根据其应用视点的具体目的和检测、管理视点的方式等，产生了许多不同的定义形式，至今也没有一个统一的标准。目前已有的视点表示方法如下。

1）A. Finkelstien 采用模板的形式表示每个视点的内容及与其他视点的关系[26-27,91]。在其定义的模板中，一个视点由五个槽组成，分别为风格槽、工作计划槽、域槽、规格说明槽以及工作记录槽。风格槽描述视点采用的表示模式，构成视点的表示知识。工作计划槽描述视点的开发动作、过程及策略。开发动作又可分为原子构造动作集、视点内部检查相关动作集、视点间检查相关动作集等。工作计划槽构成了视点的开发过程知识。域槽标识视点关注于与目标系统相关的问题域的哪个部分。规格说明槽使用风格槽中的表示方式，根据工作计划槽中的开发策略和该视点所关注的域对相关的需求进行具体描述。工作记录槽记录视点规格说明的开发状态和开发历史，它主要用作需求追踪的工具。模板中后面三个槽的内容构成视点的规格说明知识。

除对单个视点的内容进行了表示与建模外，这一模板也包含了对视点间关系的表示。宏观上，A. Finkelstien 和 Nuseibeh[92-93] 将视点间的关系分为四种类型：相互无关、一个视点依赖于另一个视点、部分重叠和完全重叠。对于视点间可能存在的上述关系，A. Finkelstien 在模板中采用规则的形式进行表示，并以逻辑公式的方式描述这些规则。视点间的规则存放在工作计划槽的视点间检查相关动作集中，它们是进行视点间的一致性检查以及判断视点是否一致的基础和依据。A. Finkelstien 的视点模板是整个多视点需求研究中最具影响的视点表示形式，其他很多相关工作都是基于该模板展开的。

2）I. Sommerville 在 VORD 方法中[83] 以框架结构的形式来表示视点。每个视点包含与视点相关的需求、各种功能需求和非功能需求、视点的需求来源、需要这些需求的理由、对视点需求及其来源的约束、与该视点相关的事件场景。相对而言，该框架所包含的内容比较繁杂，涉及整个需求规格说明的方方面面，故单个视点的表示面过于庞大，不利于体现视点是根据不同标准对关注点进行划分的思想。这一框架的特色在于明确考虑对非功能需求的描述，而在其他一些视点表示方式中很少考虑非功能需求的情况。

在 PREView 方法中[71,94]，I. Sommerville 转而采用模板的形式表示视点。每个视点由六个部分组成：①视点名称，反映视点选用的视角；②视点焦点，定义视点所采用的视角；③适用于视点的关注，指高层的、基本的系统目标，通常从客户关键业务目标中获取；④视点源，标识与需求相关的需求源，可能是人、角色、团体或文档等；⑤视点需求，是从视点角度分析系统和咨询视点源时发现的需求的集合；⑥视点历史，记录随着时间的推移，视点中所记录信息的变更。其中视点名称、视点焦点和视点源在需求获取之前阐明，这三个属性主要用于辅助视点的标识。视点焦点则将视点需求的范围定义为问题域及系统将影响的组件和功能。该模板的特点是不对视点附加任何特定的表示方式，而是采用一种灵活的形式以适应不同类型的视点和不同用户定义需求的方式。

3）RM-ODP 中除声明了五种类型的视点外，也对描述每种类型视点的语言应具有什么样的特征进行了定义。企业视点语言应支持企业规则、企业各部分之间的协调和各自责任的表示。信息视点语言应能定义各种信息的模型，包括静态信息模型、不变关系信息模型和动态信息模型。计算视点语言应能使用对象表示 ODP 系统及其环境，它们之间通过接口进行交互。工程视点语言应能描述一些组合在一起的功能模块以提供所要求的透明性。技术视点语言则应包含 ODP 系统实现所需的一些概念和原则。在 RM-ODP 中，仅给出上述五种视点语言的抽象形式，不包含或特指任何具体的语言或符号，现有的一些形式化规格说明语言可用于描述其中的观点，如 LOTOS 可用于描述工程视点，Z / Object Z 则适合描述信息视点等。

4）H. S. Delugach 和 T. Thanitsukkarn 等提倡采用概念图(CG)的形式来描述视点及视点间的关系[65]。D. Jackson 和 M. Ainsworth 等人研究了如何用 Z 来描述视点及视点间的关系[88,96]。M. W. A. Steen 等人研究了如何用 LOTOS 来描述视点及视点间的关系[96]。Zava

则利用一阶逻辑的形式来描述视点及视点间的关系[97]。采用形式化方法描述视点的最大好处是有利于视点的一致性检查，但其应用难度相对较大。

总之，在视点的表示中，一个视点至少应考虑包含关于视点说明的信息、关于视点的来源和关注内容的信息、关于视点相关的需求信息、描述需求信息的技术与符号说明、视点间的关系和记录视点历史的信息等。

由于视点的表示阶段把软件系统的需求信息表示成视点的形式，故多视点需求模型应由许多个视点有机组成。以视点为实体，为进一步分析和综合各类需求信息提供了较好的基础。

12.3.3 视点的分析

多视点需求工程有利于降低需求获取和描述的难度，特别有利于提高用户需求的完整性，但面临如何判断视点内部及视点间是否一致的问题。此外，还包括如何定义视点的一致性，如何进行视点的一致性检查和不一致性处理等问题。这些问题是视点分析阶段应解决的。

不一致性是群体协作活动中不可避免的一种特性，它产生的原因是群体活动中不同参与者的知识背景、对系统的认识程度、所掌握的技能，以及在整个活动中所承担的角色与职能等方面存在差异。

对于多视点需求工程而言，视点的一致性与视点的表示方法密切相关。宏观上，视点间的不一致可分为静态约束与动态交互两大类型，静态约束又可分为结构上的约束和行为上的约束。具体视点可能存在的不一致类型与视点间关系的类型及其性质密切相关。若两个视点没有任何关联，则自然不存在产生不一致的前提条件；若两个视点相互依赖或相互约束，则说明它们之间存在某些结构或行为方面的约束。当这些约束不成立时，就出现了不一致问题。视点间关系的类型及其性质又是与视点的标识方式和视点的表示方式密切相关的。不同的多视点需求工程方法由于采用的视点标识与表示方式不同，导致视点间可能存在的关系类型也不同，因而对视点一致性的定义也各不相同。

对于视点一致性定义的具体形式，通常有如下几种类型。

1）基于规则型：该类定义形式的特点是事先定义一系列的一致性规则。若两个或多个视点满足所有相关的规则，则称它们是一致的，否则称它们不一致。基于规则型的难点是如何定义一个完备的一致性规则集，并保证该一致性规则集自身是一致的。

2）基于逻辑型：该类定义形式的特点是若两个或多个视点不可能推出逻辑意义上矛盾的结论，则称它们是一致的，否则称它们不一致。如果将与视点相关的所有逻辑矛盾看作一致性规则的逆，则基于逻辑型的一致性可看作基于规则型的一致性的特例。

3）基于可实现型：该类定义形式的特点是对两个或多个视点，若存在一个公共的实现或公共的语义模型，则称它们是一致的，否则称它们不一致。如果视点的内容用逻辑语言进行描述，则基于逻辑型与基于可实现型等价，两者的目标均是搜寻是否存在一个公共的模型满足所有单个的视点。

下面将根据上述一致性的定义，分别介绍与该定义相关的一致性处理。

对应于第1种一致性定义的一致性检查方法是由 S. Easterbook 提出的。该方法基于预先定义好的视点内部和视点间的一致性规则[84,98-100]，以及一致性检查过程模型[101]。这些规则和过程模型由视点模板的设计者根据该模板的用途定义。当一个视点所包含的部分规格说明和与其相关的视点所包含的规格说明满足对应的一致性规则时，则称这些视点相互一致。视点内部和视点间的规则可分为存在性规则和一致性规则两大类。视点内部的存在性规则检查视点规格说明内部是否遗失了某些信息。视点间的存在性规则可分为两类，一类是一个视点要求另一个视点的存在，另一类是一个视点规格说明中的某个元素要求另一个视点的存在。视点内部的一致性规则检查视点规格说明是否前后存在命名冲突等。视点间的一致性规则描述相关视点规格说明的内容之间应满足的条件。这些一致性规则的具体检查过程，则是根据视点模板中预定义的过程模型进行的。过程模型中定义了检查各种一致性规则的时机和步骤，以及每一步骤中应执行的动作。

基于规则方法的核心是一致性规则的定义和过程模型的定义，如果这两者都进行了良好的定义，则一致性检查可机械进行。该方法通常采用一阶逻辑的形式定义各种一致性规则，检查的方式就是看这些逻辑公式是否成立。当视点的规格说明是用非形式化语言描述时，可能需要以人工的方式检查这些用逻辑公式表示的一致性规则。若视点的规格说明采用基于某种逻辑的形式语言描述，则可利用逻辑推理的形式采用工具自动检查各种一致性规则是否成立。对于过程模型，该方法采用"前提条件→[动作]后置条件"的形式表示，其中的动作是对一致性规则 R_i 的应用，该动作由包含 R_i 的视点执行，前提条件和后置条件均为谓词集合。前提条件包含两类内容：一类为所检查视点的状态信息；另一类为所检查视点与其他视点的关系信息。这些信息通常由其他一致性规则的后置条件产生。应用规则 R_i 后所产生的后置条件是该规则所表示关系的一个实例列表。在该方法中，对具体如何定义、如何调用以及如何应用各种一致性规则都进行了详细讨论，形式上十分完美，但问题在于完全依赖于模板的设计者能否正确、完整地给出各种一致性规则。若一致性规则的定义不合理或不足，则会严重影响视点一致性检查的实际效果。

从非形式化角度讨论一致性检查方法的还有 G. Kotonya 和 I. Sommervilre 等人在 VORD 中提出的方法，以及在 PREView[8,90] 中提出的方法。其中后者的一致性检查方法比前者的更为具体。该方法将一致性检查分为两步。第一步分析每个视点需求是否与相关的外部需求一致，并采用交互矩形的形式进行。第二步分析不同视点间的需求是否一致。如果一个视点的焦点与另一个视点的焦点存在重叠，则需要对这两个视点中的需求进行检查，检查方式仍是采用交互矩形的形式进行。虽然 PREView 中视点一致性的检查全部依赖人工完成，但它为人工检查提供了具体的过程和形式，具有较大的实际指导价值。

　　最早从形式化角度并以规则的形式研究一致性问题的是 J. C. S. P. Laite[102]。他设计的视点描述语言 VWPI 以规则的形式描述每个视点的内容，然后从语法比较的角度定义和检查视点间是否一致。在具体实现上，主要是借用模式匹配和人工智能中的一些技术，通过建立一系列的启发策略，如部分匹配启发策略、评分启发策略、求值评分启发策略和矛盾分类启发策略等，对不同视点中的规则进行匹配、比较和评估，判断对应的规则是否一致，从而检查视点间是否一致。该检查方法的主要问题是没有考虑对规则语义方面的检查，且其启发式策略的完整性和有效性难以保证。

　　对应于第 2 种一致性定义的一致性检查方法是由 P. Zave 等人提出的。该方法采用一阶逻辑作为不同规格说明语言的语义域模型，然后从逻辑的角度定义和检查视点内部及视点间的一致性[97]。当且仅当在逻辑上是可满足的，一个视点所包含的部分规格说明是一致的。基于一阶逻辑的形式推理技术，可自动实现对视点规格说明的一致性检查。P. Zave方法存在的主要问题是一阶逻辑的表达能力有限，不能作为所有规格说明语言的语义模型。另外，一阶逻辑的推理机制过于严格，只要在推理过程中出现了不一致就无法进行后续的推理。

　　在实际的一致性检查过程中，某些部分出现不一致是比较正常的，且这些部分出现的不一致可能并不影响其他部分的一致性检查，故一阶逻辑并不完全适合视点的一致性检查。对于这种情形，可能的解决措施是当某个或某些规格说明中存在不一致时，采用一定的方式对规格说明进行适当的划分，使每个划分后得到的规格说明内部仍然保持一致。为此，A. Hunter 等人引进了准经典逻辑（Quasi-Classical Logic，QCL），并采用QCL 的形式来检查视点的一致性[81,103-106]。QCL 的逻辑连接词与经典逻辑的连接词意义完全相同。不同之处是，QCL 对经典逻辑的推理系统进行了弱化，使得在整个逻辑公式集中出现不一致时，通过将它划分为一系列小的子公式集，仍可对其他部分进行有效的推理。

　　对应于第 3 种一致性定义的一致性检查方法是由 M. Grobe-Rhode 等人提出的。他们以变换系统作为不同视点规格说明的公共语义模型。由于该变换系统包括静态结构、动态行为及体系结构等多方面的内容，可作为多种不同类型规格说明语言的公共语义模型，克服了采用一阶逻辑作为公共语义模型的不足。除变换系统外，该方法采用范畴论的方法设计了两类操作，用于视点的检查和集成。一类称为开发操作，用于检查不同变换系统的求精关系；另一类称为组合操作，用于检查多个变换系统能否组合为一个大的变换系统。若代表不同视点的变换系统通过开发操作和组合操作能生成一个单一的变换系统，则认为这些视点是一致的。

　　有关一致性问题的研究还有很多，请读者根据自己的需求参考和查阅相关的资料。

　　由于视点反映的是不同项目相关人员对待开发软件系统的看法或要求，视点间存在不一致是十分可能和正常的。当视点间存在不一致时，需对这些不一致进行适当的协调和处理。视点不一致的协调和处理涉及对视点中原始需求的变更和管理，通常需要人工的参与，难以完全依赖机器自动实现。目前对如何协调和处理视点不一致的研究并不多。以下是有关不一致性处理的研究进展和方法，仅供读者参考。

由于需求规格说明是系统设计、实现的依据，为避免需求中的不一致导致设计和实现上的不一致，在早期的研究中，人们总是希望采用一定的方式完全消除这些不一致，例如，A. Finkelseint 等人设计了一个不一致处理框架[98]。在该框架中，首先建立一个元动作集，这些元动作是处理不一致的基本动作。同时对每种类型的不一致采用经典逻辑的形式描述，然后基于这些元动作及用经典逻辑表示的不一致建立一系列的规则。每个规则表示出现某类不一致时应采取哪些动作。这些规则用一个基于动作的元语言表示，该语言又是基于线性时序逻辑的。该方法的优点是能部分自动地实现不一致的处理，缺点是处理规则的具体定义过于复杂，难以运用于实际的需求开发和管理过程中，诚如作者自己所言，该方法只能看作一种启发式的、指导性的方法。

在后期的研究中[84,94,99-100,107-108]，B. Nuseibeh 和 S. Easterbrook 等人意识到在出现不一致时完全自动对其进行消除是不可能的，也是不必要的，因为不一致的出现可能意味着现有的需求不完整，或对用户的需求理解有误。这种情况下不一致的出现非但不是一件坏事，反而可作为进一步获取需求的指南[108]。为此。他们将重点从对不一致的处理转为对不一致进行管理，并提出了管理不一致的四种方式：忽略、暂时回避、采取措施缓解不一致的程度、完全消除不一致。从管理的角度考虑对不一致的处理比出现不一致时直接消除不一致更加符合实际的开发过程，目前这一思想已被普遍接受。

在具体的处理方式上，J. Andrade 将通常意义上的不一致区分为他所说的不一致和冲突两种类型[70,109]。分类的标准是依据 P. Zave 和 M. Jackson 所提倡的将需求信息划分为与问题域相关的"描述性"信息和与用户需求相关的"愿望性"信息的思想[64]。与"描述性"信息有关的称为不一致，与"愿望性"信息有关的称为冲突。对于不一致的处理，首先由矛盾双方根据事实进行相互辩驳，在达成一致后用正确的信息取代原来的错误信息。对于冲突的处理，则由矛盾双方以协商的方式进行，协商成功后用协商的结果取代原来各视点中存在冲突的信息。与其他方法相比，J. Andrade 的方法具有较强的实际可操作性。

其他与多视点需求工程相关的研究很少具体讨论视点不一致的协调和处理问题，但很多研究认为在出现不一致时需要结合问题的领域信息来进行解决。

12.3.4 视点的集成

视点的集成是多视点需求工程过程的最后一个阶段。在多视点需求工程方法中，采用视点的方式分散地获取和表示与不同用户相关的需求信息，生成一份统一的需求规格说明或需求模型，最终将各个视点中的需求信息集成为一个统一的整体，作为后阶段系统开发及系统测试和验收的依据。从问题求解的方法学角度而言，视点的集成与视点的标识和表示是相互对应的，两者构成一个完整的方法学过程。视点的标识和表示可看作对问题进行"分析"的过程，视点的集成则是对"分析"后的结果进行"综合"的过程。为使视点集成的结果总体上与原来的整个问题及其问题域保持结构和形式上的对应，必须基于所采用的视点标识与表示方式来考虑视点的集成方式和集成过程。此外，视点的集成与视点的一致性密切相关，视点一致是进行视点集成的前提条件。同时，视点的集成过程与视点的一致性检查过程也可能相互交织。实践中，通常可根据视点一致性检查的进展来逐步地集成所有相关的视点。

在多视点需求工程研究中，有关视点集成的研究并不多。现有的方法要么简单地假设将不同视点中的需求信息提取出来直接组合，要么忽略对这一问题的处理。明确考虑集成问题的有 PREView 方法，将在后面介绍。

另外，在研究面向问题域的多视点需求工程时，参考文献[91]提出了一种新的视点集成方法。该方法在把问题域划分为多个子问题域后，根据子问题域和问题域标识出视点。由于有些视点关注同一子问题域，因此视点的集成工作就分为两个步骤：同一子问题域的视点集成和子问题域间的视点集成。集成的方法是根据视点间的开发关系进行。

12.4 示例

本节将通过一个示例[110]并结合多视点需求工程的过程和 PREView 方法来简要说明多视点需求工程的工作原理。

1. 问题描述：列车控制系统(Train Control System，TCS)

列车是由司机控制的，司机应遵守一些有效的操作规则。TCS 是一个安全系统，当检测到不安全状态时，对列车进行干预和控制。此外，如果司机不遵守操作规则，TCS 将采取正确的措施。此处的有效操作规则包括速度限制和传递信号的协议，其中有些规则是不变的，有些可能随现场情况而发生变化。TCS 从轨道两旁的设备实时收集数据，以监控列车速度和检测信号。如果列车开得太快，或者非法越过停车线，TCS 将进行紧急刹车。TCS 必须与已有的运行环境和列车上的其他系统集成，并通过硬件系统接口(Hardware System Interface，HSI)模块与其他所有硬件接口进行通信。这些接口的功能如下：

- 允许调用紧急刹车功能；
- 允许 TCS 查询列车速度和离停车线的距离等数据。

2. PREView 方法的过程

图 12-3 表示 PREView 方法的过程。

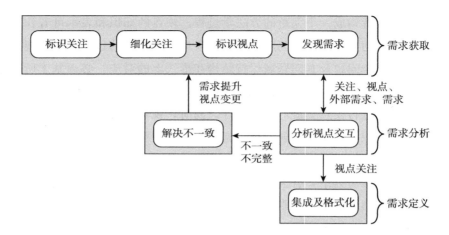

图 12-3　PREView 方法的过程

PREView 方法的过程完全遵循需求工程中需求开发的过程，只是在具体处理细节方面有所不同。这主要是由于引入多视点概念导致的。值得注意的是，这个过程与面向多视点的需求工程稍微有些区别。它将视点的表示阶段与视点的标识阶段合为一体，且增加了标识关注的处理。

3. 视点的标识

在进行视点的标识前，必须获得对系统外部环境和组织机构的理解。对组织机构的理解有助于分析员确定有哪些项目相关人员，以及他们的关注。这实际上就是需求获取的前期工作。

对于 TCS，项目相关人员的关注包括 TCS 的"安全性"和"兼容性"，因为 TCS 要保持列车的安全性，同时要能与已有系统进行集成。通过对关注的问题进行一系列考虑，可从关注问题的"安全性"中获取如下外部需求：

- ER1：系统应该能够检测超速的发生；
- ER2：系统应该能够检测列车越过停车线的情况；
- ER3：当列车超速或越过停车线时，系统能够进行紧急刹车。

同时，可从关注问题的"兼容性"中得到如下外部需求：

- ER4：TCS 软件将在 Ada 编码处理器的安全环境中运行；
- ER5：TCS 软件将与列车上已有应用软件一起运行；
- ER6：TCS 软件对变量表中数据位发生的变化能做出反应，其反应时间≤280ms；
- ER7：可以维护列车上已有软件的实时性能。

上述外部需求的详细程度是不一样的，它们的范围从低层的实现约束（280ms）到抽象概念（越过停车线）。外部需求有点类似于目标需求，主要从"关注"中获得。关注是高层的、基本的系统目标，通常从用户关键业务目标中获取，如可靠性、安全性和可维护性等。由于关注的定义不够明确，表达的是一些概念而不是详细的系统特性，所以，为了达到满意的效果，关注必须转为明确的需求。

在视点标识之前，要知道共有多少个视点是很困难的。最好的方法是分析员必须对系统的操作和组织环境有良好的理解。前者将展现与系统进行交互的用户和其他系统/组件，这也是任何领域固有现象的体现。后者将展现管理者和协调者之间的非直接项目相关人员。图 12-4 说明了如何根据系统的操作和组织环境标识视点源。

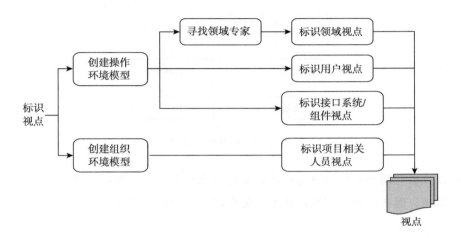

图 12-4　视点标识

图 12-4 中的所有视点还可以进一步分类为"项目相关人员"视点、"操作环境"视点和"领域"视点。

在某些应用中，有些视点是明显的，但有些视点不一定很明显，这就需要主动地寻找视点。例如，对于 TCS 来说，项目相关人员既可以是直接的（如司机和维护人员），也可以是间接的（不直接与系统进行交互，如规则监管机构等）。对于间接的项目相关人员，可以根据他们的作用进一步分类。基于上述考虑，关于 TCS 的所有视点可以按自顶向下的方式表示为图 12-5 所示的层次，然后进行视点标识。

在图 12-5 中，叶子结点应是实际标识出的视点源，如：

司机：是一个需求必须标识出的项目相关人员，隐含于项目相关人员中；

HSI：代表 TCS 环境的子系统/组件，隐含于操作环境中。

由于客户将维护列车系统和操作列车，可将其进一步分为"操作"客户的视点和"维护"客户的视点，而"操作"客户与列车操作相关，可再分解为如下三个视点：

- 正常操作：司机在没有错误的情况下操作列车，这可能不需要 TCS 软件的紧急干预；

- 安全状态保证：定义了 TCS 软件紧急干预的情况；

- 错误状态恢复：定义了 TCS 软件紧急干预后，列车如何回到正常状态的情况。

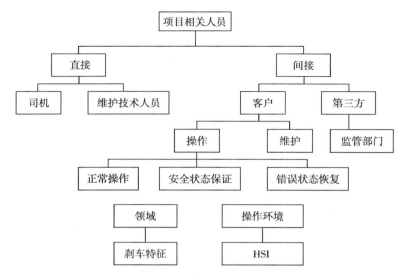

图 12-5　TCS 视点层次

　　将视点分层有助于指导视点的查找，要注意在有相同根的视点间进行合并，以控制视点数量的增加。例如，司机与维护技术人员可以合并为直接视点，而这个视点应该包含原来两个视点的内容。

4. 视点的表示

　　在所有的视点源标识出来之后，就应该定义视点。PREview 方法以模板形式表示视点如下：

- 视点名称：视点标识。
- 视点焦点：定义视点采用的视角，将视点的范围定义为问题域和系统将影响的组件的功能。
- 视点关注：关注的集合。如果能够说明关注不对视点产生约束影响，则这些关注可以省略。
- 视点源：可明确标识与需求相关的需求源，可以是个人、团体、文档或其他系统。一个项目相关人员可以有不同的视点，以提供不同的需求。
- 视点需求：从视点角度分析系统和询问视点源时发现的需求的集合。
- 视点历史：记录随着时间的推移视点内信息发生的变更情况，如视点的修改等。

下面将说明 TCS 中两个视点的具体表示，其他视点可类似填写。

（1）安全状态保证的视点

视点名称	安全状态保证
视点焦点	监测危险条件，使用紧急刹车
视点关注	安全性、兼容性

（续）

视点源	客户采购经理、TCS 预备危险分析
视点需求	• SS1（超速监测） • SS2（越过停车线监测） • SS3（调用频率）
视点历史	

（2）错误状态恢复视点

视点名称	错误状态恢复
视点焦点	紧急刹车后，列车恢复到正常操作状态
视点关注	安全性、兼容性
视点源	客户采购经理
视点需求	• ESR1（超速恢复） • ESR2（越过停车线恢复）
视点历史	

当标识了一个视点后，就可以从这个视点源中发现需求。对于每个需求，应该询问关注问题，以发现需求是否与关注相冲突。

下面是从"安全状态保证"视点和"错误状态恢复"视点中发现的一部分需求。

标识符	SS1（超速监测）
描述	如果列车超速，将启用紧急刹车
基本原理	列车运行时必须遵守有效的速度限制
视点历史	

标识符	SS2（越过停车线监测）
描述	如果列车前部越过了停车线，将启用紧急刹车
基本原理	列车运行中不能超越已经规定的或者其他存在危险的部分
视点历史	

标识符	SS3（调用频率）
描述	监测超速，监测越过停车线，确定列车上已有软件运行时需要执行紧急刹车的次数
基本原理	非法列车状态监测延迟必须最小
视点历史	

标识符	ESR1（超速恢复）
描述	如果列车超速运行，降低列车速度
基本原理	（省略）
视点历史	

(续)

标识符	ESR2(越过停车线恢复)
描述	在列车越过停车线、紧急刹车启用之后,列车停止前进,但能谨慎地继续前进
基本原理	列车必须能够开过它越过的轨道部分,但是必须在低速的情况下才能这样做。因为不知道列车进入的轨道区域是由于存在真实的危险,还是由于轨道状态数据发生错误而被禁止通过。如果是后者,那么列车必须能够继续前进,但是只能在非常谨慎的情况下才能前进
视点历史	

5. 视点的分析

通常,所有视点的需求间不应该有矛盾。但实际情况并非如此,总有一些视点间存在矛盾,这就需要对所有的视点进行分析,以发现视点间不一致性的问题。视点的分析工作分为两方面。一方面是视点内的需求与所涉及的具体问题是否一致,例如在"安全状态保证"中的需求是关于超速监测的需求,这可以推出如下问题:

1)这个需求能否使 HSI 模块获得超速运行信息?

2)在 HSI 模块提供的功能和列车超速运行的情况下,这个需求是否可行?

确保列车超速运行的信息可以由 HSI 接口获得,通过 HSI 模块可纠正列车速度。

另一方面是分析视点内需求与外部需求是否一致。例如,应该检查"安全状态保证"视点内的需求,确保与外部需求的"安全性"和"兼容性"是一致的。检查的方法可用矩阵形式进行。

表 12-1 列出了视点需求和外部需求的交互矩阵。相互加强的交点用 1 表示,相互不影响的用 0 表示,冲突用 1000 表示。0 意味着不需要做什么;1 意味着需求冗余,需要重新考虑消除它或使它简单化;1000 意味着需要改变需求,使其与外部需求一致。

表 12-1　检查满足关注的交互矩阵

		安全性			兼容性			
		ER1	ER2	ER3	ER4	ER5	ER6	ER7
安全	SS1	1	0	1	0	0	0	0
状态	SS2	0	1	1	0	0	0	0
保证	SS3	0	0	0	0	1000	1000	1000

在此表中,SS1 加强了外部需求 ER1 和 ER3,均涉及监测和纠正列车超速问题。同样的情况也在 SS2 和 SS3 中出现,SS3 与 ER5、ER6 和 ER7 存在潜在的冲突。这种冲突是因为 TCS 模块需要集成到列车的已有软件中。由于列车超速和越线是随机产生的,这就需要在列车软件运行中随时进行监测,这一约束产生了一个问题:在该约束下,SS3 的

需求是否可行? 因为其要求的是固定的次数。因此, 这就需要研究 SS3 是否需要修改或者增加一些约束条件。此外, 在分析过程中还可观察 SS1、SS2 和 SS3 是否可行等。

除了检查与外部需求的一致性外, 还可通过视点中的焦点部分检查视点间是否可能交互。如果其焦点相交, 则需进行一致性检查, 例如"安全状态保证"和"错误状态恢复"这两个视点由于共享"紧急刹车后的状态", 而且前一视点会使列车进入这个状态, 后一个视点则可使列车从这个状态中恢复到正常状态。这暗示它们之间可能有重叠, 因而有必要对这两个视点内的需求进行一致性检查。表 12-2 表示了检查这两个交叉视点的矩阵。

表 12-2　确保一致性的交叉检查视点

| | | 错误状态恢复 | |
		ESR1	ESR2
安全	SS1	0	0
状态	SS2	0	1000
保证	SS3	0	0

在此表中, ESR2 与 SS2 会产生不一致(如果列车的前部越过了停车线, 就应该使用紧急刹车)。这个不一致意味着由于列车已经越过了停车线, 即使列车在谨慎控制下前进, 也应该马上使用紧急停车。很明显, 需要澄清的是, 当且仅当列车无意中完全越过停车线时, 要应用紧急刹车。这两个需求冲突需要到需求协商阶段才能解决。

当发现视点间出现不一致性等问题时, 就需要项目相关人员特别是视点源之间进行处理。

6. 视点的集成

当所有视点被定义和分析之后, 由于各个视点只是表达了系统的部分需求, 故多视点需求工程的最后一项工作就是把所有视点中的需求集成到一起, 以形成最终的需求规格说明。PREview 方法的视点集成工作由如下活动组成:

1)规定需求规格说明文档的规范, 将其分为几个主要部分, 如系统概况、系统约束、功能需求、性能需求和接口需求等。

2)建立需求规格说明文档必须满足的特征和质量等, 将其构造成表格形式(检查表), 并通过此表对需求规格说明及其文档进行评估。

3)对每个外部需求(目标需求), 根据其是否描述系统约束、功能需求等, 将其分配到各个部分中去。

4)对每个需求重复活动 3)。

5)对每个需求(外部或者视点中的), 应用活动 2)中定义的检查表, 修改不符合检查表中内容的需求。

6)评审各个部分或子系统, 减少冗余性。

通过上述活动, 最终可建立起软件系统的需求规格说明和文档。

第 13 章

需求工程与软件开发管理

需求工程对软件开发特别是软件设计和软件测试有着相当大的影响。软件设计与软件测试都是以需求工程的需求规格说明为基础的。软件设计以需求为基础，通过反复设计得到良好的软件结构和高质量的算法。开发人员在将需求转化为软件设计的过程中遇到不确定的和含糊需求时，还需回到需求工程中，以便解决需求规格说明中存在的问题。需求规格说明是系统测试的基础。开发出的软件系统能否满足用户要求，只有通过测试来判断软件是否满足该软件的需求规格说明，这就是所谓的有效性测试。测试者必须根据需求规格说明中严格定义的用户需求来测试整个软件。当软件系统不能满足需求规格说明时，要么修改软件系统，要么修改需求规格说明（指需求规格说明遗漏和误解用户需求等情况），然后再进入软件设计与实现阶段。显然，这会导致软件开发成本和开发时间的增加。

需求工程除了对软件设计和软件测试有影响外，还对软件的开发管理有不同程度的影响。本章将主要介绍需求工程对软件开发管理中有关项目进度安排、软件规模和成本估算方面的影响，从而探讨在需求工程中根据需求来正确估算软件开发期间所需的成本和进度安排的一些方法和原则。

13.1 需求与估算

在用户与软件开发方正式签订的软件开发合同中，有软件的开发预算和开发进度安排等估算。其中大部分估算是依赖经验而不是依据什么严格的标准和模型得到的。例如，一个最简单的估算方法是依据软件生命期模型的估算方法，如表 13-1 所示。

表 13-1　基于软件生命期模型的估算方法

开发阶段	投入人月	人月费用	合计
需求分析	$x1$	$y1$	$x1y1$
设计	$x2$	$y2$	$x2y2$
编码	$x3$	$y3$	$x3y3$
测试	$x4$	$y4$	$x4y4$
文档管理	$x5$	$y5$	$x5y5$
合计	$\sum_{i=1}^{5} x_i$		$\sum_{j=1}^{5} x_j y_j + M$

该方法将软件开发分为若干阶段，根据各个阶段估算出所需人月和每人月的成本，最后可得到该项目所需的总人月数 $\sum_{i=1}^{5} x_i$ 和开发成本 $\sum_{j=1}^{5} x_j y_j + M$，其中 y_i 表示支付给每个不同等级的开发人员（如系统分析员、软件工程师、程序员等）每人月的开销，M 表示其他方面的总开销，如耗材、一定的风险资金等。此外，根据该估算方法还可确定项目开发的进度表。从这个估算方法可看出如下问题：

1）该方法是依据经验和以往项目的数据得出的；

2）该方法完全未根据实际需求或软件规模进行估算；

3）准确性较差。

由于用户需求定义了项目预期的成果，因此项目的估算如进度安排、软件规模和工作量都应以需求为基础。这样才能使项目的估算具有较好的准确性和科学性。

13.2　需求与项目进度安排

项目进度安排通常是在软件计划阶段先根据软件系统必须完成的日期（由用户规定）来安排开发进度，再进行需求开发工作。这种进度安排面临的问题是不知道软件系统究竟有多大和多复杂，只能凭经验进行估测。于是导致了开发人员在知道需求并开发出软件系统所有的功能时，往往不能按期完成项目，软件系统的交付期一拖再拖，使得用户方的意见颇大。因此，在给出详细的进度安排前，定义和分析软件系统的需求是十分重要的，而且更加现实。软件项目常常不能按期交货或达到预定的目标，并不是软件技术人员的水平低，而是因为在项目规划（如进度安排、规模和成本估算）方面出现了问题。当然，也有一部分其他问题的影响，如用户需求经常变动、开发平台出现问题等。

对于一个待开发的复杂的计算机系统来说，软件只是其中一部分。只有在整个计算机系统（包括软硬件）的需求产生之后，才能建立相应的进度安排。然后，将此安排中的一部分分配到软件系统中。在这种情况下，项目管理人员不仅需要根据软件需求安排开发进度，同时要考虑和服从整个计算机系统的进度安排。例如，在安排软件开发进度时，要考虑在进行硬件设计时，软件开发需要做什么；在硬件开发出来后，软件开发做什么等。通过这样的考虑，使得软件开发进度的安排更具灵活性和合理性，从而有利于整个系统的进度安排。

以往项目规划，特别是开发进度安排，出现问题的主要原因有：

1）不了解项目的需求与规模；

2）低估了要花费的工作量和时间；

3）没有考虑返工，特别是用户需求的变化等因素所需的时间。

因此，为了正确安排软件开发进度，就需要考虑：

1)在对需求清楚理解的基础上，根据需求估算软件系统的规模；

2)根据以往的开发项目，充分了解开发小组的工作效率；

3)建立项目规划的有效过程和估测方法；

4)积累大量的开发经验。

13.3 基于需求的软件规模估算

基于需求的软件规模估算是从需求规格说明文档中预估整个软件系统的规模。本节主要介绍基于需求规格说明的软件规模的估算方法[111]。

在估算需求规格说明的规模时，如果编写者们能按相同的写法编写需求规格说明，则可以认为较厚的需求规格说明文档，相应的软件规模较大。于是可以做如下假设：

1)软件规模与需求规格说明的规模成正比；

2)需求规格说明的规模是需求规格说明文档中各页所包含的需求规格说明的总和；

3)在需求规格说明文档中一页的需求规格说明规模是理解该页内容所需的技术水平与该页中的文字数的乘积。

假定编写与阅读需求规格说明的人有相同的技术水平，每页的文字数也相同，各页的需求规格说明的规模是相等的。在这种极端的情况下，软件的规模与需求规格说明文档的文字数量成正比。

假设每页的技术水平是变化的，且第 i 页的技术水平用 t_i 表示，每页的字数用 n 表示，则第 i 页的需求规格说明的规模为：

$$需求规格说明的规模 = t_i \times n$$

由前面的假设，软件的规模与需求规格说明的规模成正比，假定该比例为 K，对应于第 i 页需求规格说明规模的软件规模为：

$$软件的规模 = 需求规格说明规模 \times K = K \times n \times t_i$$

把所有页数(假设有 P 页)的需求规格说明规模相加，就可得到软件的规模 g 为：

$$g = \sum_{i=1}^{P} knt_i$$

令技术水平的平均值为 t 时，即 $t = \sum_{i=1}^{P} t_i / P$，则有 $g = P \times knt$。

以上只是一个人的估算，对于相当庞大而复杂的需求规格说明，需要多人进行估算时，可根据如下方法进行：

1)首先划分需求规格说明，例如分为 3 个部分；

2)由 3 人分别根据 3 个部分需求规格说明估算软件的规模；

3)由 3 人同时根据一部分需求规格说明估算软件的规模；

4)然后得出估算的结果，并估算整个软件的规模。

令 l_1、l_2、l_3 表示 A、B、C 三人分别根据需求规格说明 S_1、S_2、S_3 估算出的软件规模，即 $l_1(A), l_2(B), l_3(C)$，然后令 $l_1(B)$ 和 $l_1(C)$ 分别表示由 B 和 C 根据同一需求规格说明 S_1 估算出的软件规模，于是，对应于 S_1 的软件平均规模为：

$$l_1 = (l_1(A) + l_1(B) + l_1(C))/3$$

根据 B、C 的估算，可计算出相应的偏差系数，即

$$b = l_1/l_1(B), \qquad c = l_1/l_1(C)$$

根据偏差系数 b、c，可计算出与 S_2、S_3 对应的软件规模 l_2、l_3：

$$l_2 = b \times l_2(B), \qquad l_3 = c \times l_3(C)$$

最后可计算出整个软件的规模为 $l = l_1 + l_2 + l_3$。

这个方法依赖于前述的 3 个假设，在实际应用中：

1)软件的规模与需求规格说明的规模不一定成正比关系；

2)没有考虑需求规格说明的详细程度，因此，即使是同一功能，如果要写详细的话，需求规格说明的内容就会变得更多一些；

3)将技术水平给予量化是相当困难的工作。

除了上述方法外，开发人员还可根据需求规格说明、系统模型、原型和用户界面来估算软件的规模，可考虑如下因素：

1)功能点和特性点的多少；

2)图形用户界面的数量、类型和复杂度；

3)用于实现特定需求所需的代码行等。

所有这些因素都可用于估算软件的规模。不过，不管用什么方法，最主要的是必须根据经验选择上述因素。此外，还应记录当前项目完成后的真正结果，并与估算进行比较，以提高估算水平和增长估算知识。

13.4　基于需求的工作量估算

基于需求的工作量估算主要是从需求中预测代码行、功能点或图形界面的数量等估算整个项目的工作量。如果在需求开发结束后，需求规格说明中仍有含糊的和不确定的需求，将会引起软件规模和工作量估算的不确定性，从而导致工作量和进度安排的不确定性。因此，在估算中要考虑一些临时的事件以及可能的需求增加和其他影响，在安排进度时要留有余地。本节介绍基于规模估算的工作量估算的方法。

对于已知规模的软件，如果令 l 表示软件规模，N 表示开发人数，q 表示平均生产效率，则整个项目的开发时间 T 为：$T = l/(q \times N)$。如果知道 N 个人的平均开销，则可以由 $T \times N$ 算出该项目的成本。反过来也可进行成本的估算。如果已知平均开销，就可根据

$T \times N$，首先计算出 N 就可求出 T。此处，$T \times N$ 也称为人月。

例如，项目的规模 l 为 32 000 行代码，$q = 300$ 行/人月，由 8 人参与，共同开发此项目：

$$T = 32\,000/(300 \times 8) = 13(个月)$$

即该项目需要 13 个月。

但是，此估算方法也会面临如下一些问题：

1）为防止发生某些问题，规定 T 的值不能小于某个值；

2）当 N 变大时，人员间通信和交流的增加会导致生产率下降；

3）生产率是各人生产率 q_i 的平均值，通常 $q = (q_1 + \cdots + q_N) / N$。但该式与 $T = l/(q \times N)$ 成立时，使得 $l = (q_1 + \cdots + q_N) \times T$ 成立，即 $l_i = q_i \times T$。如果不能把 l 很好地分配到各人的话，则 T 的计算就不成立；

4）l 表示规模，当 l 很大的时候，应该考虑软件的复杂性。但规模小的软件不一定不复杂，也可能导致规模 l 虽小但工作量 T 仍然大。如果按一般常识，这似乎不符合常规。

因此，在软件开发中，当软件完成期较充裕，程序员的质量良好，而且按能力分配合适工作等这些条件能满足时，$T = l/(q \times N)$ 就可成立。

除了上述方法外，估算工作量的方法还有由 Boehm 提出的 COCOMO（COnstructive COst MOdel）以及改进版 COCOMO 2.0 方法。这些方法也是根据软件规模来估算工作量，但计算的过程和考虑的因素更多一些。

最后应该指出的是，估算规模和工作量的方法虽有很多，但这些方法都有一定的条件。当这些条件不能满足时，估算的结果可能会不准确，甚至不正确。因此，为了有效地进行估算，软件开发人员，特别是管理人员需根据实际情况和实际经验来选择正确的估算方法，千万不可千篇一律。此外，在软件系统规模、工作量、开发时间、开发效率和开发人员水平之间存在着复杂的关系，不理解这一点，也有可能导致进度安排和估算工作的失败。

校园通系统

A.1 问题陈述

为加强学校与家长的沟通和联系，使家长能及时了解其子弟在学校的各方面情况，并加强对学生的管理，拟开发一套称为"校园通"的信息系统，具体需求如下：

1）校园通系统的硬件平台包括分布于各校门处的门禁设备、各教师及管理员办公室的计算机终端、一台主机，以及主机与门禁设备、计算机终端、固定电话系统、短信网关之间的连接。其中，门禁设备通过串口与主机连接，计算机终端及短信网关通过网卡与主机连接，固定电话系统通过主机内置的语音卡与主机连接。如图 A-1 所示。

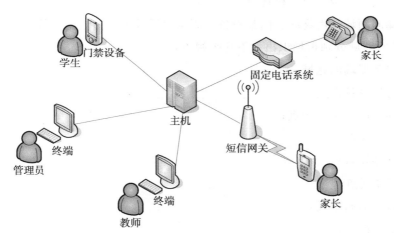

图 A-1　校园通系统硬件平台

2）每个学生配备一张感应式 IC 卡，只有在门禁设备上刷卡成功的学生才允许进入学校，学生在离开学校时也必须在门禁设备上刷卡。每次刷卡时，系统对其卡号、姓名、学号、刷卡时间等进行记录，并通过短信网关将相关信息以短信的形式发送到家长的手机。

3）教师可通过计算机终端将学生的作业完成情况、上课认真程度、考试成绩等各类在校表现信息录入系统，同时教师可通过系统以短信的形式给学生家长发送各类信息。

4）管理员依据学校的有关规定制定考勤规则并录入系统，系统定时汇总学生的刷卡记录和请假记录，根据考勤规则自动生成考勤报表，其中的学生请假记录由准假教师录入。此外，管理员依据有关规定给学生发放 IC 卡并将卡信息录入系统，对于挂失或过期的 IC 卡，则在系统中对相关的卡信息予以废弃使用设置。

5）家长可通过电话查询学生的各类在校表现信息，系统根据所存储的相关内容对各类查询请求进行自动应答，并以语音形式反馈给家长。

A.2　问题域划分及标识视点

下面利用本节第 10 章介绍的需求建模方法对校园通系统的需求进行分析和建模。

首先对系统的问题域进行标识和划分。容易发现，本系统包含三个层次：第一层是系统的直接客户，如学生、教师、管理员和家长等，他们与系统进行交互；第二层由终端、门禁设备、固定电话系统和短信网关等外围设备构成，负责为第一层的客户提供交互界面，并接收用户的各种请求和输入，并将数据传输至主机；第三层是本系统的核心部分，即主机，它负责存储、处理各种数据及相应外围设备的各种请求，并将处理结果返回给相应设备。因此，根据校园通系统的层次关系，可将其划分为两个问题域：

1）服务器端问题域：由主机构成。

2）客户端问题域：由终端、门禁设备、固定电话系统、短信网关等外围设备构成。

针对这些问题域分别可标识出如下几个视点：

1）对于服务器端问题域：

a）响应门禁设备视点；

b）响应固定电话系统视点；

c）发送短信视点；

d）响应终端视点；

e）主机工作视点。

2）对于客户端问题域：

a）学生刷卡视点；

b）教师工作视点；

c）管理员工作视点；

d）家长查询信息视点。

A.3　场景标识

在标识出问题域的各个视点后，可以进一步标识出每个视点中的场景。

A.3.1　服务器端问题域

A.3.1.1　响应门禁设备视点(视点源：门禁设备)

➤ 响应学生刷卡场景：

1. 主机接收门禁设备发来的刷卡记录；

2. 主机验证刷卡的有效性；

3. 主机发送验证结果给门禁设备；

4. 若为有效刷卡，则主机存储刷卡记录。

```
响应门禁设备视点的 BDL 描述：
VPMenJin: //响应门禁设备视点
VPBEGIN //视点描述开始
    //响应学生刷卡并发送短信场景
    BehBrushCard
    BEGIN //场景描述开始
        ABEH //原子行为
            RecBrushCardInfo: 接收(主机,刷卡记录)
                INFrom()(刷卡记录).
            ValidBrushCardInfo: 验证(主机,刷卡记录)
                OUTTo()(验证结果).
            SendValidBCResult: 发送(主机,验证结果)
                INFrom()(验证结果)
                OUTTo(# VPMenJin)(验证结果).
            StoreBrushCardInfo: 存储(主机,刷卡记录).
            Return1:return(). //退出系统
            //此处视发短信至短信网关即为发至手机
        BEH //复合行为
            //响应刷卡场景行为表达式
            BehBrushCard =
            RecBrushCardInfo.
            ValidBrushCardInfo.
            SendValidBCResult.
            If(验证结果 = 有效刷卡)
            Then
                StoreBrushCardInfo.
            Else
                Return1.
            Fi;
            Return1. //退出系统
        END //接收短信场景描述结束
        VPMenJin = BehBrushCard
    VPEND
```

A.3.1.2　响应固定电话系统视点(视点源：固定电话系统)

➤ 响应家长语音查询场景：

1. 接收固定电话系统发来的呼叫请求；

2. 应答呼叫请求；

3. 接收所查询信息的类别代码；

4. 根据类别代码应答信息查询请求；

5. 挂断通信连接。

```
VPPhoneSys: //响应固定电话系统视点
VPBEGIN //视点描述开始
    BehInfoQueryRespond //响应家长语音查询场景
    BEGIN //场景描述开始
        ABEH //原子行为
            Idle2: idle.
            ReceiveCallinRequest: 接收(主机, 固定电话系统)
                INFrom()(呼叫请求).
            RespondCallin: 应答(主机, 固定电话系统)
                OUTTo(# VPParent)(提示音).
            ReceiveQueryCode: 接收(主机, 固定电话系统)
                INFrom()(信息类别代码).
            QueryHomeworkInfo: 查询(主机, 作业情况类别代码)
                OUTTo()(作业情况).
            SendHomeworkVoice: 发送(主机, 固定电话系统)
                INFrom()(作业情况)
                OUTTo(# VPParent)(作业情况).
            QueryClassInfo: 查询(主机, 上课情况类别代码)
                OUTTo()(上课情况).
            SendClassVoice: 发送(主机, 固定电话系统)
                INFrom()(上课情况)
                OUTTo(# VPParent)(上课情况).
            QueryExamInfo: 查询(主机, 考试情况类别代码)
                OUTTo()(考试情况).
            SendExamVoice: 发送(主机, 固定电话系统)
                INFrom ()(考试情况)
                OUTTo(# VPParent)(考试情况).
            QueryCheckinInfo: 查询(主机, 出勤情况类别代码)
                OUTTo()(出勤情况).
            SendCheckinVoice: 发送(主机, 固定电话系统)
                INFrom()(出勤情况)
                OUTTo(# VPParent)(出勤情况).
            HangupTel: 挂断(主机, 固定电话系统).
            ReturnReceiveQueryCode:Return(ReceiveQueryCode).
            Return2: return().
        BEH //复合行为
            //响应信息查询场景行为表达式
            BehInfoQueryRespond =
                ReceiveCallinRequest.
                RespondCallin.
                ReceiveQueryCode.
                If(信息类别代码= 作业情况类别代码)
                Then
                    QueryHomeworkInfo.
                    SendHomeworkVoice.
                Else
                    If(信息类别代码= 上课情况类别代码)
```

```
        Then
            QueryClassInfo.
            SendClassVoice.
        Else
            If(信息类别代码= 考试情况类别代码)
            Then
                QueryExamInfo.
                SendExamVoice.
            Else
                If(信息类别代码= 出勤情况类别代码)
                Then
                    QueryCheckinInfo.
                    SendCheckinVoice.
                Else
                    Idle2.
                Fi.
            Fi.
        Fi.
    Fi.
    (ReturnReceiveQueryCode || //继续接收信息查询
    HangupTel).
    Return2. //退出系统
END //响应信息查询场景描述结束
VPPhoneSys = BehInfoQueryRespond.
VPEND
```

A.3.1.3　发送短信视点(视点源：短信网关)

➤ 发送学生刷卡短信场景：

1. 主机生成学生刷卡短信；

2. 主机发送学生刷卡短信到家长手机。

➤ 发送教师短信场景：

发送教师编辑的短信到短信网关。

```
VPMesGate: /短信网关视点
VPBEGIN //视点描述开始
    BehSendStuSM //发送学生刷卡短信场景
    BEGIN //场景描述开始
        ABEH //原子行为
            CreatBrushCardSM: 生成(主机, 学生刷卡短信).
            SendStudentShortMessage: 发送(主机, 学生刷卡短信)
                OUTTo(# VPMesGate)(学生刷卡短信).
            Return31: return().
        BEH //复合行为
            //发送短信场景行为表达式
            BehSendStuSM =
                CreatBrushCardSM.
                SendStudentShortMessage.
                Return31. //退出系统
    END //接收短信场景描述结束
```

```
BehSendTeaSM //发送教师短信场景
BEGIN //场景描述开始
    ABEH//原子行为
        SendTeacherShortMessage:发送(主机,教师编辑的短信)
            OUTTo(# VPMesGate)(教师编辑的短信).
        Return32:return().
    BEH //复合行为
        //发送教师短信场景行为表达式
        BehSendTeaSM =
            SendTeacherShortMessage;
            Return32. //退出系统
END //接收短信场景描述结束

VPMesGate =  BehSendStuSM || BehSendTeaSM
VPEND
```

A.3.1.4　响应终端视点(视点源：终端)

➤ 响应管理员录入考勤规则场景：

1. 接收终端发来的考勤规则；

2. 存储考勤规则。

➤ 响应管理员发卡场景：

1. 接收终端发来的学生信息；

2. 验证学生信息的有效性；

3. 发送验证结果给终端；

4. 若为有效学生：

　　则主机接收卡信息；

　　主机存储卡信息；

　　主机接收卡激活信息；

　　主机设置 IC 卡为激活状态。

➤ 响应卡挂失场景：

1. 主机接收终端发来的学生信息；

2. 主机查找对应学生的卡信息；

3. 主机发送卡信息给终端；

4. 主机接收卡挂失信息；

5. 主机设置 IC 卡为挂失状态。

➤ 响应卡废止场景：

1. 接收终端发来的学生信息；

2. 查找对应学生的卡信息；

3. 发送卡信息给终端；

4. 接收卡失效信息；

5. 设置 IC 卡为失效状态。

➤ 响应教师录入学生各类在校情况信息场景：

1. 接收终端发来的学生作业情况信息；

2. 存储学生作业情况信息；

3. 接收终端发来的学生上课情况信息；

4. 存储学生上课情况信息；

5. 接收终端发来的学生考试情况信息；

6. 存储学生考试情况信息；

7. 接收终端发来的学生请假情况信息；

8. 存储学生请假情况信息。

➤ 响应教师发送短信场景：

1. 接收终端发来教师短信；

2. 发送教师短信到家长手机。

```
VPTerminal: //响应终端视点
VPBEGIN //视点描述开始
    //响应考勤规则录入场景
    BEGIN //场景描述开始
        ABEH //原子行为
            RecCheckinRule: 接收(主机, 考勤规则)
                INFrom(! 终端)(考勤规则).
            StoreCheckinRule: 存储(主机, 考勤规则).
            Return41:Return(). //退出系统
        BEH //复合行为
            //响应考勤规则录入场景行为表达式
            BehReceiveCheckinRule =
            RecCheckinRule.
            StoreCheckinRule.
            Return41. //退出系统
    END //响应考勤规则录入场景描述结束

    //响应发卡场景
    BEGIN //场景描述开始
        ABEH //原子行为
            Idle42:idle.
            ReceiveStuInfo: 接收(主机, 学生信息)
                INFrom()(学生信息).
            ValidStuInfo: 验证(主机, 学生信息)
                OUTTo()(验证结果).
            SendValidStuResult: 发送(主机, 验证结果)
                INFrom()(验证结果).
            ReceiveCardInfo: 接收(主机, 卡信息)
                INFrom()(卡信息).
            StoreBrushCardInfo: 存储(主机,卡信息).
            ReceiveCardActiveInfo: 接收(主机, 卡激活信息)
                INFrom()(卡激活信息).
```

```
            SetCardActive: 激活(主机, 卡信息).
            Return42: return().
        BEH //复合行为
            BehActiveCard =
                ReceiveCardInfo.
                StoreBrushCardInfo.
                ReceiveCardActiveInfo.
                SetCardActive.
            //响应发卡场景行为表达式
            BehProvideCardRespond =
                ReceiveStuInfo.
                ValidStuInfo.
                SendValidStuResult.
                If(验证结果= 有效学生)
                Then
                    BehActiveCard
                Else
                    Idle42
                Fi.
                Return42. //退出系统
END //响应发卡场景描述结束
//响应卡挂失场景
BEGIN //场景描述开始
    ABEH //原子行为
        ReceiveStuInfo1: 接收(主机, 学生信息)
            INFrom()(学生信息).
        QueryCardInfo: 查询(主机, 卡信息).
        SendCardInfo: 发送(主机, 终端)
            OUTTo()(卡信息).
        ReceiveCardLossInfo: 接收(主机, 卡挂失信息)
            INFrom()(卡挂失信息).
        SetCardLoss: 挂失(主机, 卡信息).
        Return43: return().
    BEH //复合行为
        //响应卡挂失场景行为表达式
        BehCardLossRespond =
            ReceiveStuInfo1.
            QueryCardInfo.
            SendCardInfo.
            ReceiveCardLossInfo.
            SetCardLoss.
            Return43. //退出系统
END //响应卡挂失场景描述结束
//响应卡废止场景
BEGIN //场景描述开始
    ABEH //原子行为
        ReceiveStuInfo2: 接收(主机, 学生信息)
            INFrom()(学生信息).
        QueryCardInfo2: 查询(主机, 卡信息).
        SendCardInfo2: 发送(主机, 卡信息)
            OUTTo()(卡信息).
        ReceiveCardInactiveInfo: 接收(主机, 卡失效信息)
```

```
                    INFrom()(卡失效信息).
            SetCardInactive: 废止(主机,卡信息).
            Return44: return().
        BEH //复合行为
            //响应卡废止场景行为表达式
            BehCardInactiveRespond =
                ReceiveStuInfo2.
                QueryCardInfo2.
                SendCardInfo2.
                ReceiveCardInactiveInfo.
                SetCardInactive.
                Return44. //退出系统
END //响应卡废止场景的场景描述结束
```

//响应学生各类在校情况信息录入场景
```
BEGIN //场景描述开始
    ABEH //原子行为
        RecStuHomeworkInfo: 接收(主机,作业情况) //将作业情况改为终端
            INFrom()(作业情况).
        StoreHomeworkInfo: 存储(主机,作业情况).
        RecStuClassInfo: 接收(主机,上课情况) //将上课情况改为终端
            INFrom()(上课情况).
        StoreClassInfo: 存储(主机,上课情况).
        RecStuExamInfo: 接收(主机,考试情况) //将考试情况改为终端
            INFrom()(考试情况).
        StoreExamInfo: 存储(主机,考试情况).
        RecStuLeaveInfo: 接收(主机,请假情况) //将请假情况改为终端
            INFrom()(请假情况).
        StoreLeaveInfo: 存储(主机,请假情况).
        Return45:return().
BEH //复合行为
    //响应学生各类在校情况信息录入场景行为表达式
    BehReceiveStuBehaviorInfo =
        (
        (RecStuHomeworkInfo; StoreHomeworkInfo) ||
        (RecStuClassInfo; StoreClassInfo) ||
        (RecStuExamInfo; StoreExamInfo) ||
        (RecStuLeaveInfo; StoreLeaveInfo)
        );
        Return45. //退出系统
END //响应学生各类在校情况信息录入场景描述结束
```

//响应教师发送短信场景
```
BEGIN //场景描述开始
    ABEH //原子行为
        ReceiveTeacherSM: 接收(主机,短信)
            INFrom()(教师编辑的短信).
        SendTeacherSM: 发送(主机,短信)
            OUTTo(# VPMesGate)(教师编辑的短信).
        //此处视发短信至短信网关即为发至手机
        Return46:return().
    BEH //复合行为
```

```
    //响应教师发送短信场景行为表达式
    BehTeacherSendSMRespond =
        ReceiveTeacherSM.
        SendTeacherSM.
        Return46. //退出系统
END //响应教师发送短信场景描述结束
//响应终端视点行为表达式
VPTerminal = BehReceiveCheckinRule
            || BehProvideCardRespond
            || BehCardInactiveRespond
            || BehCardLossRespond
            || BehReceiveStuBehaviorInfo
            || BehTeacherSendSMRespond
VPEND //响应终端视点描述结束
```

A.3.1.5 主机工作视点(视点源：主机)

➤ 生成考勤报表场景：

1. 读取刷卡记录；

2. 读取请假记录；

3. 读取考勤规则；

4. 生成考勤报表；

5. 存储考勤报表。

```
VPServer: //主机工作视点
//生成考勤报表场景
ServerCreatCheckinReport //场景名称
BEGIN //场景描述开始
    ABEH //原子行为
        GetBrushCardInfo: 读取(主机, 刷卡记录)
            INFrom()(刷卡记录).
        GetLeaveInfo: 读取(主机, 请假情况)
            INFrom()(请假情况).
        GetCheckinRule: 读取(主机, 考勤规则)
            INFrom()(考勤规则).
        CreatCheckinReport: 生成(主机, 考勤报表).
        StoreCheckinReport: 存储(主机, 考勤报表)
            INFrom()(考勤报表).
        Return5: return().
    BEH //复合行为
        //生成考勤报表场景行为表达式
        BehCreatCheckinReport =
            GetBrushCardInfo.
            GetLeaveInfo.
            GetCheckinRule.
            CreatCheckinReport.
            StoreCheckinReport.
            Return5. //退出系统
END //生成考勤报表场景描述结束
//主机工作视点行为表达式
```

```
VPServer = BehCreatCheckinReport
VPEND //主机工作视点描述结束
```

A.3.2　客户端问题域

A.3.2.1　学生刷卡视点(视点源：学生)

➤ 学生刷卡场景：

1. 门禁设备在显示屏上显示问候信息；

2. 学生在门禁设备上刷 IC 卡；

3. 门禁设备读取 IC 卡上记录的卡号、持卡人姓名、学号；

4. 门禁设备将 IC 卡信息和刷卡时间组合成刷卡记录；

5. 门禁设备发送刷卡记录给主机；

6. 门禁设备接收主机发回的刷卡验证结果；

7. 若为有效 IC 卡：

　　则在门禁设备显示屏上显示刷卡学生的姓名、学号，并开门；

　　若为无效 IC 卡：

　　则在门禁设备显示屏上显示刷卡无效信息。

```
VPBrushCard: //学生刷卡视点
VPBEGIN //视点描述开始
    //正常刷卡场景
    NormalBrushCard: //场景名称
    BEGIN //场景描述开始
        ABEH //原子行为
            DoorControlDisp1: 显示(门禁设备, 屏幕)
                OUTTo(! 屏幕)(提示信息= 请刷卡).
            DoorControlidel: idle. //空动作,等待刷卡
            BrushCard: 刷卡(学生, IC卡)
            GetCardInfo: 读(门禁设备, IC卡)
                OUTTo()(卡信息).
            CombineInfo: 组合(门禁设备, 刷卡记录)
             //刷卡记录包括卡号,姓名,学号,刷卡时间
                INFrom()(卡信息)
                OUTTo()(刷卡记录).//刷卡记录= 卡信息+ 刷卡时间
            SendCardInfo: 发送(门禁设备, 主机)
                INFrom()(刷卡记录)
                OUTTo(# VPServer)(刷卡记录).
            ReceiveServerInfo: 接收(门禁设备, 验证结果)
                INFrom()(验证结果).
            DoorControlDisp2: 显示(门禁设备, 屏幕)
                OUTTo(! 屏幕)(提示信息= 卡信息).
            DoorControlDisp3: 显示(门禁设备, 屏幕)
                OUTTo(! 屏幕)(提示信息= 无效刷卡).
            OpenDoor: 开门(门禁设备, 门).
            Return6:return().
        BEH //复合行为
```

```
                BehValidBrushCard = DoorControlDisp2;OpenDoor.
                BehInValidBrushCard = DoorControlDisp3.
                BehNormalBrushCard =  //正常刷卡场景行为表达式
                    DoorControlDisp1.
                    DoorControlidel.
                    BrushCard.
                    GetCardInfo.
                    CombineInfo.
                    SendCardInfo.
                    ReceiveServerInfo.
                    If(验证结果= 有效刷卡)
                    Then
                        BehValidBrushCard
                    Else
                        BehInValidBrushCard
                    Fi.
                    Return6. //正常退出系统
            END //正常刷卡场景描述结束
            //学生刷卡视点行为表达式
            VPBehBrushCard = BehNormalBrushCard.
        VPEND //学生刷卡视点描述结束
```

A.3.2.2　教师工作视点(视点源: 教师)

➤ 教师录入学生作业情况场景:

　1. 教师录入学生作业情况信息;

　2. 终端发送学生作业情况信息给主机。

➤ 教师录入学生上课情况场景:

　1. 教师录入学生上课情况信息;

　2. 终端发送学生上课情况信息给主机。

➤ 教师录入学生考试情况场景:

　1. 教师录入学生考试情况信息;

　2. 终端发送学生考试情况信息给主机。

➤ 教师录入学生请假情况场景:

　1. 教师录入学生请假信息;

　2. 终端发送学生请假信息给主机。

➤ 教师在终端上给学生家长发短信场景:

　1. 教师在终端上编辑短信;

　2. 教师在终端上发送短信;

　3. 终端发送短信到主机。

```
VPTeacher: //教师工作视点
VPBEGIN //视点描述开始
    //录入学生作业情况场景
```

```
BEGIN //场景描述开始
    ABEH
        InputHomeworkInfo:录入(教师,作业情况)
            OUTTo()(作业情况).
        SendHomeworkInfo:发送(终端,主机)
            INFrom()(作业情况)
            OUTTo(# VPServer)(作业情况).
        Return71:return().

    BEH //复合行为
        BehInputHomeworkInfo=
        InputHomeworkInfo.
        SendHomeworkInfo.
        Return71.
        //退出系统
END //录入学生作业情况场景描述结束


//录入学生上课情况场景
BEGIN //场景描述开始
    ABEH
        InputClassInfo:录入(教师,上课情况)
            OUTTo()(上课情况).
        SendClassInfo:发送(终端,主机)
            INFrom()(上课情况)
            OUTTo(# VPServer)(上课情况).
        Return72:return(). //退出系统
    BEH //复合行为
        //录入学生上课情况场景行为表达式
        BehInputClassInfo =
        InputClassInfo.
        SendClassInfo.
        Return72. //退出系统
END //录入学生上课情况场景描述结束


//录入学生考试情况场景
BEGIN //场景描述开始
    ABEH
        InputExamInfo:录入(教师,考试情况)
            OUTTo()(考试情况).
        SendExamInfo:发送(终端,主机)
            INFrom()(考试情况)
            OUTTo(# VPServer)(考试情况).
        Return73:return(). //退出系统

    BEH
        //录入学生考试情况场景行为表达式
        BehInputExamInfo =
        InputExamInfo.
        SendExamInfo.
        Return73. //退出系统
END //录入学生考试情况场景描述结束
//录入学生请假情况场景
```

```
BEGIN //场景描述开始
    ABEH
        InputLeaveInfo:录入(教师,请假情况)
            OUTTo()(请假情况).
        SendLeaveInfo:发送(终端,主机)
            INFrom()(请假情况)
            OUTTo(# VPServer)(请假情况).
        Return74:return().
    BEH
        //录入学生请假情况场景行为表达式
        BehInputLeaveInfo =
        InputLeaveInfo.
        SendLeaveInfo.
        Return74. //退出系统
END //录入学生请假情况场景描述结束


//给家长发送短信场景
BEGIN //场景描述开始
    ABEH
        EditShortMessage:编辑(教师,短信).
        SubmitShortMessage:提交(教师,短信)
            OUTTo()(短信).
        SendShortMessage:发送(终端,主机)
            INFrom()(短信)
            OUTTo(# VPServer)(短信).
        Return75:return(). //退出系统
BEH //复合行为
    //给家长发送短信场景行为表达式
    BehSendShortMessage =
        EditShortMessage.
        SubmitShortMessage.
        SendShortMessage.
        Return75. //退出系统
END //给家长发送短信场景描述结束
//教师工作视点行为表达式
VPBehTeacher =  BehInputHomeworkInfo || BehInputClassInfo || BehInputExamInfo || BehInputLeaveInfo
        || BehSendShortMessage
VPEND //教师工作视点描述结束
```

A.3.2.3　管理员工作视点(视点源：管理员)

➤ 管理员录入考勤规则场景：

1. 管理员在终端上录入考勤规则；

2. 终端发送考勤规则给主机。

➤ 管理员给学生发IC卡场景：

1. 学生申领IC卡；

2. 管理员录入学生信息；

3. 终端发送学生信息给主机；

4. 终端接收主机发回的学生验证信息；

5. 若验证结果为有效学生：

则管理员录入卡信息；

终端发送卡信息给主机；

管理员激活卡信息；

终端发送卡激活信息给主机；

管理员给学生发卡。

➤ 管理员对 IC 卡做挂失处理场景：

1. 管理员录入学生信息；

2. 终端发送学生信息给主机；

3. 终端接收主机发回的卡信息；

4. 管理员设置卡信息为挂失状态；

5. 终端发送卡挂失信息给主机。

➤ 管理员对 IC 卡做失效处理场景：

1. 管理员录入学生信息；

2. 终端发送学生信息给主机；

3. 终端接收主机发回的卡信息；

4. 管理员设置卡信息为失效状态；

5. 终端发送卡失效信息给主机。

```
VPManager: //管理员工作视点
VPBEGIN //视点描述开始
    //录入考勤规则场景
BEGIN //场景描述开始
    ABEH
        InputCheckinRule: 录入(管理员, 考勤规则)
            OUTTo()(考勤规则).
        SendCheckinRule: 发送(终端, 主机)
            INFrom()(考勤规则)
            OUTTo(# VPServer)(考勤规则).
        Return81:return(). //退出系统
    BEH
        //录入考勤规则场景行为表达式
        BehInputCheckinRule =
        InputCheckinRule.
        SendCheckinRule.
        Return81. //退出系统
END //录入考勤规则场景描述结束
//给学生发 IC 卡场景
BEGIN //场景描述开始
    ABEH //原子行为
        Idle82:idle.
        ApplyCard: 申请(学生, IC卡).
        InputStuInfo: 录入(管理员, 学生信息)
```

```
            OUTTo()(学生信息).
        TerminalSendStuInfo:发送(终端,学生信息)
            INFrom()(学生信息)
            OUTTo(# VPServer)(学生信息).
        ReceiveServerInfo:接收(终端,验证结果)
            INFrom()(验证结果).
        InputCardInfo:录入(管理员,卡信息)
            OUTTo()(卡信息).
        TerminalSendCardInfo:发送(终端,卡信息)
            INFrom()(卡信息)
            OUTTo(# VPServer)(卡信息).
        CardActive:激活(管理员,IC卡)
            OUTTo()(卡激活信息).
        TerminalSendActiveInfo:发送(终端,卡激活信息)
            INFrom()(卡激活信息)
            OUTTo(# VPServer)(卡激活信息).
        ManagerProvideCard:发卡(管理员,学生).
        Return82:return().
    BEH //复合行为
        BehValidStu =
            InputCardInfo.
            TerminalSendCardInfo.
            CardActive.
            TerminalSendActiveInfo.
            ManagerProvideCard.
        //给学生发IC卡场景行为表达式
        BehProvideCard =
            ApplyCard.
            InputStuInfo.
            TerminalSendStuInfo.
            ReceiveServerInfo.
            If(验证结果= 有效学生)
            Then
                BehValidStu
            Else
                Idle82
            Fi.
            Return82. //退出系统
END //给学生发IC卡场景描述结束


//IC卡挂失处理场景
BEGIN //场景描述开始
    ABEH //原子行为
        InputStuInfo1:录入(管理员,学生信息)
            OUTTo()(学生信息).
        TerminalSendStuInfo1:发送(终端,学生信息)
            INFrom()(学生信息)
            OUTTo(# VPServer)(学生信息).
        ReceiveServerInfo1:接收(终端,卡信息)
            INFrom()(卡信息).
        CardLoss:挂失(管理员,IC卡)
            OUTTo()(卡挂失信息).
```

```
            TerminalSendLossInfo: 发送(终端,卡挂失信息)
                INFrom()(卡挂失信息)
                OUTTo(# VPServer)(卡挂失信息).
            Return83: return().
    BEH //复合行为
        // IC卡挂失处理场景行为表达式
        BehCardLossTransact =
            InputStuInfo.
            TerminalSendStuInfo.
            ReceiveServerInfo.
            CardLoss.
            TerminalSendLossInfo.
            Return83. //退出系统
    END // IC卡挂失处理场景描述结束


    //IC卡失效处理场景
    BEGIN //场景描述开始
        ABEH //原子行为
            InputStuInfo2: 录入(管理员,学生信息)
                OUTTo()(学生信息).
            TerminalSendStuInfo2: 发送(终端,学生信息)
                INFrom()(学生信息)
                OUTTo(# VPServer)(学生信息).
            ReceiveServerInfo2: 接收(终端,卡信息)
                INFrom()(卡信息).
            CardInactive: 失效(管理员,IC卡)
                OUTTo()(卡失效信息).
            TerminalSendInactiveInfo: 发送(终端,卡失效信息)
                INFrom()(卡失效信息)
                OUTTo(# VPServer)(卡失效信息).
            Return84: return().
    BEH //复合行为
        // IC卡失效处理场景行为表达式
        BehCardInactiveTransact =
            InputStuInfo.
            TerminalSendStuInfo.
            ReceiveServerInfo.
            CardInactive.
            TerminalSendInactiveInfo.
            Return84. //退出系统
    END // IC卡失效处理场景描述结束
    //管理员工作视点行为表达式
    VPBehManager = BehInputCheckinRule || BehProvideCard ||
            BehCardLossTransact || BehCardInactiveTransact
VPEND //管理员工作视点描述结束
```

A.3.2.4 家长查询信息视点(视点源:家长)

➤ 家长手机接收学生刷卡短信场景:

1. 家长手机接收主机转发的学生刷卡信息。

➤ 家长手机接收教师编辑的短信场景:

1. 家长手机接收主机转发的教师编辑的短信。

➤ 家长电话查询学生信息场景：

1. 家长拨打学校信息查询号码；

2. 家长收到电话接通语音提示；

3. 家长输入需查询信息类别代码；

4. 家长收到所查询信息语音；

5. 家长挂断电话。

```
VPParent: //家长获取信息视点
VPBEGIN //视点描述开始
    //接收学生刷卡短信场景
    BEGIN //场景描述开始
        ABEH
            RecShortMessage1: 接收(手机, 学生刷卡短信)
                INFrom()(学生刷卡短信).
            Return91:return(). //退出系统

        BEH //复合行为
            //接收短信场景行为表达式
            BehRecStuShortMessage =
                RecShortMessage1.
                Return91. //退出系统
    END //接收学生刷卡短信场景描述结束

    //接收教师编辑的短信场景
    BEGIN //场景描述开始
        ABEH
            RecShortMessage2: 接收(手机, 教师编辑的短信)
                INFrom()(教师编辑的短信).
            Return92:return(). //退出系统

        BEH
            //接收短信场景行为表达式
            BehRecTeaShortMessage =
                RecShortMessage2.
                Return92. //退出系统
    END //接收教师编辑的短信场景描述结束

    //查询学生信息场景
    BEGIN //场景描述开始
        ABEH
            DialSchoolNumber: 拨打(家长, 电话)
                OUTTo(# VPPhoneSys)(电话号码).
            ReceiveVoicePrompt: 收听(电话, 提示音)
                INFrom()(提示音).
            InputMessageType: 输入(家长, 信息类别代码)
                OUTTo(# VPPhoneSys)(信息类别代码).
            ReceiveVoiceMessage: 收听(电话, 语音信息)
                INFrom()(语音信息).
```

```
        HangupTel:挂断(家长,电话).
        Return93:return(). //退出系统


    BEH //复合行为
        //查询学生信息场景行为表达式
        BehQueryStuMessage =
            DialSchoolNumber.
            ReceiveVoicePrompt.
            InputMessageType.
            ReceiveVoiceMessage.
            HangupTel.
            Return93. //退出系统
END //查询学生信息场景描述结束
//家长获取信息视点行为表达式
    VPBehTeacher =  BehRecStuShortMessage
                || BehRecTeaShortMessage
                || BehQueryStuMessage
VPEND //家长获取信息视点描述结束
```

附：检测实例

1. 可信性分析

管理员给学生发 IC 卡时，只有当学生的验证信息通过之后，管理员才会录入相应的学生卡信息。检测公式表示为：

前提：验证结果＝有效学生

性质时序逻辑：min X = <InputCardInfo>tt ∨ (<−>tt ∧ [−]X)

只有收到接收终端发来的学生作业情况信息，才能够存储学生考试情况信息。检测公式表示为：

前提：接收到接收终端发来的学生作业情况信息

性质时序逻辑：max X = <−StoreBrushCardInfo>tt ∧ [−ReceiveStuInfo] X

只有当学生在门禁设备上刷过 IC 卡，主机才能够发回刷卡验证结果。检测公式表示为：

前提：学生在门禁设备上刷过 IC 卡

性质时序逻辑：max X = <−ReceiveServerInfo>tt ∧ [−BrushCard] X

2. 安全性分析

服务器响应门禁设备时，若检测到学生刷卡为无效刷卡，则不会存储刷卡记录。检测公式表示为：

前提：验证结果 != 有效刷卡

性质时序逻辑：max X = [StoreBrushCardInfo]ff ∧ [−]X

在接收所查询信息的类别代码时，若不为作业情况类别代码，则不会查询作业信息。检测公式表示为：

前提：信息类别代码 ！= 作业情况类别代码

性质时序逻辑：max X = [QueryHomeworkInfo]ff ∧ [−]X

在接收所查询信息的类别代码时，若不为上课情况类别代码，则不会查询课程信息。检测公式表示为：

前提：信息类别代码 ！= 上课情况类别代码

性质时序逻辑：max X = [QueryClassInfo]ff ∧ [−]X

3. 一致性分析

学生在刷卡时，若为有效 IC 卡，则开门，且不会显示 IC 卡无效的信息。检测公式表示为：

前提：验证结果＝有效刷卡

性质时序逻辑：

CanConsist = Postive ∧ Negative

Positive = EF (<OpenDoor>tt)

Negative = max X = [DoorControlDisp3]ff ∧ [−]X

在接收所查询信息的类别代码时，若为考试情况类别代码，则进行考试信息查询，且不会进行出勤情况查询。检测公式表示为：

前提：信息类别代码＝考试情况类别代码

性质时序逻辑：

CanConsist = Postive ∧ Negative

Positive = EF (<QueryExamInfo>tt)

Negative = max X = [QueryCheckinInfo]ff ∧ [−]X

在发卡场景中，必须发送学生卡信息，且如果不是有效学生，则该学生的卡不会被激活。检测公式表示为：

前提：验证结果 ！= 有效学生

性质时序逻辑：

CanConsist = Postive ∧ Negative

Positive = EF (<ValidStuInfo>tt)

Negative = max X = [StoreBrushCardInfo]ff ∧ [−]X

参 考 文 献

[1] The Standish Group. Charting the Seas of Information Technology-Chaos[R]. The Standish Group International，1994.

[2] The Standish Group. Report of the Standish Group International[R]. The Standish Group International，1998.

[3] Alan M Davis. Just Enough Requirements Management：Where Software Development Meets Marketing[M]. New York：Dorset House Publishing，2005.

[4] Flowers S. Software Failure：Management Failure[M]. Addison-Wesley，1996.

[5] HMOS. Select General Committee on Environment[R]. Transport and Regional Affairs Memorandum，London：Stationery Office，1999.

[6] Davis A M. Software Requirement：Objects，Function， and States[M]. New York：Prentice Hall，1993.

[7] Glass R. Software Runaways[M]. Harlow：Prentice Hall，1998.

[8] Ian S，Pete S. Requirement Engineering：A Good Practice Guide[M]. John Willey & Sons，1997.

[9] Jackson M. Software Requirements and Specifications：A Lexicon of Practice Principles and Prejudices[M]. Harlow：Addison-Wesley，1995.

[10] Bray I K. An Introduction to Requirements Engineering[M]. Harlow：Addison-Wesley，2002.

[11] IEEE. IEEE Std 830-1998：IEEE Recommended Practice for Software Requirements Specification[S]. Los Alamitos，CA：IEEE Computer Society Press，1998.

[12] Pressman R S. Software Engineering：A Practitioner's Approach[M]. 6th ed. New York：McGraw-Hill，2005.

[13] Karl E W. 软件需求[M]. 陆丽娜，王忠民，王志敏，等译. 北京：机械工业出版社，2000.

[14] Davis A M. A Taxonomy for the Early Stages of the Software Development Life Cycle[J]. The Journal of Systems and Software，1988，8.

[15] Agile. Agile Alliance[EB/OL]. https://www.agilealliance.org/.

［16］ Jacobson I. The Use-Case Construct in Object-Oriented Software Engineering［M］. Carroll（ed.），Scenario-Based Design：Envisioning Work and Technology in System Development，John Willey & Sons，New York：NY，1995.

［17］ Cockburn I. Structuring Use Cases with Goals：Part 1［J］. Journal of Object Oriented Programming，1997(9-10).

［18］ Cockburn I. Structuring Use Cases with Goals：Part 2［J］. Journal of Object Oriented Programming，1997(11).

［19］ 张海藩. 软件工程导论［M］. 4 版. 北京：清华大学出版社，2006.

［20］ Jochen Ludewig. Models in Software Engineering- An Introduction［J］. Software System Model，2003，2.

［21］ 辞海编辑委员会. 辞海［M］. 上海：上海辞书出版社，1980.

［22］ Jacobson I，Booch G，Rumbaugh J. The Unified Software Development Process ［M］. Addison-Wesley，1999.

［23］ 王柏，杨娟. 形式语言与自动机［M］. 北京：邮电大学出版社，2003.

［24］ Harel D. Statecharts- A Visual Formalism for Complex Systems［J］. Science of Computer Programming，1987，8.

［25］ Unified Modeling Language，https://www. omg. org/technology/documents.

［26］ Teichroew D，Hershey EA. PSL/PSA：A Computer-Aided Technique for Structured Documentation Analysis of Information Processing System［J］. IEEE Trans. Software Engineering，1977，3(1).

［27］ Aflord M. A Requirements Engineering Methodology for Real-Time Processing Requirements［J］. IEEE Trans. Software Engineering，1977，3(1).

［28］ Aflord M. SREM at the Age of eight：Distributed Computing Design System［J］. IEEE Computer，1985，18(4).

［29］ Balzer R，Cheatham TEJr. Green C. Software Technology in the 1990's：Using a New Paradigm［J］. IEEE Computer，1983，16(11).

［30］ J R Abrial. B 方法［M］. 裴宗燕，译. 北京：电子工业出版社，2004.

［31］ Beizer Boris. Software Testing Techniques［M］. 2nd ed，New York：Van Nostrand Reinhold，1990.

［32］ Gotel，O，F T Marchese and S J Morris. On Requirements Visualization［C］. Second International Workshop on Requirements Engineering Visualization，15-19 Oct. 2007. Pace University，New York.

［33］ Jr，J R C，et al. Requirements Engineering Visualization：A Survey on the State-of-the-Art［C］. Fourth International Workshop on Requirements Engineering Conference (RE'09). IEEE Computer Society, 2009.

[34]　Sen, A M and S K Jain. A Visualization Technique for Agent Based Goal Refinement to Elicit Soft Goals in Goal Oriented Requirements Engineering[C]. Second International Workshop on Requirements Engineering Visualization, REV. IEEE Computer Society, 2007.

[35]　Beatty, J and M Alexander. Display-Action-Response Model for User Interface Requirements: Case Study[C]. Second International Workshop on Requirements Engineering Visualization, REV. IEEE Computer Society, 2007.

[36]　Palyagar, B, P Shanthakumar and A Kishore, Visual Strawman to Relate Program RE to Project RE[C]. Requirements Engineering Visualization, 2008.

[37]　Ernst, N A, Y Yu and J Mylopoulos. Visualizing Non-functional Requirements[C]. First International Workshop on Requirements Engineering Visualization, 2006.

[38]　Mussbacher, G, D Amyot and M Weiss. Visualizing Aspect-Oriented Requirements Scenarios with Use Case Maps[C]. First International Workshop on Requirements Engineering Visualization, 2006.

[39]　Sawyer, P, et al. Visualizing the Analysis of Dynamically Adaptive Systems Using i* and dsls[C]. Second International Workshop on Requirements Engineering Visualization, 2007.

[40]　Heim, P, et al. Graph-based Visualization of Requirements Relationships[C]. Requirements Engineering Visualization, 2008.

[41]　Konrad, S, et al. Visualizing Requirements in UML Models[C]. First International Workshop on Requirements Engineering Visualization, 2006.

[42]　Pichler, M and H Rumetshofer. Business Process-Based Requirements Modeling and Management[C]. First International Workshop on Requirements Engineering Visualization, 2006.

[43]　Lübke, D, K Schneider and M Weidlich. Visualizing Use Case Sets as BPMN Processes[C]. Requirements Engineering Visualization, 2008.

[44]　Duan, C and J Cleland-Huang. Visualization and Analysis in Automated Trace Retrieval[C]. First International Workshop on Requirements Engineering Visualization, 2006.

[45]　Feather, M S, et al. Experiences Using Visualization Techniques to Present Requirements, Risks to them, and Options for Risk Mitigation[C]. First International Workshop on Requirements Engineering Visualization, 2006.

[46]　Wnuk, K, B Regnell and L Karlsson. Visualization of Feature Survival in Platform-

Based Embedded Systems Development for Improved Understanding of Scope Dynamics[C]. Requirements Engineering Visualization, 2008.

[47] Holzmann, G J and D Peled. The State of SPIN[C]. Computer Aided Verification, 1996.

[48] Larsen, K G, P Pettersson and W Yi. UPPAAL in a Nutshell[J]. International Journal on Software Tools for Technology Transfer (STTT), 1997, 1(1): 134-152.

[49] Harel, D and R Marelly. Come, Let's Play: Scenario-Based Programming Using LSCs and the Play-Engine[J]. Springer-Verlag, 2003.

[50] Heitmeyer, C, et al. SCR*: A Toolset for Specifying and Analyzing Software Requirements [C]. Proceedings of the Tenth Annual Conference on Computer Assurance, 1995. COMPASS' 95. Systems Integrity, Software Safety and Process Security.

[51] Harel, D, et al. STATEMATE: A Working Environment for the Development of Complex Reactive Systems[C]. Proceedings of Third Israel Conference on Computer Systems and Software Engineering. Los Alamitos: IEEE Computer Society Press, 1998.

[52] Magee, J, et al. Graphical Animation of Behavior Models[C]. Software Engineering. Ireland: ACM, 2000.

[53] Westergaard, M and K B Lassen. The BRITNeY Suite Animation Tool[J]. Lecture Notes in Computer Science, 2006, 4024: 431.

[54] Emerson, E A, Lei, C L. Efficient Model Checking in Fragments of the Propositional Mu-Calculus [C]// IEEE Symposium on Logic in Computer Science. IEEE Computer Society Press, 1986: 267-268.

[55] E M Clarke, E A Emerson, A P Sistla. Automatic Verification of Finite-State Concurrent Systems Using Temporal Logic Specifications [J]. ACM Transactions on Programming Languages and Systems (TOPLAS), 1986, 8(2): 244-263.

[56] Emerson, E A. Tree Automata, Mu-Calculus and Determinacy [C]// Foundations of Computer Science, 1991. Proceedings of 32nd Annual Symposium on Date of Conference: 1-4 Oct, 1991, 368-377.

[57] Colin Stirling and David Walker. Local Model Checking in the Modal Mu-Calculus [J]. Lecture Notes in Computer Science, 1989, 351.

[58] Rance Cleaveland. Tableau-Based Model Checking in the Propositional Mu-Calculus [J]. ACTA INFORMATICA, 1990, 27(8): 725-747.

[59] Emerson, E A. Temporal and Modal Logic [J]. Handbook of Theoretical Computer

Science, J. van Leeuwen, managing editor, North-Holland Pub.

[60] Nicholas Rescher and Alasdair Urquhart. Temporal Logic [M]. Springer-Verlag Wien New York, 1971.

[61] Edmund M Clarke. Model Checking [J]. Lecture Notes in Computer Science, 1997, Volume 1346, 1997, pp: 54-56.

[62] R Milner. A Calculus of Communicating Systems [M]. Springer-Verlag New York, Inc. Secaucus, NJ, USA, 1982, ISBN: 0387102353.

[63] R Milner. Communication and Concurrency [M]. Prentice-Hall, Inc. Upper Saddle River, NJ, USA, 1989 ISBN: 0-13-115007-3.

[64] Zave P, Jackson M. Four Dark Corners of Requirements Engineering[J]. ACM Transactions on Software Engineering and Methodology, 1996, 6(1): 1-30.

[65] Gunter C A, Gunter E A, Jackson M, Zave P. A Reference Model for Requirements & Specifications[J]. IEEE Software, 2000, 17(3): 37-43.

[66] Jackson M. Problems and Requirements[C]// Procedings of the IEEE Second International Symposium on Requirements Engineering. New York: ACM Press, 1995.

[67] Zave P, Jackson M. Where Do Operation Come From? A Multi-Paradigm Specifications Technique[J]. IEEE Transactions on Software Engineering, 1996, 22(7): 508-528.

[68] Jackson M. The Meaning of Requirements[J]. Annals of Software Engineering Special Issue on Software Requirements Engineering, 1997(3): 5-21.

[69] Jackson M. Problems Frames: Analyzing and Structuring Software Development Problems[M]. Harlow: Addison-Wesley, 2000.

[70] Andrade J A J, et al. A Methodological Framework for Viewpoint-Oriented Conceptual Modeling [J]. IEEE Tran. On Software Engineering, 2004, 30 (5): 282-294.

[71] Jackson M. Problem Analysis and Structure[G]. Proceedings of NATO Summer School. Amsterdam: IOS Press, 2000: 3-20.

[72] Jackson M. Problem Frames and Software Engineering[J]. Information and Software Technology, 2005, 47(14): 903-912.

[73] Jackson M. Problems, Methods and Specialization[J]. IEEE Software, 1994, 11 (6): 57-62.

[74] Jackson D, Jackson M. Problem Decomposition for Reuse[J]. Software Engineering Journal, 1996, 11(1): 19-30.

[75] Jackson M. Problem Analysis Using Small Problem Frames[G]. Proceeding of the

WOFACS '98, Special Issue of the South African Computer, 1999(22): 47-60.

[76] Laney R, Barroca L, Jackson M, Nuseibeh B. Composing Requirements Using frames [G]. Proceedings of the 12th IEEE International Requirements Engineering Conference. Los Alamitos: IEEE CS Press, 2004: 122-131.

[77] Hall J G, Rapanotti L, Jackson M. Problem Frame Semantics for Software Development[J]. Software and Systems Modeling, 2005, 4(2): 189-198.

[78] Gamma E, Helm R, Johnson R, Vlissides J. Design Patterns: Elements of Reusable Object-Oriented Software[M]. Harlow: Addison-Wesley, 1995.

[79] Ian K Bray. 需求工程导引[M]. 舒忠梅, 罗文村, 李卫华, 等译. 北京: 人民邮电出版社, 2003.

[80] Yourdan E. Modern Structure Analysis[M]. Harlow: Prentice Hall, 1989.

[81] Hunter A. A Semantic Tableau Version of First-order Quasi-Classical Logic[G]. Proceeding of the 6th European Conference on Symbolic and Quantitative Approaches to Reasoning and Uncertainty, LNCS 2143. London: Springe-Verlag, 2001: 544-555.

[82] Finkelstein A, Kramer J, Nuseibeh B, Finkelstein L, Geodicke M. Viewpoints: A Framework for Multiple Perspectives in System Development[J]. International Journal of Software Engineering and Knowledge Engineering, Special Issue on Trends and Future Research Direction in SEE', 1992, 2(1): 31-57.

[83] Kotonya G, Sommerville I. Requirements Engineering with Viewpoints[J]. Software Engineering Journal, 1996, 11(1): 5-18.

[84] Nuseibeh B. To Be and Not To Be: On Managing Inconsistencies in Software Development[G]. Proceeding of 8th International Workshop on Software Specifiction and Design (IWSSD-8). Los Alamitos: IEEE CS Press, 1996: 164-169.

[85] Mullery G P. CORE-a Method for Controlled Requirements Specification[G]. Proceeding of the 4th International Coference on Software Engineering. Los Alamitos: IEEE CS Press, 1979: 126-153.

[86] Kotonya G, Sommerville I. Viewpoints for Requirements Definition[J]. BCS/IEE Software Engineering Journal, 1992, 7(6): 375-387.

[87] Jackson D. Structuring Z Specifications with View[J]. ACM Transaction on Software Engineering and Methodology, 1995, 14(4): 365-389.

[88] Ainsworth M, Riddle S, Wallis P J L. Formal Validation of Viewpoint Specifications [J]. Software Engineering Journal, 1996, 11(1): 58-66.

[89] Finkelstein A, Sommerville I. The Viewpoints FAQ[J]. Software Engineering Jour-

nal，1996，11(1)：2-4.

[90] Sommerville I，Sawyer P，Viller S. Viewpoints for Requirements Elicitation：A Practice Approach[G]. Proceeding of the 1998 3rd International Conference on Requirements Engineering on Requirements Engineering (ICRE). Los Alamitos：IEEE CS Press，1998：74-81.

[91] 梁正平. 基于问题域和视点代理的多视点需求工程[D]. 湖北：武汉大学博士学位论文，2006.

[92] Nuseibeh B，Kramer J，Finkelstein A. A Framework for Expressing the Relationships Between Multiple Views in Requirements Specification[J]. IEEE Trans. on Software Engineering，1994，20(10)：760-773.

[93] Nuseibeh B. A Multi-Perspective Framework for Method Integration[D]. Ph. D Thesis. London：Imperial College，1994.

[94] Nuseibeh B，Easterbrook S，Russo A. Making Inconsistency Respectable in Software Development[J]. Jour. of System and Software，2001，58(2)：171-180.

[95] Thanitsukkarn T，Finkelstein A. A Conceptual Graph Approach to Support Multi-perspective Development Environments [EB/OL]. 11th Knowledge Acquisition Workshop (KAW 98). http://ksi. cpsc. ucalgary. ca/KAW/KAW98/thanitsukkarn/，2006-03-31.

[96] Bowman H，Steen M W A，Boiten E A，Derrick J. A Formal Framework for Viewpoint Consistency[J]. Formal Methods in System Design，2002，21(2)：111-166.

[97] Zave M，Jackson M. Conjunction as composition[J]. ACM Trans. On Software Engineering and Methodology (YOSEM)，1993，2(4)：379-411.

[98] Finkelstein A，Gabbay D，Hunter A，Kramer J，Nuseibeh B. Inconsistency Handling in Multi-Perspective Specifications[J]. IEEE Trans. on Software Engineering，1994，20(8)：568-578.

[99] Esterbrook S，Nuseibeh B. Managing Inconsistencies in a Evolving Specification[G]. Proceeding of the Second IEEE International Symposium on Requirements Engineering. Los Alamito：IEEE CS Press，1995：48-55.

[100] Esterbrook S，Nuseibeh B. Using Viewpoints for Inconsistency Management[J]. Software Engineering Journal，1996，11(1)：31-43.

[101] Nuseibeh B，Finkelstein A，Kramer J. Fine-Grain Process Modeling[G]. Proceeding of the 7th International Workshop on Software Specification and Design. Los Alamitos：IEEE CS Press，1993：42-46.

[102] Leit J C S P，Peter A Freeman. Requirements Validation Through Viewpoint

Resolution［J］. IEEE Trans. on Software Engineering，1991，17（12）：1253-1269.

[103] Besnard P，Hunter A. Quasi-Classical Logic：Non-Trivializable Classical Reasoning from Inconsistent Information[G]. Proceeding of the European Conference on Symbolic and Quantitative Approaches to Reasoning and Uncertainty，LNCS 946. London：Springe-Verlag，1995：44-51.

[104] Hunter A，Nuseibeh B. Analyzing Inconsistent Specification[G]. Proceeding of the 3rd IEEE International Symposium on Requirements Engineering. Los Alamitos：IEEE CS press，1997：78-86.

[105] Hunter A，Nuseibeh B. Managing Inconsistent Specifications：Reasoning，Analysis and Action［J］. ACM Trans. on Software Engineering and Methodology，1998，7(4)：335-367.

[106] Easterbrook S，Chechik M. A Framework for Multi-Valued Reasoning Over Inconsistent Viewpoint[G]. Proceeding of the 23th International Conference on Software Engineering（ICSE'01）. Los Alamitos：IEEE CS Press，2001：411-420.

[107] Nuseibeh B. Towards a Framework for Managing Inconsistency Between Multiple Views[G]. Joint Proceeding of the SIGSOFT'96 Workshop：International Workshop Multiple Perspectives in Software Development(viewpoints'96). New York：ACM Press，1996：184-186.

[108] Nuseibeh B，Easterbrook Sand Russo A. Leveraging Inconsistency in Software Development[J]. Computer，2000，33(4)：42-49.

[109] Silva A. Requirements，Domain and Specifications：A Viewpoint-Based Approach to Requirements Engineering[G]. Proceeding of the 24th International Conference on Software Engineering. Los Alamitos：IEEE CS Press，2002：94-104.

[110] Ian Sommerville，Peter Sawyer. 需求工程[M]. 赵文耘，叶恩，等译. 北京：机械工业出版社，2003.

[111] 大西淳，郷健太郎. 要求工学[M]. 东京：共立出版社，2002.

推荐阅读

软件工程概论（第3版）

作者：郑人杰 马素霞 等编著　ISBN：978-7-111-64257-2　定价：59.00元

软件工程导论（原书第4版）

作者：[美] 弗兰克·徐 奥兰多·卡拉姆 芭芭拉·博纳尔 著　译者：崔展齐 潘敏学 王林章
ISBN：978-7-111-60723-6　定价：69.00元

软件工程（原书第10版）

作者：[英] 伊恩·萨默维尔 著　译者：彭鑫 赵文耘 等
ISBN：978-7-111-58910-5　定价：89.00元

推 荐 阅 读

软件数据分析的科学与艺术

作者：[美] 克里斯蒂安·伯德 蒂姆·孟席斯 托马斯·齐默尔曼 编著 译者：孙小兵 李斌 汪盛
ISBN：978-7-111-64760-7 定价：159.00元

大数据时代，可供分析的软件制品日益增多，软件数据分析技术面临着新的挑战。本书深入探讨了软件数据分析的科学与艺术，来自微软、NASA等的多位软件科学家和数据科学家分享了他们的实践经验。

书中内容涵盖安全数据分析、代码审查、日志文档、用户监控等，技术领域涉及共同修改分析、文本分析、主题分析以及概念分析等方面，还包括发布计划和源代码注释分析等高级主题。书中不仅介绍了不同的数据分析工具和近年来涌现的各类研究方法，而且深入剖析了大量的实战案例。

本书特色：

介绍不同数据分析工具的应用方法，分享一线企业的经验和技巧。

讨论近年来涌现的各类研究方法，同时提供大量的案例分析。

了解工业界中关于数据科学创新的精彩故事。

软件架构理论与实践

作者：李必信 廖力 王璐璐 孔祥龙 周颖 编著 中文版：978-7-111-62070-9 定价：99.00元

本书涵盖了软件架构涉及的几乎所有必要的知识点，从软件架构发展的过去、现在到可能的未来，从软件架构基础理论方法到技术手段，从软件架构的设计开发实践到质量保障实践，以及从静态软件架构到动态软件架构、再到运行态软件架构，等等。

本书特色：

* 理论与实践相结合：不仅详细地介绍了软件架构的基础理论方法、技术和手段，还结合作者的经验介绍了大量工程实践案例。
* 架构质量和软件质量相结合：不仅详细地介绍了软件架构的质量保障问题，还详细介绍了架构质量和软件质量的关系。
* 过去、现在和未来相结合：不仅详细地介绍了软件架构发展的过去和现在，还探讨了软件架构的最新研究主题、最新业界关注点以及可能的未来。